모둠 모둠
산꽃 도감

모둠 모둠
산꽃 도감

펴낸날 2013년 5월 27일 초판 1쇄
글·사진 김병기

펴낸이 조영권
만든이 김원국·정병길·노인향
꾸민이 김보형

펴낸곳 자연과생태
주소 서울 마포구 구수동 68-8 진영빌딩 2층
전화 (02) 701-7345-6 **팩스** (02) 701-7347
홈페이지 www.econature.co.kr
등록 제313-2007-217호

ISBN 978-89-97429-17-2 93480

ⓒ 이 책의 글과 사진의 저작권은 저자 및 발행처에 있으며,
저작권자의 허가 없이 복제, 복사, 인용, 전제하는 행위는 법으로 금지되어 있습니다.

모듬모듬 산꽃도감

글·사진 김병기

자연과생태

일러두기

- 산과 들의 풀꽃 중 주로 산지에서 자라는 여러해살이 종을 선정·수록했습니다.
- 꽃이나 잎의 생김새가 닮아 많은 사람이 혼동하는 종들을 모둠으로 엮어 비교했습니다.
- 가능한 분류체계 안에서 닮은 종을 비교했으나, 분류체계상 소속이 달라도 생김새가 비슷해 비교 소개가 필요한 종은 한 모둠으로 묶기도 했습니다.
- 생김새가 전혀 달라 혼동할 일이 없는 종이지만, 생김새가 독특한 종, 과나 속을 대표하는 종도 담았으며, 그런 경우는 '헷갈리지 않아요'로 표기했습니다.

저자서문

어느 가을날 계곡 가에 핀 용담꽃에 반해 야생화에 빠져든 지도 벌써 20년이 되어갑니다. 당시에는 야생화에 관련된 책도 적었고, 마땅히 자문을 구할 곳도 없어 많은 고초를 겪었습니다. 그러던 중에 야생화를 전문으로 재배하는 '최고자연' 최용호 선생을 알게 되었고, 그에게서 많은 정보를 얻었으며, 야생화를 여러 종 얻어 길러보기도 했습니다.

차츰 우리 꽃에 대한 매력에 빠져들며, 그들의 생활 습성을 제대로 파악해보고 싶어졌습니다. 처음에는 꽃을 찾아 산과 들을 헤매다가 생태를 파악하기에는 부족한 점이 있다고 생각되어 씨앗을 채취해 모종을 키우는 일에 도전했습니다. 그러나 발아에 번번이 실패했고, 혹 발아에 성공했더라도 온전히 자라게 하는 게 쉽지 않았습니다. 야생화를 키우며 생활사를 파악해 보려는 노력은 지속되었고, 결국 많은 종을 기르며 그들의 생태를 제대로 알 수 있게 되었습니다.

요즘은 야생화 관련 인터넷 커뮤니티와 책들도 많아 쉽게 정보를 얻을 수 있습니다. 하지만 직접 꽃을 찾아 서식지의 환경을 살피고, 씨앗을 심어 키우며 한살이를 관찰하는 것이 확실하게 식물을 이해하는 데 도움이 되는 것 같습니다.

그간 식물을 찾고 기르기도 하면서 서로 생김새가 비슷한 꽃들이 많아 혼동하는 일이 많았습니다. 그래서 10여 년 전부터 같은 과에 속하는 비슷한 식물들의 차이점을 확인·정리하는 작업을 했습니다. 그러던 중 많은 사람이 비슷한 어려움을 겪고 있다며, 좋은 자료를 공유하는 것이 어떻겠냐는 〈자연과생태〉의 권유를 받고 책으로 출간하게 되었습니다.

식물을 전공한 분들도 책을 출간하기가 쉽지 않을 텐데, 취미생활로 즐기던 제가 오로지 경험만을 바탕으로 책을 출간하는 게 독자들께 어떻게 비춰질지 걱정이 앞섭니다. 부족한 점이 많더라도 넓은 아량으로 이해해 주시길 바라며, 야생화를 처음 공부하는 분들께 이 책이 도움 되길 바랍니다. 끝으로 아무 조건 없이 아끼던 사진을 제공해 주신 변경열 님에게 감사한 마음을 전합니다.

2013년 5월
김병기

차례

쌍떡잎식물

••• 갈래꽃

───── 돌나물과

17	**모둠 1**	기린초 · 가는기린초 · 태백기린초 · 애기기린초 · 섬기린초 · 속리기린초
27	**모둠 2**	돌나물 · 바위채송화 · 땅채송화
33	**모둠 3**	둥근바위솔 · 바위솔 · 좀바위솔 · 난장이바위솔 · 연화바위솔
		정선바위솔 · 진주바위솔 · 포천바위솔
43	**모둠 4**	둥근잎꿩의비름 · 꿩의비름 · 큰꿩의비름 · 자주꿩의비름
		세잎꿩의비름 · 새끼꿩의비름
50	**헷갈리지 않아요**	낙지다리

───── 마디풀과

| 53 | **모둠 5** | 범꼬리 · 호범꼬리 |

───── 매자나무과

| 56 | **헷갈리지 않아요** | 깽깽이풀 |
| 58 | **헷갈리지 않아요** | 삼지구엽초 |

───── 물레나물과

| 60 | **헷갈리지 않아요** | 물레나물 |

───── 미나리아재비과

63	**모둠 6**	노루귀 · 섬노루귀 · 새끼노루귀
71	**모둠 7**	매발톱꽃 · 하늘매발톱꽃 · 노랑매발톱꽃
79	**모둠 8**	백작약 · 산작약
83	**모둠 9**	복수초 · 가지복수초 · 세복수초

89	**모둠 10**	할미꽃 · 가는잎할미꽃 · 동강할미꽃
97	**모둠 11**	홀아비바람꽃 · 꿩의바람꽃 · 회리바람꽃 · 들바람꽃 · 태백바람꽃
		바람꽃 · 너도바람꽃 · 나도바람꽃 · 만주바람꽃
113	**모둠 12**	금꿩의다리 · 꿩의다리 · 연잎꿩의다리 · 꼭지연잎꿩의다리
		큰산꿩의다리 · 산꿩의다리
123	**모둠 13**	눈빛승마 · 승마 · 촛대승마 · 세잎승마 · 개승마
131	**모둠 14**	으아리 · 외대으아리 · 참으아리 · 큰꽃으아리
		개버무리 · 할미밀망 · 사위질빵
143	**모둠 15**	종덩굴 · 세잎종덩굴 · 검은종덩굴 · 요강나물
151	**모둠 16**	큰제비고깔 · 투구꽃 · 지리바꽃 · 세뿔투구꽃 · 놋젓가락나물
		백부자 · 진범 · 흰진범 · 노랑투구꽃
166	**헷갈리지 않아요**	동의나물
168	**헷갈리지 않아요**	모데미풀

———— 바늘꽃과

171	**모둠 17**	분홍바늘꽃 · 큰바늘꽃 · 돌바늘꽃

———— 범의귀과

177	**모둠 18**	선괭이눈 · 가지괭이눈 · 금괭이눈 · 흰괭이눈
		누른괭이눈 · 산괭이눈 · 애기괭이눈
187	**모둠 19**	노루오줌 · 숙은노루오줌 · 흰숙은노루오줌
191	**모둠 20**	바위떡풀 · 구실바위취 · 참바위취
198	**헷갈리지 않아요**	돌단풍

———— 부처꽃과

201	**모둠 21**	부처꽃 · 털부처꽃

———— 산형과

205	**모둠 22**	어수리 · 참당귀 · 궁궁이 · 강활 · 구릿대 · 고본 · 바디나물

———— 석죽과

217	**모둠 23**	동자꽃 · 흰동자꽃 · 털동자꽃 · 제비동자꽃
225	**모둠 24**	패랭이꽃 · 술패랭이꽃 · 장백패랭이꽃 · 구름패랭이꽃

―――― 양귀비과
233　**모둠 25**　피나물 · 매미꽃

―――― 운향과
238　**헷갈리지 않아요**　백선

―――― 장미과
241　**모둠 26**　양지꽃 · 세잎양지꽃 · 돌양지꽃 · 물양지꽃 · 딱지꽃 · 가락지나물
249　**모둠 27**　눈개승마 · 한라개승마
253　**모둠 28**　산오이풀 · 가는오이풀
257　**모둠 29**　터리풀 · 단풍터리풀

―――― 제비꽃과
261　**모둠 30**　제비꽃 · 호제비꽃 · 고깔제비꽃 · 남산제비꽃 · 태백제비꽃 · 알록제비꽃
　　　　　　　　노랑제비꽃 · 금강제비꽃 · 졸방제비꽃 · 왕제비꽃

―――― 쥐방울덩굴과
277　**모둠 31**　자주족도리풀 · 개족도리풀 · 무늬족도리풀
　　　　　　　　금오족도리풀 · 털족도리풀 · 각시족도리풀

―――― 쥐손이과
285　**모둠 32**　쥐손이풀 · 꽃쥐손이 · 이질풀 · 둥근이질풀 · 선이질풀

―――― 콩과
292　**헷갈리지 않아요**　벌노랑이

―――― 현호색과
295　**모둠 33**　현호색 · 갈퀴현호색 · 왜현호색 · 점현호색
　　　　　　　　들현호색 · 조선현호색 · 각시현호색
304　**헷갈리지 않아요**　금낭화

―――― 홀아비꽃대과
307　**모둠 34**　홀아비꽃대 · 옥녀꽃대

통꽃

가지과
- 313 **모둠 35** 미치광이풀 · 노랑미치광이풀

국화과
- 319 **모둠 36** 민들레 · 좀민들레 · 산민들레 · 흰민들레 · 서양민들레
- 329 **모둠 37** 뻐꾹채 · 엉겅퀴 · 큰엉겅퀴 · 바늘엉겅퀴 · 지느러미엉겅퀴 · 고려엉겅퀴
- 339 **모둠 38** 곰취 · 미역취 · 참취
- 345 **모둠 39** 구절초 · 산구절초 · 바위구절초 · 포천구절초 · 마키노국화 · 해국
- 355 **모둠 40** 금불초 · 산국 · 감국
- 361 **모둠 41** 벌개미취 · 개미취 · 좀개미취
- 367 **모둠 42** 산비장이 · 한라산비장이
- 373 **모둠 43** 산솜방망이 · 솜방망이 · 물솜방망이 · 바위솜나물
- 379 **모둠 44** 수리취 · 큰수리취
- 383 **모둠 45** 쑥부쟁이 · 개쑥부쟁이 · 까실쑥부쟁이 · 눈개쑥부쟁이
- 391 **모둠 46** 왜솜다리 · 산솜다리 · 한라솜다리
- 397 **모둠 47** 우산나물 · 애기우산나물
- 401 **헷갈리지 않아요** 절굿대

꿀풀과
- 405 **모둠 48** 꿀풀 · 흰꿀풀 · 조개나물 · 붉은조개나물
- 413 **모둠 49** 벌깨덩굴 · 흰벌깨덩굴 · 용머리 · 벌깨풀 · 황금
- 420 **헷갈리지 않아요** 광대수염
- 422 **헷갈리지 않아요** 배초향
- 424 **헷갈리지 않아요** 참배암차즈기

마타리과
- 427 **모둠 50** 마타리 · 돌마타리 · 금마타리 · 뚝갈
- 432 **헷갈리지 않아요** 쥐오줌풀

마편초과
- 434 **헷갈리지 않아요** 층꽃나무

―――― 앵초과
- *437* **모둠 51** 앵초 · 큰앵초 · 설앵초
- *443* **모둠 52** 까치수염 · 큰까치수염
- *447* **모둠 53** 좁쌀풀 · 참좁쌀풀

―――― 용담과
- *451* **모둠 54** 용담 · 과남풀 · 멧용담

―――― 초롱꽃과
- *457* **모둠 55** 초롱꽃 · 섬초롱꽃 · 금강초롱꽃
- *463* **모둠 56** 모시대 · 도라지모시대 · 잔대 · 층층잔대 · 당잔대
  두메잔대 · 진퍼리잔대 · 섬잔대
- *474* **헷갈리지 않아요** 자주꽃방망이

―――― 현삼과
- *476* **모둠 57** 냉초 · 산꼬리풀 · 큰산꼬리풀 · 긴산꼬리풀 · 구와꼬리풀

외떡잎식물

———— 백합과

487	모둠 58	둥글레 · 각시둥굴레 · 통둥굴레 · 종둥굴레 · 층층둥굴레 · 진황정
495	모둠 59	삿갓나물 · 검은삿갓나물
499	모둠 60	얼레지 · 흰얼레지
503	모둠 61	연령초 · 큰연령초
507	모둠 62	울릉산마늘 · 산마늘 · 두메부추 · 산부추 · 참산부추 · 한라부추
517	모둠 63	윤판나물 · 애기나리 · 큰애기나리
523	모둠 64	풀솜대 · 자주솜대
527	모둠 65	원추리 · 왕원추리 · 각시원추리 · 애기원추리 · 노랑원추리
535	모둠 66	참나리 · 중나리 · 털중나리 · 하늘나리 · 큰하늘나리 · 날개하늘나리 솔나리 · 땅나리 · 말나리 · 하늘말나리 · 섬말나리
551	모둠 67	비비추 · 좀비비추 · 주걱비비추 · 흑산도비비추 일월비비추 · 흰일월비비추 · 옥잠화
558	헷갈리지 않아요	은방울꽃
560	헷갈리지 않아요	처녀치마
562	헷갈리지 않아요	무릇
564	헷갈리지 않아요	뻐꾹나리

———— 붓꽃과

567	모둠 68	각시붓꽃 · 솔붓꽃 · 난장이붓꽃 · 금붓꽃 · 노랑붓꽃 · 노랑무늬붓꽃 붓꽃 · 부채붓꽃 · 타래붓꽃
578	헷갈리지 않아요	꽃창포
581	모둠 69	범부채 · 대청부채

———— 천남성과

587	모둠 70	앉은부채 · 애기앉은부채
593	모둠 71	천남성 · 점박이천남성 · 둥근잎천남성 · 큰천남성 · 반하 · 대반하

599	꽃 이름 찾아보기

쌍떡잎식물

처음 나오는 떡잎이 2장인 식물(쌍자엽식물)

갈래꽃

꽃잎이 밑동 부분에서부터
낱개로 떨어져 있는 꽃
(이판화아강)

돌나물과 / 마디풀과

매자나무과

물레나물과

미나리아재비과

바늘꽃과 / 범의귀과

부처꽃과 / 산형과

석죽과 / 양귀비과

운향과 / 장미과

제비꽃과

쥐방울덩굴과

쥐손이과 / 콩과

현호색과

홀아비꽃대과

기린초 가는기린초
태백기린초 애기기린초
섬기린초 속리기린초

돌나물과

모둠 1

기린초 · 가는기린초 · 태백기린초
애기기린초 · 섬기린초 · 속리기린초

기린초

기린초

기린초

가는기린초

태백기린초

애기기린초

섬기린초

속리기린초

기린초

전국 산지의 양지바른 바위틈이나 돌무더기 사이, 돌이 많은 숲 가장자리, 길옆 등 주로 척박한 곳에서 무리지어 자라는 경우가 많다.

높이 15~20cm로 자라고, 뿌리줄기로부터 줄기 여러 대가 비스듬히 나와 포기를 이룬다. 굵은 뿌리가 여러 개 갈라지고, 그 주위에 수염뿌리가 나며 뿌리줄기는 딱딱하다. 가을에 줄기가 마른 뒤 캐어보면 뿌리줄기에 이듬해 자라날 싹눈이 만들어져 있다.

잎은 줄기에 어긋나며 주걱형으로 통통하고, 가장자리에는 둔한 톱니가 있으며 연한 녹색을 띤다. 6~7월에 꽃잎 5장으로 이루어진 작고 노란 별 모양 꽃이 줄기 끝에 취산꽃차례를 이루며 핀다. 꽃 1송이는 작지만 뭉쳐서 피어나므로 한창 꽃이 피어날 때에는 대단히 아름답다. 열매는 골돌과로 꽃잎 모양처럼 5갈래로 갈라지고, 씨앗은 매우 작다.

가는기린초

전국적으로 분포하며 깊은 산지의 바위틈이나 풀숲에서 다른 식물과 함께 자란다. 높이 30~50cm로 조금 길고 곧게 자라며 줄기는 원기둥 모양이며 억세 보인다. 뿌리줄기로부터 올라오는 줄기는 1~3대로 적다. 줄기가 마른 뒤 포기를 캐어보면 뿌리줄기에 이듬해 자라날 싹눈이 1~3개 만들어져 있다.

잎은 양 끝이 좁은 긴 타원형이며, 기린초에 비해 가늘고 길다. 잎자루는 없고, 가장자리에 둔한 톱니가 있으며 두껍다.

꽃은 7~8월에 줄기 끝에서 꽃줄기가 사방으로 퍼지며 취산꽃차례로 피고, 노란색 꽃이 다닥다닥 많이 모여 피는 것이 특징이다. 꽃밥은 붉은색을 띤다. 열매는 골돌과로 꽃잎 모양이다.

태백기린초

한국특산종으로 강원도 태백산, 금대봉, 대덕산, 두타산, 설악산, 대암산 등지의 비탈에서 자생한다. 작은잎들이 줄기 끝에 뭉쳐 달리며, 높이 20cm 정도로 작게 자라는 것이 특징이다. 뿌리줄기는 굵고 단단하며 줄기는 비스듬하게 여러 대가 올라오며 보통 한 뼘 정도로 짧게 자란다.

잎은 다른 기린초류에 비해 넓은 편으로 아래쪽에서는 어긋나게 달리나 위쪽에서는 여러 장이 돌려나기도 한다. 넓은 타원형이며 가장자리에는 둔한 톱니가 있다. 6월에 줄기 끝 취산꽃차례에 노란색 별 모양 꽃이 뭉쳐서 핀다.

애기기린초

중부 이북지역 해발 800m 이상 높은 지대의 햇볕이 잘 드는 건조한 바위 위에서 자라는 고산성 식물이다. 높이 15cm 내외로 낮게 자라고, 묵은 포기에서는 뿌리줄기로부터 많은 줄기가 비스듬히 나와 포기를 이룬다.

잎은 어긋나고 촘촘하게 많이 달리며, 타원형으로 작고 잎자루는 없다. 가장자리에는 톱니가 몇 개 있다. 6~7월에 원줄기 끝의 취산꽃차례에 꽃잎이 5장인 작고 노란 별 모양 꽃이 뭉쳐서 핀다. 열매는 골돌과이며 밑에서 옆으로 퍼진다.

기린초 종류들 대부분은 겨울에 지상부가 말라 죽고 땅속 뿌리줄기에 싹눈을 형성한 채 겨울을 나지만, 애기기린초는 줄기 밑 부분이 5cm 정도 살아있으며, 이 줄기에 싹눈이 많이 형성된 채 겨울을 보낸다. 한겨울 줄기와 싹눈에는 엽록소가 형성되지 않아 붉은색을 띤다. 어린순은 나물로 먹을 수 있다.

섬기린초

주로 울릉도와 독도의 바위틈에서 자라고, 뿌리줄기에서 굵은 줄기가 여러 대 나오며 50cm 정도로 자란다. 겨울철에도 따뜻한 지역이나 자생지에서는 20cm 정도의 줄기가 살아있다가 봄에 싹이 터서 자라며, 뿌리줄기에서도 새로운 줄기가 자라나온다. 무리지어 자라는 곳에서는 줄기가 늘어져 덩굴을 이룬 것처럼 보이기도 한다.

잎은 엎어놓은 달걀형 또는 주걱형으로 위쪽이 더 넓고 가장자리에는 둔한 톱니가 있다. 꽃은 6~7월에 취산꽃차례로 노랗게 피며 꽃잎이 5장이다. 따뜻한 지역에서는 한겨울에도 잎이 푸르게 살아있으며, 꽃이 많이 달리고 열매의 끝이 가시처럼 뾰족한 것이 특징이다.

속리기린초

한국특산식물로 충청북도 속리산과 군자산, 제주시 추자도 지역의 바위틈에 붙어 자란다. 척박한 바위 주위에서 주로 자생해 바위기린초라 부르기도 한다. 뿌리줄기는 목질화되어 굳어지고, 뿌리줄기로부터 적자색이 도는 줄기가 뭉쳐나며, 높이 15~20cm로 비스듬히 자란다.

잎은 어긋나고 생김새는 달걀형 또는 주걱형으로 가장자리에 둔한 톱니와 짧은 잎자루가 있으며, 밑으로 갈수록 작아져 비늘잎처럼 변한다.

6~7월에 줄기 끝에 노란색 꽃이 취산꽃차례로 달리며, 꽃받침조각과 꽃잎은 5장으로 끝이 뾰족하며 별 모양이다. 수술은 10개, 암술은 3~5개이며, 열매는 골돌과로 꽃잎처럼 5개로 달리고 옆으로 벌어진다.

TIP

기린초 하면 보통 목이 긴 기린을 떠올리는 사람들이 많은데, 실제는 기린과 관련된 것이 아니고 중국에서 전해오는 상상 속의 동물인 기린(麒麟)의 뿔에 비유되어 붙은 이름이다. 중국의 문헌에 의하면 기린은 용ㆍ거북ㆍ봉황과 함께 신령한 4대 동물의 하나로 한 시대를 이끌 성인이 태어날 때 나타난다는 상상 속의 동물이다. 몸은 사슴 같고, 이마는 이리, 꼬리는 소를 닮았으며, 발에는 말굽이 있고, 털은 다섯 가지 색을 띠며, 성품은 어질고, 머리 위는 육질(肉質)로 둘러싸이고 그 가장자리에 둔한 톱니가 난 뿔 하나가 있다고 전해온다. 기린초 잎의 생김새가 바로 이 뿔의 생김새와 비슷해 기린초(麒麟草)라는 이름이 붙었다. 이 외에도 꿩의비름, 비채 등으로 부르기도 한다.

돌나물　바위채송화

땅채송화

돌나물과

모둠 2

돌나물 · 바위채송화 · 땅채송화

돌나물

바위채송화

땅채송화

돌나물

전국적으로 분포한다. 주로 들판이나 산기슭의 습한 곳, 인가 주위나 도랑 주위, 논밭 둑이나 언덕의 습기 있는 양지바른 돌 틈에서 자란다. 수분을 많이 함유하고 있는 다육식물로 줄기가 지면을 따라 옆으로 뻗어나간다. 마디마다 뿌리를 내리며 포기를 넓혀가는 특성이 있다. 잎은 긴 타원형 또는 창날 모양이며 3장씩 모여 나고 통통하다.

5~6월에 줄기 끝이 15cm 정도로 곧게 서며, 그 끝에 꽃잎이 5장인 별 모양 노란색 꽃이 취산꽃차례로 모여 달린다. 꽃잎은 창날 모양으로 꽃받침보다 길고, 꽃받침은 녹색으로 끝은 둔하며 꽃잎과 교차로 배열된다.

돌나물은 씨앗을 잘 맺지 않는 성질이 있으며, 포기를 뽑아 버려두어도 말라죽지 않고 마디에서 뿌리를 내리며 살아갈 정도로 강인하다. 주로 양지바른 돌 틈에서 자라고, 나물로 이용할 수 있어 돌나물이라는 이름이 붙었으며, 돗나물 또는 돈나물이라고도 부른다.

바위채송화

전국적으로 분포하며, 깊은 산속 건조한 바위틈의 이끼가 말라죽은 곳이나 미세한 먼지가 쌓여 다져진 바위 위에 이끼와 함께 무리를 이루며 자라는 여러해살이풀이다.

원줄기의 아랫부분은 옆으로 뻗으면서 뿌리를 내리고 윗부분은 가지와 함께 곧추서며, 높이 10cm 정도로 자라고 줄기 아랫부분은 갈색을 띤다. 잎은 줄기에 다닥다닥 어긋나게 달리며 창날 모양의 긴 타원형으로 통통하다. 꽃이 달리지 않는 줄기에는 잎이 많이 붙는다.

7~9월에 줄기 윗부분에 꽃대가 만들어져 취산꽃차례를 이루며 별 모양 노란색 꽃이 몇 송이씩 모여 달린다. 꽃잎은 5장으로 긴 창날 모양이며, 녹색 꽃받침조각은 꽃잎과 교차로 달리고, 길이는 꽃잎의 1/3 정도로 짧다.

열매는 골돌과로 5갈래로 갈라지며 10월경에 익는다. 보통 가뭄이 계속되어 수분이 부족하면 줄기의 윗부분이 말라 죽은 것처럼 보이다가 비가 내려 수분이 충분히 공급되면 갑자기 자라나 꽃을 피우는 습성이 있다. 가을이 다가오면 뿌리줄기에는 이듬해 자라날 작은 구슬 모양 싹눈이 형성되며 그대

로 겨울을 난다.

주로 깊은 산속의 바위 위나 틈에서 자라고, 잎의 생김새가 채송화의 모양을 닮아 바위채송화라는 이름이 붙었다.

땅채송화

주로 바닷가의 바위 위나 틈 사이, 또는 방풍림 밑의 척박한 모래밭에 무리지어 자라는 여러해살이 풀이다. 건조에 대단히 강해 습기가 과하지 않고 햇볕이 잘 드는 곳이면 어디서든 잘 적응하는 편이다.

높이 5~7cm로 자라고, 줄기는 옆으로 뻗으면서 뿌리를 내리며 곧추서고, 위쪽에서 짧은 가지를 친다. 잎은 서로 어긋나며 창날 모양으로 짧고 통통하다.

꽃은 5~6월에 피며, 줄기의 윗부분에 꽃대가 형성되지 않고, 위쪽의 짧은 가지 끝에 꽃잎이 3장인 노란 꽃이 몇 송이씩 모여 달린다. 키가 땅에 낮게 자라 땅채송화라는 이름이 붙었다.

TIP

잎의 생김새가 마치 무와 같은 뿌리채소를 채나물로 만들기 위해 잘게 썰어 놓은 모양이 소나무 잎을 닮아서 채송화(菜松花)라는 이름이 붙었다.

돌나물과

모둠 3

둥근바위솔 · 바위솔 · 좀바위솔 · 난장이바위솔
연화바위솔 · 정선바위솔 · 진주바위솔 · 포천바위솔

둥근바위솔

바위솔

좀바위솔　　　　　　　　　　　난장이바위솔

연화바위솔

정선바위솔

포천바위솔　　　　　　　　　　　진주바위솔

둥근바위솔

서해안을 비롯해 동해안과 남해안 바닷가 방풍림의 모래밭이나 바위틈에서 주로 자라며, 백두대간의 깊은 산속 바위틈에서도 자란다. 예전에는 동해안의 방풍림 밑이나 바위틈에서 많은 개체가 흔하게 발견되었으나 암 치료에 좋다는 속설 때문에 자생지가 훼손되어 지금은 찾아보기 어렵다.

통통한 잎이 차곡차곡 겹쳐지며 둥글게 나고, 분을 바른 듯한 흰색이 도는 엷은 초록색 또는 초록색을 띤다. 개체에 따라 잎끝과 가장자리 주위가 붉은색을 띠기도 하며 색의 변이가 다양하다.

싹 튼 지 2~3년이 지나면 9월에 포기 한가운데로부터 꽃대가 나와 10~11월에 꽃대의 꽃턱잎 사이에서 꽃이 핀다. 꽃은 촛대 모양인 꽃대 가득히 총상꽃차례를 이루며 밑에서부터 차례로 피어 올라간다. 꽃받침조각과 꽃잎은 각 5장씩이며 꽃잎이 꽃받침조각보다 배로 길고, 꽃은 흰색으로 피지만 꽃밥이 자줏빛이 도는 붉은색 또는 살구색이어서 붉은 물감을 칠한 듯한 느낌이 든다.

꽃대가 나와 꽃이 피기 시작하면 모든 영양을 꽃이 피고 열매를 맺는데 집중하게 되므로 아래쪽의 잎들은 말라 오그라들기 시작한다. 열매는 골돌과이며 속에는 먼지 같은 미세한 씨앗들이 들어 있다. 씨앗이 결실되면 어미 포기는 말라죽는다. 꽃이 피지 않은 포기들은 기온이 내려가면 월동에 들어가며, 생장점을 보호하기 위해 잎들은 잘 결구된 양배추처럼 오그라들고, 바깥쪽 잎은 마르면서 최대한 수분증발을 억제한다. 봄이 되어 날씨가 따뜻해지면 잎에 물이 오르면서 벌어지고 생장하기 시작한다. 생장점이 파손되면 아래쪽의 잎 사이에서 새로운 새끼 포기가 나와 영양번식을 하는 습성이 있다. 자생지에 따라 잎의 생김새와 가장자리의 색깔이 다양해 많이 혼동하는 종이다.

바위솔

우리나라 바위솔 종류 중 대표적인 종으로 전국적으로 분포하며, 주로 산속의 햇볕이 잘 드는 바위 위나 흙으로 쌓은 오래된 돌담, 오래된 기와지붕의 기왓장 사이 등 메마르고 척박한 곳에서 자란다. 뿌리에서 돋은 잎은 송곳 모양으로 로제트로 펴지며 끝은 굳어져서 가시처럼 된다.

원줄기에 달리는 잎은 줄기를 돌아가며 다닥다닥 달리고, 잎자루는 없으며 송곳 모양으로 두툼한 육질이고, 줄기 쪽은 둥글며 끝이 뾰족해 가시처럼 되나 굳어지지는 않는다. 잎의 색은 흰 빛이 도는 녹색 또는 자주색이지만 분을 바른 듯한 흰색을 띠는 것들도 있다.

싹이 튼 지 2~3년이 지나면 꽃대가 형성되며, 꽃대가 자라나기 전의 포개진 잎 무더기가 큰 것은 어린아이 주먹크기만한 개체들도 있다. 이 잎 무더기는 위로 자라나면서 꽃대가 형성되는데, 보통은 한 뼘 이내로 자라지만 30cm 높이까지 자라기도 한다. 꽃은 가을이 시작되면서 피기 시작하며, 촛대처럼 생긴 꽃대를 돌아가며 작은 꽃이 총상꽃차례로 밑에서부터 피어 올라간다. 꽃잎은 5장이며 흰색으로 피지만 수술 꽃밥이 붉은색이어서 붉은 물감을 칠한 듯한 느낌이 든다. 꽃에는 꿀이 많아 한창 피어나면 많은 벌들이 날아와 꿀을 빨며 꽃가루받이를 돕는다.

꽃이 지고나면 열매는 골돌과로 익으며, 속에 먼지와 같은 미세한 씨앗들이 들어 있다. 11월 하순 씨앗이 익으면 꽃대는 마르기 시작한다. 일단 꽃을 피웠던 포기는 말라죽고, 꽃대가 형성되지 않은

포기들은 기온이 내려가면 생장점을 향해 잎들이 오그라들면서 둥근 공처럼 뭉쳐져서 생장점이 추위에 피해를 입지 않도록 보호한다. 그 상태에서 수분을 최소한으로 유지한 채 겨울을 보낸다. 아래쪽에는 긴 잎 몇 장이 겨울눈 주위에 남아 있다.

주로 바위 위에서 자라고 꽃대가 자라기 전 잎의 생김새가 소나무 잎 모양을 닮아서 바위솔이라는 이름이 붙었으며, 오래된 기와지붕에서 많이 자라 와송(瓦松)이라 부르기도 한다.

좀바위솔

고산지대의 바위 위에서 자라며, 보통 높이 5~7cm로 자라지만 10cm에 이르는 경우도 있다. 잎은 긴 타원형으로 흰 빛이 도는 녹색 또는 자주색이며, 뿌리에서 돋는 잎은 로제트 모양으로 퍼지며 끝이 굳어져서 가시처럼 된다. 잎에 잎자루가 없으며 두툼한 육질이고, 줄기 쪽은 둥글고 통통하다. 잎끝은 뾰족하고 송곳 모양이나 굳어지지는 않으며, 밑동에는 손톱 모양의 부속물이 붙는다.

9~10월에 포기 한가운데로부터 꽃대가 나와 총상꽃차례를 이루며 흰색 또는 끝이 자홍색인 꽃이 조밀하게 붙는다.

일단 꽃을 피운 포기는 말라죽고, 꽃대가 형성되지 않은 포기들은 기온이 내려가면 생장점을 향해 잎들이 오그라들면서 마치 벌어지지 않은 작은 솔방울 모양으로 뭉쳐져서 생장점이 추위 피해를 입지 않도록 보호하며, 수분을 최소한으로 유지한 채 겨울을 보낸다. 묵은 포기는 뿌리 쪽 줄기의 밑동에서 자란 짧은 곁가지에서 새끼 포기가 돋아 뿌리를 내리며 번식한다.

전체적인 모양과 생태는 바위솔과 비슷하나 포기의 크기가 작게 자라므로 작다는 뜻의 '좀'이 붙었으며, 애기바위솔이라 부르기도 한다. 흰색으로 피는 종을 별도로 흰좀바위솔로 구분한다.

난쟁이바위솔

깊은 산속의 습기가 있어 이끼가 자라는 바위 위에서 무리를 이루며 자란다. 뿌리줄기는 짧고 굵으며, 위쪽 끝에 두툼한 육질의 많은 잎들이 위를 향해 방사상으로 펼쳐진다. 잎은 길쭉한 창날 모양으로 조금 편평하고 통통하며, 끝은 조금 딱딱해지다가 가시처럼 변하지만 굳어지지는 않는다.

8~9월에 포기 한가운데로부터 줄기가 나와 가느다란 가지가 여러 개 갈라지며, 끝에 흰 바탕에

붉은 빛이 도는 작은 꽃이 모여 달린다. 꽃이 피기 전에 자라난 줄기는 얼핏 보면 바위채송화로 착각될 정도로 모양새가 비슷하다. 꽃잎과 꽃받침조각은 창날 모양으로 각 5개씩이며, 꽃잎은 활짝 벌어지지 않고 반 정도만 벌어지고, 수술 10개는 꽃잎보다 짧아 꽃 밖으로 나오지 않는다.

줄기의 아래쪽 잎겨드랑이에서 자란 짧은 곁가지에서 새끼 포기가 돋아 포기를 늘려간다. 꽃이 피지 않는 포기들은 크기가 매우 작아 이끼와 함께 자라날 때에는 자세히 살펴보아야 찾을 수 있을 정도서어 난쟁이바위솔이라는 이름이 붙었다.

연화바위솔

제주도를 비롯한 섬지역과 남해안의 바닷가 바위틈이나 절벽에 붙어 자란다. 둥근바위솔처럼 잎이 넓고 끝이 둥글며 분을 바른 듯이 연회색 또는 백록색(지역에 따라 연녹색을 띠는 종류도 있음)이 돈다.

싹이 튼 지 2~3년이 지나면 9월에 포기 한가운데로부터 한 뼘 정도의 꽃대가 만들어져 10~12월에 꽃차례의 꽃턱잎 사이에서 꽃이 핀다. 꽃은 촛대 모양의 총상꽃차례에 밑에서부터 조밀하게 차례로 피어 올라간다. 꽃잎과 꽃받침조각은 각 5개씩이고, 흰색으로 피지만 꽃 밖으로 나온 수술의 꽃밥이 자줏빛이 도는 붉은색이어서 붉은 물감을 칠한 듯한 느낌이 든다.

꽃대가 나와 꽃이 피기 시작하면 아래쪽의 잎들은 말라 오그라들기 시작한다. 꽃이 지고나면 열매는 골돌과로 달리며, 속에는 먼지 같은 미세한 씨앗들이 들어 있다. 꽃을 피운 포기는 열매를 맺으면 말라죽는다. 늦가을 기온이 내려가면 꽃이 피지 않은 포기들은 안쪽의 생장점을 보호하기 위해 주위 잎들이 둥글게 감싸며 월동 준비에 들어간다.

연화바위솔은 자라는 지역과 기후에 따라 잎 모양과 색깔이 조금씩 차이를 보이기도 한다. 꽃대가 자라나기 전의 잎들은 둥글게 배열되며 뒤로 약간 젖혀지면서 바위에 붙어 자라는데, 그 모양이 마치 작은 연꽃이 바위에 핀 모양 같아 연화바위솔이라는 이름이 붙었으며, 바위연꽃이라 부르기도 한다. 연화바위솔은 아래쪽에 새끼 포기들이 잘 형성되지 않는 반면에 씨앗으로 번식이 잘 된다.

정선바위솔

태백산맥 중부인 강원도 남부지역(정선, 평창, 영월, 태백)의 깊은 산 절벽 바위틈이나 바위가 부서져 내린 전석지대의 돌 틈에서 자란다. 자생지에서도 개체수가 많지 않다.

둥근바위솔이나 연화바위솔에 비해 잎이 더 넓으며, 잎의 생김새가 다양하다. 끝은 둔하거나 굳어져서 뾰족해지기도 한다. 잎이 넓은 품종 중에서도 가장 넓게 자라지만 상대적으로 얇은 편이다. 지면에 가까운 잎들은 밑으로 젖혀져 방석 모양으로 퍼지며, 안쪽에 있는 잎들도 뒤로 약간씩 벌어지므로 전체적인 모양이 한창 피어난 연꽃을 연상케 한다. 잎은 분을 바른 듯한 백록색이거나 회백색으로 잎 윗면에 작은 점 같은 자주색 반점들이 흩어져 있으며, 잎을 만지면 자국이 남는다.

2~3년 자란 포기들은 9월에 포기 한가운데로부터 촛대 모양 꽃대가 나와 꽃잎이 연한 노란색 자잘한 꽃이 총상꽃차례를 이루며 밑에서부터 피어 올라간다. 수술 10개는 꽃 밖으로 나오며 꽃밥은 연한 노란색을 띤다. 수정이 이루어지면 골돌과는 붉게 익어가며 속에 미세한 씨앗들이 들어 있다.

꽃대가 나와 꽃이 피기 시작하면 아래쪽의 잎들은 말라 오그라들고 열매가 익으면 꽃이 핀 포기는 말라 죽는다. 꽃이 피지 않는 포기들은 겨울눈을 형성해 겨울을 보내며, 생장점을 보호하기 위해 잎들이 포기 중앙을 향해 둥글게 모인다. 바깥쪽 잎들은 마르면서 수분을 최소한으로 유지한 채 겨울을 보낸다. 정선지역에서 처음 채집되어 정선바위솔이라는 이름이 붙었으며, 영동바위솔이라 부르기도 한다.

진주바위솔

경상남도 진주지방과 지리산 주위의 산지 바위 겉에 자란다. 잎은 로제트 형태로 조밀하게 늘어서며, 잎과 잎 사이에 간격이 없이 바짝 붙어 자란다. 잎끝 쪽은 젖혀져 아래쪽 잎에 바짝 붙는다. 아래쪽 잎과 위쪽 잎이 서로 엇갈리게 방사상(이 형태는 짧은 줄기에 많은 잎을 달기 위한 방법)으로 층을 지면서 위로 갈수록 잎의 크기가 작아지므로 위쪽에서 내려다보면 나선형의 독특한 모양이 된다.

잎은 녹색 또는 연녹색을 띠며 주걱형이고 끝 쪽은 가시처럼 변하며, 가장자리와 끝 부분은 자주색을 띤다. 아래쪽의 잎은 꽃대가 자라나 꽃이 피어도 마르지 않고 그대로 남아 있다. 진주지방에서 처음 채집되어 진주바위솔이란 이름이 붙었으며, 지리바위솔이라 부르기도 한다.

포천바위솔

경기도 포천지역의 바위 절벽에 얹혀 자란다. 전체적인 생김새와 생태는 둥근바위솔과 바위솔의 중간 형태다. 차곡차곡 겹쳐진 잎들은 둥글게 배열되며 가지를 치지 않고, 잎은 분을 바른 듯한 흰색이 도는 연한 초록색이며, 통통하다. 끝 쪽은 길쭉하게 좁아져서 송곳 같은 짧은 가시로 변한다. 잎 가장자리가 붉은색으로 물들어 잎이 한창 자라날 때에는 상당히 아름답다.

꽃은 10cm 정도의 촛대 모양 꽃대에서 총상꽃차례로 밑에서부터 피어 올라가며, 꽃턱잎 사이에서 1~4송이가 작은 꽃차례를 이룬다. 주로 포천지역의 절벽에 붙어 자라 포천바위솔이라는 이름이 붙었다.

TIP

우리나라에는 바위솔들이 여러 종 자라며, 지역과 기후에 따라 자라는 형태와 잎에 변이가 많다. 크게 2종류로 분류하면 잎 모양이 두툼한 송곳 모양인 바위솔, 다북바위솔, 좀바위솔, 난장이바위솔이 있고, 잎이 넓은 둥근바위솔, 연화바위솔, 정선바위솔, 진주바위솔이 있으며, 잎이 이 두 종류의 중간 형태를 보이는 포천바위솔이 있다.

둥근잎꿩의비름 꿩의비름

큰꿩의비름 자주꿩의비름

세잎꿩의비름 새끼꿩의비름

돌 나 물 과

모둠 4

둥근잎꿩의비름 · 꿩의비름 · 큰꿩의비름
자주꿩의비름 · 세잎꿩의비름 · 새끼꿩의비름

둥근잎꿩의비름

꿩의비름

큰꿩의비름

자주꿩의비름   세잎꿩의비름

새끼꿩의비름

둥근잎꿩의비름

경상북도 청송의 주왕산과 주변의 한정된 지역 절벽이나 바위틈에 붙어서 자란다. 서식지가 극히 제한적이지만, 높은 바위틈에서 자라고 개체수도 어느 정도 유지되고 있다.

줄기는 15~25cm 높이로 자라며, 붉은색이나 연녹색을 띠고 가지는 치지 않는다. 묵은 포기에서는 뿌리줄기로부터 줄기가 여러 대 올라온다. 어릴 때에는 줄기가 곧게 서지만 차츰 잎의 무게를 이기지 못하고 밑으로 처지며 땅을 기듯이 자란다.

잎은 잎자루 없이 마주나며 십자 모양으로 어긋나게 붙고, 연녹색으로 분을 바른 듯해 만지면 자국이 난다. 생김새는 달걀형 또는 원형으로 가장자리에 불규칙하고 둔한 톱니가 있으며, 잎살이 두툼하다.

9~10월에 줄기 끝에 꽃차례로 변하면서 홍자색 꽃이 모여 핀다. 꽃 피기 직전의 꽃봉오리일 때에는 짙은 홍자색을 띠다가 피어나면서 색이 약간 엷어진다. 원줄기 끝과 위쪽의 잎겨드랑이 사이에서 나온 꽃대는 몇 개로 갈라지며, 작은 별 모양 꽃이 둥글게 모여 산방꽃차례를 이룬다. 꽃잎은 5장으로 꽃받침조각보다 3~4배 크고, 길쭉한 달걀형이며 중간이 오목하다. 수술은 10개이며 꽃잎과 길이가 비슷하고 꽃밥은 노랗다. 씨방 5개는 서로 떨어져 있으며 꽃잎처럼 짙은 홍자색을 띤다.

꽃이 진 뒤 열매는 골돌과로 달리며, 11월 중순 씨앗이 익으면 골돌과가 벌어지며 아주 작은 씨앗들이 흩어진다.

꿩의비름

지대가 조금 높은 들과 산지의 햇볕이 잘 드는 풀숲에서 자란다. 전체가 분을 바른 듯 흰 빛을 띠고, 줄기는 하나이며 50cm 정도 높이로 곧게 서고 위쪽에서 가지를 몇 개 친다.

잎은 2~3장이 돌려나거나 어긋나며 타원형으로 잎살이 두껍고, 가장자리에 둔한 톱니가 있다. 잎에는 짧은 잎자루가 있으나 위쪽으로 갈수록 없어진다.

8~9월에 줄기와 가지 끝에 둥글게 모여 산방꽃차례 형태의 취산꽃차례를 이루며 작은 꽃이 다닥다닥 둥글게 뭉쳐 달린다. 꽃잎은 5장으로 황백색이며, 꽃받침조각보다 3~4

배 크고, 수술은 10개이며 꽃밥은 노랗다. 암술은 5개로 씨방 끝에 달린다. 씨방은 붉은색을 띠고 있어 얼핏 보면 꽃 전체가 연붉은색으로 피는 것 같다.

꽃이 진 뒤 열매는 골돌과로 달리며, 씨앗이 익으면 봉합선이 벌어지며 작은 씨앗을 퍼뜨린다. 줄기가 꿩의 다리처럼 가늘고 길게 생겨 꿩의비름이라는 이름이 붙었다.

큰꿩의비름

중부 이북지역의 조금 메마른 산지에 자생하지만, 발견하기 어렵다. 높이 30~70cm로 곧게 자라고, 포기 전체는 녹색을 띤 흰색으로 분을 바른 듯하다. 묵은 포기에서는 뿌리줄기로부터 굵은 줄기가 여러 대 올라오며, 밑 부분은 굵고 강해 보이나 위쪽으로 갈수록 가늘어진다.

잎은 2장이 마주나거나 3~4장씩 돌려나며 잎살이 두껍고, 줄기에 붙는 부위에서 잎 중간까지 연녹색 잎맥이 뚜렷하다. 잎에는 잎자루가 없으며, 가장자리는 밋밋하거나 물결 모양 톱니가 있다.

8~9월에 줄기 끝과 위쪽의 잎겨드랑이에서 꽃대가 나와 산방꽃차례가 조금 크게 발달해 커다란 접시 모양을 이루며, 붉은 빛이 도는 자주색 꽃이 모여 달린다.

자주꿩의비름

전국적으로 분포하며 산지의 숲속에서 다른 식물과 함께 자란다. 줄기는 흰 빛이 도는 녹색이며 높이 30~50cm로 자라고, 묵은 포기에서는 뿌리줄기로부터 줄기 2~3개 혹은 여러 개가 모여 난다.

잎은 어긋나거나 마주나며 잎 간격이 좁고 분을 바른 듯한 흰색이 돌며 만지면 자국이 난다. 생김새는 긴 타원형으로 잎살이 두껍고, 가장자리에 얕고 둔한 톱니가 있으며 밑으로 갈수록 좁아져 줄기에 붙는다.

8~9월에 줄기 끝에 산방꽃차례 형태의 취산꽃차례가 발달해 작은 자주색 꽃이 촘촘하게 모여 접시 모양을 이룬다. 꽃잎은 5장이며 꽃받침보다 3~4배 크고, 수술은 10개로 꽃잎 길이와 비슷하다. 큰꿩의비름도 꽃이 자주색으로 피므로 보통 큰꿩의비름과 많이 혼동한다. 열매는 10월에 골돌과로 익는다.

세잎꿩의비름

산지의 풀밭이나 습기 있는 바위 곁에서 이끼와 함께 자라며, 높이 30~50cm로 자란다. 잎은 보통 줄기에 3장씩 돌려나며 타원형 또는 넓은 창날 모양으로 짧은 잎자루가 있고, 밑 부분은 좁아지며 가장자리에 둔한 톱니가 있다. 꽃은 8~9월에 줄기 윗부분에 겹산방꽃차례를 이루며 녹색이 도는 흰색으로 핀다. 꽃밥은 흑갈색을 띤다.

새끼꿩의비름

남한 전역에 분포하며 높이 60cm 정도로 자란다. 잎은 3~4장씩 돌려나고 넓은 창날 모양으로 짧은 잎자루가 있으며, 가장자리에 톱니가 있는 것도 있고 없는 것도 있다. 8~9월에 줄기 끝 취산꽃차례에 작은 황백색 꽃이 모여 핀다. 잎겨드랑이와 꽃차례에 살눈이 많이 달리는 것이 특징이다. 세잎꿩의비름과 닮았으나 새끼꿩의비름은 살눈이 달리는 것이 다르다.

돌나물과

헷갈리지 않아요

낙지다리

전국적으로 분포하며 산과 들의 습지, 연못이나 도랑가, 오랫동안 농사를 짓지 않은 천수답 등에서 다른 수생식물과 함께 자란다. 예전에 발행된 책에는 전국적으로 흔하게 자생한다고 씌어 있지만 근래 몇 십년간 계속된 개발로 습지가 사라지고, 제초제의 남용으로 이제는 사람의 발길이 잘 닿지 않는 곳이나 식물원에 가야만 볼 수 있는 희귀식물이 되어 버렸다. 산림청에서 희귀 및 멸종위기 식물로 지정·보호하고 있다.

낙지다리는 세계적으로 2종이 분포하며, 그 중에서 한 종이 우리나라에 자생한다. 줄기는 30~80cm로 곧게 자라며 붉은색을 띤 자줏빛 돌고, 묵은 포기는 위쪽에서 가지를 치기도 한다.

잎은 어긋나고 잎자루는 거의 없으며 좁고 긴 창날 모양으로 양 끝이 좁아지고, 잎 한가운데에는 흰색 잎맥이 잎끝까지 뚜렷하게 나 있다. 잎 가장자리에는 잔 톱니가 있고 끝은 예리하게 뾰족하다. 7월에 줄기 윗부분에서 꽃줄기가 여러 갈래로 갈라져 각각 총상꽃차례를 이루며 작은 황백색 꽃이 꽃대 위쪽으로 치우쳐 달리고, 꽃차례에는 짧은 털이 있다. 꽃에 꽃잎이 없으며, 뾰족하게 5갈래로 갈라진 꽃받침이 있다. 수술은 10개로 꽃받침과 씨방 사이에 붙고 꽃받침보다 길며, 꽃밥은 노랗다. 작은 호리병 모양으로 생긴 흰색 씨방 5개는 꽃잎처럼 돌려나고, 끝에는 암술이 붙으며 각 씨방의 안쪽에는 다이아몬드모양의 돌출된 부속물이 있어 서로 연결되면 별 모양을 이룬다.

열매는 9~10월에 삭과로 익으며, 씨앗이 맺히면 삭과와 꽃줄기가 붉은색을 띤 갈색으로 변해 위에서 보면 마치 빨판이 붙은 낙지의 다리 같은 모양이 된다. 삭과는 작은 불가사리 같은 모양이며, 한가운데에 별 모양 무늬가 뚜렷하게 나타난다. 삭과 위쪽의 돌출 부분이 떨어지면서 중앙선이 벌어지면 먼지 같이 미세한 씨앗들이 흩어진다.

범꼬리　호범꼬리

마디풀과

모둠 5

범꼬리 · 호범꼬리

범꼬리

범꼬리

전국적으로 분포하며, 깊은 산 습지 주위나 높은 산골짜기 양지쪽 습기 있는 풀밭에서 다른 풀들과 함께 무리지어 자란다. 뿌리줄기는 짧고 굵으며 마치 작은 감자처럼 생겼다. 뿌리줄기에 잔뿌리가 많이 달리며 짙은 갈색 비늘조각이 감싸고 있다.

뿌리에서 나는 잎은 잎자루가 길며 넓은 달걀형으로 점차 좁아져서 끝이 뾰족해지며 밑부분은 심장형이다. 잎 가장자리는 밋밋하며 톱니는 없다. 줄기에 나는 잎은 뿌리에서 나오는 잎과 생김새가 비슷하며 서로 어긋나고, 잎자루는 거의 없거나 흔적만 남아 있으며, 줄기 위쪽으로 갈수록 급격히 작아진다. 줄기에는 일정한 간격으로 불룩하게 마디가 지며, 여기에서 잎이 나온다. 잎자루 밑은 막질로 줄기를 감싼다. 땅속에서 옆으로 기는 뿌리줄기에서 새싹들이 돋아나며 포기를 늘려간다.

5~6월에 30~80cm 높이로 꽃대가 곧게 나오고, 이삭꽃차례에 연분홍 또는 흰색 꽃이 빼곡하게 피며 꽃차례의 끝은 뭉툭하다. 꽃자루는 짧고 꽃잎은 없으며 꽃잎처럼 변한 꽃받침조각은 5개로 갈라진다. 수술은 8개로 꽃받침보다 길어 꽃 밖으로 나온다. 꽃밥은 연한 자주색이고 암술은 3개다.

열매는 수과로 꽃받침에 싸여 있으며 8~9월에 익는다. 씨앗은 짙은 갈색으로 윤기가 나며 능선이 3개 있다.

길쭉하고 끝이 뭉툭한 이삭꽃차례가 마치 호랑이의 꼬리를 닮았다고 범꼬리라는 이름이 붙었다. 범의꼬리, 만주범꼬리, 만주범의꼬리라 부르기도 한다.

호범꼬리

한국특산종으로 북쪽지역에 자생한다. 범꼬리에 비해 꽃이삭이 가늘고 길며, 암술대가 빳빳하고, 엷은 붉은색 꽃이 핀다.

매 자 나 무 과
헷갈리지 않아요

깽깽이풀

섬지역을 제외한 전국에 분포하며, 북쪽이 터진 계곡의 입구 동향 비탈의 약간 습하고 반그늘 진 곳, 물 빠짐이 좋은 야산의 좁은 골짜기 양쪽이나 습기가 약간 있으며 햇볕이 잘 드는 곳, 또는 굵은 잡목림이 있어서 약간 그늘 진 곳에서 자란다.

뿌리는 노란 빛이 나며, 가늘고 많이 나오는 편이나 길게 뻗지 않고 뭉쳐져 있다. 뿌리줄기 마디 사이에서 새싹이 나와 번식하지만 뿌리줄기와 토양 사이의 마디에서는 새싹이 3~5장 나오면서 뿌리 내린다.

잎은 보통 진한 적자색이나 연한 자홍색이며, 흰 꽃이 피는 개체는 잎자루까지도 진한 초록색으로 나온다. 둥근 홑잎으로 연잎을 축소한 모양이고, 조금 큰 편이며 딱딱하다. 잎줄기가 붙는 부분은 오목하게 들어가며 가장자리는 물결 모양이다. 잎자루는 가늘고 약해 보이지만 질기고 단단하며, 잎 표면은 방수물질로 코팅되어 있어 물에 젖지 않아 비나 이슬로 물방울이 맺히면 대단히 아름답다.

꽃은 4~5월에 연보라색이나 연자홍색 또는 유백색으로 피며, 꽃잎이 5~6장일 때에는 홑꽃으로 보이지만 8~9장일 때에는 겹꽃으로 보인다. 꽃이 잎보다 먼저 자라서 피며 꽃이 질 무렵이면 잎자루도 거의 자라고 잎도 펼쳐진다. 꽃은 오전 10시에서 오후 2~3시 사이에 활짝 피었다가 해가지면 오므라들어 꽃이 피어 있는 시간이 매우 짧다. 꽃이 피는 기간이 짧고 꽃잎이 바람에 쉽게 떨어져 꽃이 핀 모습을 보기 어렵다. 깽깽이풀은 암술과 수술이 노란색인 것과 자주색인 것 두 종류가 있으며, 노란색인 것은 자홍색 꽃잎과 어우러져 더 아름답게 보인다.

열매는 5월 하순에서 6월 초순에 골돌과로 익으며, 끝이 새의 부리처럼 생겼고, 2갈래로 갈라진다. 속에는 까맣고 반질반질한 쌀알 같은 씨앗이 8~12개 들어 있다. 씨앗 끝에 엘라이오솜이라는 달콤한 영양물질이 붙어 있어 개미가 물어가기도 한다. 따라서 자연 상태에서는 개미의 활동범위 내에서 일정한 지역에 군데군데 간격을 두고 군락을 형성하는 경우가 많다.

매 자 나 무 과

헷갈리지 않아요

삼지구엽초

중부 이북지역에 분포하고, 낙엽수림이 우거진 숲속 적당히 습기가 유지되는 곳에서 무리지어 자라나 개체수가 많지 않아 만나기 어렵다. 자양강장제로 약효가 인정되어 무분별하게 채취되고, 숲이 우거지며 개체수가 줄어 산림청에서 희귀 및 멸종위기 식물로 지정·보호하고 있다

  키는 30cm 정도 높이로 자라고, 한 포기에서 줄기가 여러 대 나와 곧게 자란다. 뿌리줄기는 옆으로 꾸불꾸불하게 뻗으며 잔뿌리가 많이 달리고, 끝에서 새순이 돋으며 포기를 늘려간다. 원줄기 밑에는 비늘줄기 같은 잎이 둘러싸고 있다. 뿌리에서 나는 잎은 잎자루가 길고, 원줄기에는 잎 1~2장이 어긋나며 잎줄기가 3개씩 2회 갈라진다. 즉 한 잎줄기에서 가지가 크게 3갈래로 갈라지고, 그 가지 끝에서 다시 짧게 3갈래로 갈라지며 끝에 잎이 하나씩 달리므로 모두 9장이 된다. 작은잎은 심장 모양으로 끝이 뾰족하고 가장자리에 가시 같은 작은 톱니가 촘촘하게 규칙적으로 나 있다.

  꽃대는 새순이 올라올 때 함께 만들어져 자라나서 4~5월에 꽃자루가 짧은 황백색 꽃 3~8송이가 총상꽃차례를 이루며 밑을 향해 달린다. 꽃받침조각 4개는 서로 크기가 비슷하고 일찍 떨어진다. 꽃잎은 8장이며 바깥 꽃잎 4장은 타원형으로 가장자리는 물결 모양이고, 안쪽 꽃잎 4장은 앞부분이 오리주둥이처럼 생겼으며, 끝은 긴 꿀주머니로 변한다. 꿀주머니 끝 부분은 밑으로 휘어져 갈고리 모양이다. 안쪽 꽃잎 4장은 머리가 모여 사각기둥 모양을 만들고, 속에는 암술 1개와 수술 4개가 들어 있다.

  열매는 6월에 줄기 아래 부분에서 삭과로 맺으며, 무성한 잎 아래 숨은 듯 달려 있다. 생육상태가 좋아 줄기와 잎이 무성해도, 열매가 익는 비율은 낮아 제대로 씨앗이 들어 있는 열매를 찾기가 어렵다. 열매가 누렇게 익으면 꼬투리가 벌어지며 씨앗이 떨어진다. 씨앗에는 엘라이오솜이 붙어 있어 개미가 재빨리 물어간다. 꽃의 전체적인 생김새가 마치 고깃배의 닻처럼 생겨 닻풀이라고도 부른다.

TIP

삼지구엽초가 자양강정 약초로 성분이 입증되며 유사한 식물이 삼지구엽초로 오인되어 판매되고 있다. 일부 지역과 관광지에서 잎이 삼지구엽초 형태로 달렸다는 이유로 꿩의다리와 꿩의다리아재비, 연잎꿩의다리를 말려서 삼지구엽초라고 팔고 있다. 이들은 미나리아재비과 식물로 독성이 있으므로 피해를 입을 수 있다. 삼지구엽초의 작은잎 밑 부분은 심장형이고 끝은 뾰족하며 가장자리에는 가시 같은 작은 톱니가 규칙적으로 촘촘하게 나 있는 반면, 꿩의다리 종류의 잎은 달걀형으로 둥글고 가장자리에는 둥그스름한 톱니만 몇 개 있으므로 구분할 수 있다. 자연산에서 채취되는 양이 극히 적으므로 시중의 약재상에서 판매되는 삼지구엽초는 대부분 중국산으로 보면 된다.

물레나물과

헷갈리지 않아요

물레나물

전국적으로 분포하며, 양지바른 산기슭의 가장자리나 습기 있는 구릉지 등에 자생한다. 봄에 올라오는 어린 줄기는 붉은색을 띠며 네모지고, 높이 50~100cm로 곧게 자라며 가지를 친다. 자라면서 아랫부분은 굳어져서 나무줄기처럼 단단해지며 갈색으로 변한다.

  길쭉한 달걀형인 잎은 끝이 뾰족해지고 아래쪽은 둥글며 마주 달린다. 잎자루는 없으며 누릇누릇한 점들이 있고 가장자리는 밋밋하다.

  6-8월에 원줄기와 가지 끝에 황금색 꽃이 피며, 꽃잎은 5장이다. 꽃잎 중간이 같은 방향으로 꼬이듯 피어나 마치 바람개비 같다. 암술대는 달걀형 씨방 끝에서 길쭉하게 나와 5갈래로 갈라지고, 그 주위에 많은 수술들이 모여 달리며, 밑 부분은 노랗고 윗부분은 자주색을 띠고 있어 색 대비가 뚜렷해 조화롭고 아름답다. 꽃의 수명은 하루지만 취산꽃차례로 계속 피어나므로 수명이 짧은 것을 잘 느끼지 못한다. 꽃은 아침 일찍 피기 시작해 꽃가루받이가 이루어지면 오후 2~3시부터 시들기 시작한다.

  열매는 삭과로 위쪽이 뾰족하며, 씨앗이 익으면 삭과의 위쪽이 5갈래로 벌어지고, 속에는 둥글고 윤기 나는 진갈색 작은 씨앗이 많이 들어 있다.

  보통 암술의 길이가 수술의 길이보다 조금 짧고 수술이 많이 달리지만, 특별히 암술대가 수술보다 길게 자라며 수술의 숫자가 적게 달리는 개체들도 발견된다. 이것을 큰물레나물로 구분하기도 하나 암술대의 길이 차이 외에는 전체적으로 차이가 없어 물레나물로 통합되었다.

미 나 리 아 재 비 과

모둠 6

노루귀 · 섬노루귀 · 새끼노루귀

노루귀

노루귀

노루귀

섬노루귀

새끼노루귀

노루귀

노루귀

우리나라 전역에 널리 분포하며, 높은 지대 낙엽수림이 우거지고 부엽이 두껍게 쌓인 북향 비탈에 무리지어 자라는 유독성식물이다. 4월 초에 얼었던 땅이 녹기 시작하면 잎이 나오기도 전에 연한 꽃줄기가 여러 대 올라온다. 꽃줄기 전체에는 보드랍고 하얀 솜털이 촘촘하게 나 있다.

꽃이 질 무렵이면 노루의 귀를 닮은 적자색 잎이 돌돌 말려서 올라오며 전체에 길고 흰 털이 촘촘하게 난다. 잎은 뿌리줄기에서 모여 나며, 잎자루는 가늘고 길며 짧은 털이 많이 나고 비스듬히 선다. 잎 가장자리가 3갈래로 둥글고 깊게 갈라진다. 간혹 잎에 흰색 얼룩무늬가 나 있어 매우 특색 있어 보이는 개체도 있다.

꽃줄기 끝에 꽃잎 6~10장(보통은 8장)으로 구성된 꽃이 1송이씩 핀다. 꽃잎은 흰색, 연분홍색, 파란색 등 다양하다. 노루귀는 꽃잎이 없다. 보통 꽃잎이라고 생각하는 것은 꽃받침조각이 꽃잎 모양으로 변한 것이고, 꽃을 둘러싸고 있는 잎처럼 생긴 총포 3장이 꽃받침처럼 보인다. 가운데 미색 수술과 노란색 암술이 선명하고, 꽃은 10일쯤 피었다가 진다. 꽃이 진 뒤 열매는 수과로 총포에 싸여 많은 수가 여물며, 털이 많다.

섬노루귀

한국특산종으로 울릉도에만 자생한다. 잎과 꽃의 총포가 유난히 크며, 가장자리에는 털이 있고, 3갈래로 갈라진다. 총포는 큰 반면 꽃받침은 작아서 커다란 잎 속에 작은 꽃이 핀 것처럼 보인다. 왕노루귀 또는 큰노루귀라고도 부르며, 꽃은 흰색과 분홍색으로 피고 꽃받침조각은 6~8개다. 울릉도에서만 한정적으로 자생하므로 개체수가 적어 산림청에서 희귀 및 멸종위기 식물로 지정·보호하고 있다.

새끼노루귀

제주도를 비롯한 남해안 섬지역에 자라며, 노루귀보다 훨씬 작고, 잎에는 흰 무늬가 선명하며 잎과 꽃이 동시에 올라오는 것이 특징이다. 꽃받침조각은 5개이며 꽃은 흰색과 분홍색으로 핀다.

매발톱꽃
하늘매발톱꽃
노랑매발톱꽃

미 나 리 아 재 비 과

모둠 7

매발톱꽃 · 하늘매발톱꽃 · 노랑매발톱꽃

매발톱꽃

하늘매발톱꽃

하늘매발톱꽃

노랑매발톱꽃

노랑매발톱꽃

매발톱꽃

전국적으로 분포하며, 특히 중부지방의 높은 산 깊은 골짜기의 햇빛이 잘 드는 계곡 근처에 많이 자라는 유독성식물이다. 높이 30~50cm로 자라고, 위쪽에서 가지를 치며 갈라진다.

뿌리에서 나오는 잎은 잎자루가 길며 3갈래로 2회 갈라지고, 갈라진 잎자루 끝에는 작은잎이 3개씩 달린다. 작은잎은 넓은 쐐기형으로 2~3회씩 갈라지기도 하며, 가장자리에 불규칙한 결각이 있다. 줄기에서 나는 잎은 작은잎이 3개씩 달리고 위로 갈수로 잎자루가 짧아지며 작아진다. 잎자루의 밑부분은 넓고 막질로 줄기를 감싼다.

꽃은 5~6월에 붉은 자갈색으로 피며, 가지 끝에서 옆을 향해 1송이씩 달린다. 꽃받침조각은 5개이고, 꽃잎과 교차로 달리며 옆으로 벌어진다. 꽃잎도 5장이며 누런빛이 돈다(꿀주머니 쪽은 자갈색). 끝 부분은 안으로 약간 모아지며, 뒷부분은 길쭉한 원뿔 모양의 꿀주머니로 변한다. 열매는 6월 말경 5조각으로 이루어진 골돌과로 익는다. 씨앗은 작고 검으며 윤기가 난다.

꿀주머니가 말리듯 구부러진 모양이 매가 발톱을 오므리고 있는 것 같다고 매발톱꽃이라는 이름이 붙었다. 제주도에서는 주레꿀이라 부르고, 강원도 일부 지역에서는 루두채라 부르기도 한다.

하늘매발톱꽃

북부지방의 높은 산(백두산과 낭림산) 초원지대에 자라며, 남한에서는 자생지가 발견된 곳이 없다. 높이 30cm로 자라며 위쪽에서 가지를 몇 개 친다.

뿌리에서 나는 잎은 잎자루가 길며 3갈래로 갈라지고, 갈라진 잎자루 끝에 작은잎이 3개씩 돌려 달린다. 작은잎은 2~3회 갈라지기도 하며, 가장자리에 불규칙한 결각이 있다. 줄기에 나는 잎은 작은잎이 3개씩 달리며 위로 갈수록 잎자루도 짧아지고 크기도 작아진다. 잎자루는 밑 부분이 넓고 막질로 줄기를 감싼다.

7~8월에 짙은 보라색 꽃이 원줄기와 가지 끝에서 밑을 향해 1~3송이씩 핀다. 꽃은 꽃받침조각과 꽃잎 각 5장이 교차로 달리며, 꽃받침은 넓고 짙은 보라색이며, 매발톱꽃에 비해 안쪽으로 모아져 있다. 꽃잎의 끝 부

분은 미색이지만 중간 이하 꿀주머니 부분은 꽃받침과 같은 짙은 보라색을 띤다. 꿀주머니는 끝이 가늘어지면서 안쪽으로 말리듯이 둥글게 구부러지고, 마지막 부분은 둥글다.

자생지에서는 흰색으로 피는 흰하늘매발톱꽃도 드물게 발견된다. 열매는 꽃이 지고 한 달 뒤 골돌과로 익는다. 북부지방의 높은 산지 초원지대에 자생해 하늘매발톱꽃 또는 산매발톱꽃이라 부른다.

노랑매발톱꽃

중부지방과 북부지방의 높은 지대와 깊은 산지에 드물게 자라며, 남한에서는 강원도 구룡령과 오대산에서 발견된 적이 있으나 자생지에서도 만나기는 매우 어렵다. 높이 50~100cm로 자라며, 매발톱꽃 종류 가운데 가장 크다. 전체적인 생김새는 매발톱꽃과 비슷하며 꽃받침은 미색이고, 꽃잎이 연한 노란색인 것이 다르다.

TIP

현재 유통되는 하늘매발톱꽃 대부분은 일본의 북부지방에 자라는 품종을 개량한 원예종으로 포기 전체가 강하고 번식력도 좋다. 높이 20cm 정도로 조금 작게 자라며 꽃잎은 흰색을 띠고, 꽃받침도 하늘매발톱꽃에 비해 밝은 보라색으로 핀다. 우리나라에 자생하는 하늘매발톱꽃은 원예종에 비해 더 높이 자라고, 잎줄기도 더 길어 전체적으로 연약해 보인다. 꽃은 개량종에 비해 조금 크고 색도 더 짙으며, 꽃잎 뒷부분의 꿀주머니도 길어서 확연히 구분된다.

백작약

산작약

미나리아재비과

모둠 8

백작약 · 산작약

백작약

산작약

백작약

제주도를 비롯한 전국의 깊은 산지 낙엽수림 밑의 그늘지고 습기 많은 비탈이나 돌무더기 사이에 자란다. 예전에는 많은 개체들이 자생했지만 꽃이 아름답고 뿌리를 약재로 많이 이용하며 그동안 무분별하게 채취·남획되어 지금은 중부 이북지역의 깊은 산속에서나 간간이 발견되는 희귀식물이 되었다. 자생지에서도 거의 멸종위기에 놓여 있어, 산림청에서는 백작약과 산작약을 희귀 및 멸종위기 식물로 지정·보호하고 있다.

높이 40~70cm로 자라고, 뿌리는 굵고 육질이며 밑 부분은 비늘 같은 잎으로 싸여 있다. 잎은 3~4장이 어긋나고 잎자루는 길며 3번씩 2갈래로 갈라지거나 짧게 3갈래로 갈라진다. 작은잎은 가장자리가 밋밋하고 털이 나지 않으며, 윗면은 녹색이나 아랫면은 분을 바른 듯한 흰 빛을 띤다.

4~5월에 원줄기 끝에 흰색 꽃이 1송이씩 피며, 꽃잎 5~7장이 둥글게 모여 달린다. 꽃은 활짝 벌어지지 않고, 꽃받침조각 3개의 크기는 일정하지 않다. 씨방은 1~3개로 녹색이며, 검붉은 닭 벼슬처럼 생긴 암술머리는 바깥쪽으로 약간 굽는다. 수술은 많고 꽃밥은 노랗다.

열매는 골돌과로 8~9월에 벌어지면서 육질이 없고 붉은 많은 헛씨앗과 구슬 모양 남색 씨앗 몇 개가 드러난다. 깊은 산속의 그늘 진 곳에서 꽃이 피어서인지 속에 제대로 결실된 씨앗이 많지 않으며, 심지어는 붉은 헛씨앗만 맺는 경우도 있다. 커다란 흰 꽃이 피어나는 모양이 함박웃음을 짓는 것 같다고 함박꽃이라 부르기도 한다.

산작약

중부 이북지역에 자라며, 자생지에서도 거의 멸종위기에 놓여 있어, 환경부에서 멸종위기Ⅱ급으로 지정·보호하고 있다. 줄기 전체가 흰색 가루로 덮이고, 잎 아랫면에 털이 나며 암술대가 길게 자라서 뒤로 말린다. 꽃은 분홍색으로 피며 뿌리의 육질이 붉다.

백작약에 비해 꽃이 피는 시기가 조금 늦으며, 산작약과 모양이 같으나 잎 아랫면에 털이 없는 것을 민산작약이라 하고, 3갈래로 갈라지는 작은잎의 잎자루에 넓은 날개가 있는 종을 참작약으로 구분한다.

가축병원이 없던 시절에는 강아지들이 설사병에 걸리면 살아남기 힘들었는데, 이때 작약뿌리를 달인 물이 특효약이었다. 지금도 작약 뿌리는 개들의 보약으로 알려져 있으며, 1년에 한 번씩 작약 뿌리에 닭 한 마리를 푹 고아 개에게 먹이면 1년 내내 잔병 없이 튼튼하게 자란다.

미 나 리 아 재 비 과

모둠 9

복수초 · 가지복수초 · 세복수초

복수초

가지복수초

세복수초

복수초

충청도와 전라도 일부 지역과 강원도와 경기도 일대에 분포하며, 햇볕이 잘 드는 낙엽수림 밑이나 북향의 그늘진 곳에서 자란다. 쌓인 눈을 뚫고나와 꽃을 피우는 봄의 전령이다.

높이 10~30cm로 자라고, 뿌리줄기가 굵고 짧으며 흑갈색 잔뿌리가 많이 나오고 질기다. 잎은 꽃이 핀 다음에 자라기 시작하고, 밑 부분의 잎은 막질로 원줄기를 감싼다. 잎은 2회 깃털 모양으로 갈라지며 어긋나게 달리고, 잎은 가늘게 찢어진 갈래조각으로 이루어졌으며, 잎자루 밑에 달리는 턱잎 역시 가늘게 갈라진다.

꽃은 지역에 따라 2월부터 4월까지 피며, 중부지방의 따뜻한 곳에서는 2월 중순부터 피기 시작하고, 중·북부지방의 높은 지대에서는 4월에 핀다. 꽃은 황금색으로 보통 원줄기 끝에 1송이씩 달린다. 꽃받침조각은 검은색이 도는 자주색으로 꽃잎보다 길거나 비

슷하며 8개 이상(보통 8개)이고, 꽃잎은 10~30장으로 수평으로 퍼져서 둥글게 겹으로 핀다. 한가운데에는 밝고 선명한 노란색 수술이 잔뜩 모여 있으며, 그 속에 울퉁불퉁하게 돌기가 난 연둣빛 암술이 자리 잡는다. 꽃이 피어 있는 기간은 7~10일이고, 낮에는 활짝 피었다가 밤이나 흐린 날에는 오그라든다.

열매는 곰딸기를 닮은 수과로 암술대가 붙어 있으며 꽃턱에 달리고 가느다란 털이 나 있다. 6월 초순경이면 휴면에 들어가며, 10월경이면 다음해 피울 꽃망울을 준비하고 겨울을 보낸다.

복수초는 지역에 따라 꽃이 피는 시기와 크기에 차이가 있다. 남부지역에서는 2월 하순부터 피기 시작하며, 꽃은 지름 5~7cm로 크다. 경기도 북부지방에서는 3월 중순부터 피며, 백두대간을 따라 높은 지대에서는 2월 초순부터 핀다. 또한 원줄기는 짧고 잎은 가늘고 작으며 짙은 녹색이고, 꽃은 2~3cm로 작게 핀다.

세복수초나 가지복수초에 비해 꽃받침조각과 꽃잎의 폭이 좁고 길이가 짧으며, 원줄기는 가지를 치지 않고 꽃이 핀 다음 잎이 자란다. 또 꽃이 작고 꽃받침조각은 8장 이상이며, 수술대가 길게 밖으로 나오는 특징이 있어 구별된다.

가지복수초

경상북도와 전라북도, 충청남도 및 경기도와 서해 섬지역에 분포하며, 원줄기는 10~30cm로 자라고 가지가 몇 개 갈라진다. 줄기에 털은 없으나 간혹 윗부분에 약간 나기도 하며, 밑 부분은 얇은 막질의 잎으로 싸인다. 뿌리줄기는 짧고 굵으며 흑갈색 질긴 잔뿌리가 많이 나온다.

꽃보다 잎이 먼저 자라므로 포기가 풍성해 보이고, 잎은 녹색이나 회색을 띠며 줄기에 어긋난다. 깃털 모양으로 2회 갈라지고, 작은잎의 가장자리는 가늘게 갈라지며 밑에는 잘게 갈라진 녹색 턱잎이 있다.

꽃은 3~4월에 노란색으로 피며, 원줄기와 가지 끝에 1송이씩 달린다. 한 포기에 2~3송이씩 피기도 한다. 꽃받침조각은 5~6개(보통 5개)로 흑자색이며 꽃잎보다 좁고 짧다. 꽃잎은 20~30장이며 수평으로 퍼지고 수술은 많으며 꽃밥은 둥글게 보인다. 열매는 곰딸기를 닮은 수과로 암술대가 붙어 있고, 꽃턱에 달리며 가느다란 털이 나 있다.

복수초 중 꽃잎, 암술, 수술의 크기가 가장 크고 많으며 수술대는 짧고, 경기도의 서해안 일대와 섬지역에 무더기로 자생한다. 가지가 몇 개로 갈라져 가지복수초라는 이름이 붙었으며, 개복수초라 부르기도 한다.

세복수초

제주도에 자라며 2월 말부터 꽃과 잎이 함께 올라온다. 원줄기는 길게 자라고 가지가 여러 개 갈라지며, 꽃은 원줄기와 가지 끝에 2~5송이씩 달린다. 꽃잎은 꽃받침보다 약 1.3배 길고, 꽃받침조각은 5~6개로 꽃잎보다 넓다. 꽃이 미색으로 피는 변종도 발견된다.

잎은 밝은 녹색을 띠며 질감이 부드럽고, 마지막 갈래조각은 가늘게 갈라진다. 잎이 가늘게 갈라져 '가늘다'란 뜻의 '세(細)' 자가 붙었으며, 제주복수초라 부르기도 한다.

TIP

복수초 이름은 일본에서 유래된 것으로 꽃이 황금색으로 부와 영광, 행복을 상징한다 해서 복 많이 받고 오래 살라는 뜻이 담긴 '복(福)'과 '수(壽)'를 붙였다고 한다. 이른 봄 쌓여 있는 눈 속을 뚫고 나와 꽃이 피는데, 꽃은 주위의 온도보다 5℃ 정도 높아(꽃 모양이 오목거울 역할을 해 햇빛을 모아 꽃 내부의 온도를 높이는 것으로 밝혀졌음) 꽃이 뚫고 나온 주위는 눈과 얼음이 녹아 동그란 구멍이 생긴다. 이 때문에 얼음새꽃 또는 눈색이꽃이라 부르기도 하며, 땅속에서 꽃만 불쑥 피어나는 것이 독특해 땅꽃이라 부르기도 하고, 꽃의 크기가 작아 애기복수초라 부르기고 한다. 북한에서는 복풀이라 부른다.

할미꽃 가는잎할미꽃

동강할미꽃

미나리아재비과

모둠 10

할미꽃 · 가는잎할미꽃 · 동강할미꽃

할미꽃

할미꽃

할미꽃

가는잎할미꽃

동강할미꽃

할미꽃

전국적으로 분포하며, 주로 햇볕이 잘 드는 낮은 산등성이나 묘지 주위, 잔디가 자라는 비탈진 밭둑 주위에 자란다. 습기 있거나 그늘진 곳에서는 자라지 않는다. 보통은 낮은 지역에서 자라지만 강원도 일부 지역에서는 해발 600~800m의 높은 지대에서도 볼 수 있다.

보통 한 뼘쯤 자라지만 고개를 숙이고 있기 때문에 키가 작아 보이며, 뿌리는 굵고 땅속 깊이 곧게 들어간다. 잎은 뿌리로부터 모여 나서 비스듬히 자란다. 잎자루는 길고 5갈래 깃털 모양으로 깊게 갈라진 뒤 다시 3갈래로 깊게 갈라진다. 잎 표면은 짙은 녹색을 띠고 털은 없다.

3~5월에 뿌리줄기에서 올라오는 꽃줄기 끝에 여러 갈래로 갈라진 이삭잎 3장이 돌려나고, 그 한가운데의 짧은 꽃자루 끝에 이삭잎에 싸인 듯 꽃받침조각 6개로 이루어진 검붉은 자주색 꽃이 땅을 향해 꼬부라진 상태로 핀다. 꽃받침 안쪽은 붉다 못해 검어 보이고, 속에는 샛노란 수술들이 있다. 잎과 이삭잎의 윗면, 꽃받침 안쪽을 제외한 포기 전체에는 긴 흰색 털이 촘촘히 난다. 꽃이 지고나면 꽃자루는 곧게 서면서 30~40cm까지 길게 자란다.

씨앗은 수과로 작고, 암술대가 변한 흰색 깃털이 붙어 있다. 이 깃털은 씨앗이 바람에 의해 멀리 날아가 자손을 퍼뜨리는 역할을 한다.

가는잎할미꽃

제주도의 햇볕이 잘 드는 묘지 주위나 잔디가 자라는 낮은 언덕에 주로 자란다. 잎은 뿌리로부터 모여 나며 깃털 모양 겹잎으로 작은잎이 5장 있고, 밑 부분의 작은잎은 2~5갈래로 갈라지며 표면에는 털이 없으나 아랫면에는 명주실 같은 털이 빽빽하게 나 있다.

4~5월에 검붉은 자주색 꽃이 아래를 향해 피며, 안쪽에는 털이 없으나 바깥에는 흰 털이 빽빽하게 나 있다. 뿌리는 굵고 땅속 깊이 곧게 들어간다. 할미꽃에 비해 잎이 가늘고 길게 찢어져 가는잎할미꽃이라는 이름이 붙었다.

동강할미꽃

평창에서 정선을 거쳐 영월로 흐르는 동강 주변의 석회암지대 바위틈에서 자라는 한국특산식물로, 3월 말에서 4월 중순 사이에 꽃이 핀다. 꽃이 피고나면 꽃자루와 잎은 더 크게 자란다. 전체에 긴 흰색 털이 촘촘하게 나고 잎은 뿌리에서 모여 나며 긴 잎줄기 끝에 작은잎이 5장 달린다. 아래쪽에 잎자루가 없는 작은잎이

마주나고 끝에는 잎이 3장 나거나 3갈래로 깊게 갈라지며, 각각의 잎들은 다시 3갈래로 조금 깊게 파이고, 가장자리에 불규칙한 크고 작은 톱니가 있다. 갈래조각은 할미꽃처럼 깊고 좁게 갈라지지 않으며, 윗면은 윤기가 나고 짙은 녹색을 띠며 두껍다.

꽃은 3월 말부터 시작해 4월 중순까지 피며, 뿌리줄기에서 올라오는 꽃줄기 끝에 여러 갈래로 가늘게 갈라진 이삭잎 3장이 돌려나고, 그 한가운데서 자라난 짧은 꽃자루 끝에 꽃받침조각 6개로 이루어진 꽃이 1송이 핀다. 꽃은 처음에는 이삭잎에 싸인 듯 위쪽을 향해 비스듬히 피었다가 차츰 꽃자루가 길어지며 옆을 향한다. 꽃받침 겉에는 긴 털이 빽빽하게 나 있으나 안쪽에는 없으며, 암술과 수술이 할미꽃에 비해 적은 편이다. 꽃밥은 원반 모양으로 노랗고 암술 끝은 청보라색으로 짙으며 수술보다 길게 나온다. 수정이 이루어지고 나면 꽃잎은 떨어지고 꽃자루는 20cm 높이까지 자란다.

씨앗은 수과로 작고 할미꽃에 비해 많이 맺히지 않는다. 동강할미꽃의 특색은 처음 꽃이 필 때 할미꽃처럼 고개를 숙이지 않고 위쪽을 향하는 점과 꽃 색이 연분홍색, 청보라색, 자주색, 흰색 등으로 다양하다는 점이다.

동강할미꽃은 1997년 생태사진작가 김정명 씨가 처음 촬영해 달력에 실으면서 세상에 알려지게 되었으며, 이후 이영노 박사에

의해 동강할미꽃에 대한 연구가 진행되어 2000년도에 한국특산식물로 기록되며 동강할미꽃이라는 이름을 갖게 되었다.

미 나 리 아 재 비 과

모둠 11

홀아비바람꽃 · 꿩의바람꽃 · 회리바람꽃 · 들바람꽃
태백바람꽃 · 바람꽃 · 너도바람꽃 · 나도바람꽃 · 만주바람꽃

홀아비바람꽃

꿩의바람꽃

회리바람꽃

들바람꽃　　　　　　　　　　　　　　　　　태백바람꽃

바람꽃

너도바람꽃

나도바람꽃

만주바람꽃

홀아비바람꽃

한국특산식물로 소백산 이북지역의 깊은 산속 계곡이 잘 발달된 습기 있는 낙엽수림 밑에 무리지어 자란다. 중부지방에서는 깊은 산속 웬만한 곳에서는 어렵지 않게 발견되지만, 다른 지역에서는 자생지가 발견되지 않는다. 산림청에서 희귀 및 멸종 위기식물로 지정·보호하는 식물이다.

작은 덩이줄기 끝에 갈색 비늘 같은 조각이 몇 개 있다. 덩이줄기로부터 어른 손가락 길이만한 잎이 1~2장 나오고, 끝에 작은잎 4~5장이 둥글게 돌려난다. 각각의 작은잎은 다시 크게 3갈래로 깊게 갈라지며, 가장자리에 불규칙한 크기로 무딘 톱니가 몇 개 있다.

꽃은 4월 초순경 뿌리에서 꽃줄기 하나가 나와 위쪽에 잎 3장이 돌려나고, 중심에서 자주색을 띤 꽃자루가 나와 흰색 또는 연한 분홍색 꽃이 1송이씩 위를 향해 핀다. 간혹 꽃자루가 2개 나오기도 하는데, 이 때문에 쌍둥이바람꽃으로 오인하기도 한다. 꽃대와 꽃자루, 잎 윗면에는 작은 흰색 털이 난다. 꽃잎은 없으며 흰색 꽃받침조각 5~6개(보통 5개)가 꽃잎처럼 보이고, 수술은 많다. 꽃밥은 노랗고 암술이 여러 개 있다.

- 꽃가루받이는 작은 하늘소 종류나 등애류에 의해 이루어진다. 열매는 수과로 모여 달리며 6월경에 맺고, 씨앗에 두꺼운 날개가 있다. 결실이 끝나면 지상부는 흔적도 없이 사라지며 휴면에 들어간다.

꿩의바람꽃

전국적으로 분포하나 중부 이북지역에 분포도가 높으며, 조금 깊은 숲속의 습기 있는 낙엽수림 밑에서 주로 자란다. 이른 봄 계곡의 눈이 녹기 시작하면 이내 봄이 오기를 기다렸다는 듯이 일제히 꽃줄기를 올려 꽃을 피우기 시작한다.

꽃줄기 끝에 짧은 잎자루가 있는 작은잎 3장이 붙은 잎 3장이 돌려나고, 중간에 줄기보다 가느다란 꽃자루가 자라나서 흰색 꽃이 1송이씩 달린다. 꽃봉오리일 때에는 분홍빛이 돌며 밑으로 숙이고 있지만 꽃이 피기 시작하면 흰색으로 변하며 곧게 선다. 꽃잎은 없고 긴 타원형 꽃받침조각 8~13개가 꽃잎처럼 보이며, 수술과 암술은 많다. 꽃은 햇빛이 없으면 벌어지지 않는다.

줄기에 달리는 작은잎은 가장자리가 밋밋하거나 끝 부분이 몇 개로 둔하게 갈라지기도 하며, 모양은 일정치 않고 뒤로 젖혀져 있다. 줄기와 잎자루, 꽃자루에는 명주실 같은 흰색 털이 많이 난다. 꽃이 달리지 않는 잎은 꽃이 피기 시작하면 올라오기 시작하며, 잎줄기 끝에 짧은 잎자루가 있는 작은잎 3장이 달린다. 이 잎의 가장자리는 깊게 2~3갈래로 갈라지며 둔한

홀아비바람꽃

톱니가 몇 개 있다.

    열매는 5월 말 수과로 익으며, 씨방에 잔털이 있다. 열매가 익어 씨앗이 떨어지고 나면 지상부는 흔적도 없이 사라지며 휴면에 들어간다. 보통 숲속에서 얼레지, 개별꽃, 현호색 종류들과 함께 어울려 핀다. 꽃이 피기 직전의 잎은 뒤로 젖혀지고, 꽃봉오리가 앞으로 숙여진 모양이 숲속에서 모이를 찾고 있는 꿩의 모양을 닮았다고 꿩의바람꽃이라는 이름이 붙었다.

회리바람꽃

중부 이북지역 계곡 주위의 습기 있는 낙엽수림 밑에 자생한다. 작은 뿌리줄기는 약간 통통하며 옆으로 자라고, 끝에서 꽃줄기가 나온다. 붉은 빛이 도는 꽃줄기는 끝에 길쭉한 다이아몬드 모양의 작은잎이 달린 잎 3장이 돌려난다. 붉은색을 띤 잎자루에는 홈 같은 날개가 있고, 작은잎 가장자리에 불규칙하게 갈라진 둔한 톱니가 있다.

    4월 중순 3갈래로 갈라진 잎자루 한가운데서 꽃줄기보다 가느다란 꽃자루가 나와 5월에 연녹색을 띤 꽃 1송이가 피며, 간혹 2~3송이씩 피는 개체도 발견된다. 꽃자루 밑에는 3갈래로 갈라진 작은 꽃턱잎이 하나씩 달리고, 꽃자루와 꽃받침 아랫면, 잎자루, 꽃줄기에는 짧고 흰 솜털이 난다. 꽃이 피면 꽃잎처럼 보이는 연녹색 꽃받침조각 5장이 송곳 모양으로 말리면서 꽃자루 쪽으로 완전히 젖혀지고, 티스푼 모양으로 생긴 수술의 꽃밥이 약간씩 비스듬히 서서 마치 회오리가 이는 듯 보인다. 수술은 처음에는 노란색을 띠었다가 수정이 이루어지고 나면 차츰 흰색으로 변한다. 꽃은 다른 바람꽃에 비해 조금 늦게 피고, 연녹색을 띠며 작고 화려하지 않아 숲속에서 관심 갖고 찾지 않으면 지나치기 쉽다.

들바람꽃

중부 이북지역의 높은 산 정상 부근 산등성이 주위의 비탈진 낙엽수림 밑에 자생한다. 줄기는 적자색이 돌며, 밑 부분이 막질의 비늘조각으로 싸여 있고, 끝에 길쭉한 달걀형 작은잎이 달린 잎 3장이 돌려난다. 붉은 기가 도는 잎자루에는 홈 같은 날개가 있고, 작은잎의 가장자리에는 불규칙하고 깊게 갈라지는 둔한 결각이 있다. 어떤 것들은 깃털 모양으로 갈라지기도 한다.

4월 중순에 3갈래로 갈라진 잎자루 한가운데서 줄기보다 가느다란 꽃자루가 나와 4월 말에서 5월 중순 사이에 흰색 꽃이 1송이씩 피어난다. 길쭉한 꽃받침조각 6~7개가 꽃잎처럼 보인다. 꽃봉오리일 때에는 꽃받침이 분홍색을 띠다가 꽃이 활짝 피면 흰색으로 변하며 수평으로 퍼지고, 성냥개비처럼 생긴 하얀 수술 여러 개가 길게 자라나며, 한가운데에는 녹색 암술이 여러 개 모여 있어 대단히 아름답다. 잎자루와 꽃자루에는 흰색 솜털이 촘촘하게 난다.

꽃이 달리지 않는 잎은 꽃이 피는 줄기의 절반 정도로 자라고, 꽃대에 달리는 잎과 같은 모양의 잎 3장이 돌려나지만 꽃대에 달리는 잎처럼 3장으로 정확하게 갈라지지는 않으며, 생김새도 일정하지 않다.

들바람꽃은 경기도 북부와 백두대간 중부 이북지역 일부 높은 지대의 한정된 장소에만 자생해 만나기 어

렵다. 우리나라에서와 달리 중국 동부지역과 러시아에서는 습기 있는 들판에서 자생해 들바람꽃이라는 이름이 붙었다.

태백바람꽃

태백산에서 처음 채집되어 학계에 보고된 후, 백두산에서도 발견되었다고 한다. 꽃을 뺀 나머지 생김새가 서로 비슷하고, 꽃의 생김새도 회리바람꽃과 들바람꽃을 섞어 놓은 듯한 모양이며, 자생지에서는 들바람꽃과 회리바람꽃이 함께 관찰되었기 때문에 처음에는 회리바람꽃과 들바람꽃의 교잡종으로 추정했다. 그러나 2006년도에 발간된 식물분류학회지에 실린 태백바람꽃에 대한 분자계통학적 검토에서 서로 연관성이 없는 별개의 종으로 확인되었다고 한다.

태백바람꽃이 자라는 곳에는 대개 들바람꽃이 함께 나타나며, 꽃받침이 아래로 젖혀지며 연한 녹색을 띤 흰색 또는 흰색으로 약간 비스듬히 숙여 피는 것을 제외하면 거의 구분이 어려울 정도로 비슷하다. 태백산을 비롯해 중부 이북지역 높은 지대의 한정된 장소에서 자생하고, 개체수가 많지 않다.

바람꽃

　남한에서는 설악산의 높은 지대 바위틈에 자라며, 굵은 뿌리줄기에서 모여 나는 잎은 잎줄기 끝에 잎 3장이 돌려나고, 각각의 잎은 다시 깊게 3갈래로 갈라지며, 각 갈래조각에는 조금 깊은 결각이 몇 개 있다. 줄기에는 긴 솜털이 촘촘하게 난다. 뿌리에서 난 잎 사이에서 자라나온 꽃대 끝에 잎 3장이 돌려난다.

　7~8월에 이삭잎 사이에서 꽃자루가 2~7개 나와 끝에 흰색 꽃이 1송이씩 산방꽃차례를 이루며 핀다. 꽃잎은 없고 꽃받침조각 5~7개로 이루어진 흰색 꽃받침이 꽃잎처럼 보인다. 꽃자루 밑에는 3갈래로 깊게 갈라진 이삭잎이 2장 있으며, 꽃대에는 솜털이 촘촘하게 나지만 꽃자루에는 나지 않는다.

　바람꽃은 이름 앞에 붙는 수식어가 없어 바람꽃 종류의 기본종으로 알기 쉬운데, 꽃이 피는 기간이 7~8월로 가장 늦을 뿐만 아니라 설악산 이북지역에만 자생하므로 기본종으로 보기는 어렵다. 자생지에서도 극히 한정된 장소에서만 자라므로 보기 어렵다. 산림청에서 희귀 및 멸종위기 식물로 지정·보호하고 있다.

너도바람꽃

　중부 이북지역의 습한 계곡 주위 낙엽수림 밑에 자라며, 덩이줄기는 원형으로 둥글고 수염뿌리가 많이 돋는다. 3월 초순에 계곡의 얼음이 녹기도 전에 잎보다 먼저 꽃줄기가 올라와 꽃이 핀다. 꽃줄기는 높이에 비해 밑동이 조금 굵은 편이며, 연약하고 꽃이 필 때는 낮으나 꽃이 지고나면 곧게 서며 자란다.

　꽃줄기 끝에는 잎자루 없는 잎이 5~6장 돌려나고, 가장자리는 깊고 불규칙하며 둔한 결각이 있다. 돌려난 잎 한가운데서 꽃자루가 나와 끝에 흰색 꽃 1송이가 비스듬히 기울어 피며, 꽃받침조각 5~7개가 꽃잎처럼 보인다. 꽃잎 8~10장은 퇴화되어 노란색 수술처럼 보이며 끝이 2갈래로 갈라져 꿀샘으로 변하고, 꽃이 활짝 피면 수술 바깥으로 노란 고리를 이룬다. 수술은 많고 암술은 8~10개다.

열매는 반달 모양의 골돌과로 6월에 익으며 꽃자루 끝에 7~10개가 돌려나고, 씨앗이 익으면 벌어지며 둥글고 밋밋한 갈색 씨앗 3~5개가 드러난다.

전체적으로 크기가 작아 낙엽 사이에서 피면 지나치기 쉽다. 예전에는 숲속에서 이 꽃이 피기 시작하면 봄이 왔다고 여겨 농부들이 농사준비를 시작했다고 하며, 겨울과 봄을 나누는 꽃이라 해 절분초(節分草)라 불렀다고 한다. 변산바람꽃과 함께 변산바람꽃속에 속하는 풀꽃으로, 전혀 다른 분류군에 속하지만 바람꽃속 식물과 비슷하게 생겨서 너도바람꽃이라는 이름이 붙었다고 한다. 자생지에서는 개체수가 많지만 전국적으로는 자라는 개체수가 많지 않아 산림청에서 희귀 및 멸종위기 식물로 지정·보호하고 있다.

나도바람꽃

지리산 이북지역에 분포하고, 깊은 계곡의 습한 낙엽수림 밑에 자생한다. 뿌리줄기는 짧고 밑 부분에 수염뿌리가 많이 돋는다. 꽃이 피는 줄기는 곧게 서며 줄기 밑 부분에는 비늘조각 같은 잎이 몇 개 달리고, 줄기 윗부분에는 잎 2개 달린다. 이때 첫째 잎은 잎줄기가 2회 갈라지며 잎이 3장씩 달리고, 마지막 3장은 짧은 간격으로 잎자루 없는 작은잎으로 돌려난다. 이 잎들은 깊게 2~3갈래로 갈라지며, 가장자리에 깊고 짧은 결각이 불규칙하게 있다. 아래쪽 잎은 3개로 갈라진 잎자루 끝에 작은잎이 3장 달리며, 가장자리에는 깊이 파인 결각과 불규칙하고 둔한 톱니가 있다. 잎 아랫면은 흰빛이 돈다.

4~5월에 마지막으로 돌려나는 잎 사이에서 꽃자루가 달린 꽃 3~8송이가 산방꽃차례를 이루며 피고, 꽃차례 아래쪽에는 작은 꽃턱잎이 2~3개 붙는다. 꽃잎은 없고 흰색 꽃받침조각 4~5개가 꽃잎처럼 보인다. 수술은 많으며 꽃받침보다 짧고, 암술은 여러 개로 위쪽이 굵다. 줄기와 잎자루에는 솜털이 촘촘하게 나지만 꽃자루에는 나지 않는다.

열매는 타원형 골돌과로 3~8개가 비스듬히 위를 향해 달린다. 꽃이 달리지 않는 잎은 긴 줄기 끝에서 3개씩 2회 갈라지며 달리고, 꽃이 피는 줄기의 절반 정도 높이로 자란다. 자라는 개체수가 많지 않아 흔히 발견되지는 않는다. 나도바람꽃속에 속하는 식물로, 전혀 다른 분류군에 속하지만 바람꽃속 식물과 비슷하게 생겨 나도바람꽃이라는 이름이 붙었다.

만주바람꽃

전형적인 북방계 식물로 남쪽으로 경상남도에도 자생지가 있지만 그리 흔하게 발견되지는 않는다. 남한에는 경기도와 강원도에 분포도가 높으며, 깊은 산속의 계곡 주위 습기 있는 낙엽수림 밑에서 자란다.

꽃이 피는 개체는 한 뼘 정도 높이로 자라고, 땅속에는 보리알처럼 생긴 덩이줄기 끝에서 잎과 줄기가 자라나온다. 꽃이 피는 줄기 윗부분에는 잎 2~3장이 달리며, 첫째 잎은 잎줄기가 3개씩 2회 갈라진다. 두 번째 잎은 첫째 잎과 같은 형태로 달리기도 하고 3장으로 갈라지기도 하며, 마지막 잎은 보통 3장이 달린다. 작은잎에는 깊은 결각이 3~5개 있으며, 끝은 둔하고, 가장자리는 밋밋하다. 털이 약간 나고, 아랫면은 흰 빛이 돈다. 잎줄기 밑에 붙는 턱잎은 막질이며 달걀형이다.

3월 말에서 5월 초순에 잎겨드랑이 사이에서 자라난 긴 꽃줄기 끝에 흰색이나 연한 노란색 꽃이 1송이 핀다. 꽃잎은 없고 길쭉한 달걀형의 꽃받침조각 5개가 꽃잎처럼 보이며, 수술은 많고 암술은 2개다.

열매는 삭과로 6월경에 익으며 2개씩 달린다. 꽃이 달리지 않는 뿌리에서 난 잎의 밑 부분은 흰 막질로 넓어지고, 작은잎은 여러 갈래로 깊고 불규칙하게 갈라진다. 만주지역에서 처음 채집되어 만주바람꽃이라는 이름이 붙었다. 산림청에서 희귀 및 멸종위기 식물로 지정·보호하고 있다.

변산바람꽃

미나리아재비과

모둠 12

금꿩의다리 · 꿩의다리 · 연잎꿩의다리
꼭지연잎꿩의다리 · 큰산꿩의다리 · 산꿩의다리

금꿩의다리

꿩의다리

연잎꿩의다리   꼭지연잎꿩의다리

큰산꿩의다리

산꿩의다리

금꿩의다리

중부 이북지역에 자라는 식물로 남한에는 경기도와 강원도에 분포하며, 조금 깊은 산속 습지 주위의 반 그늘진 곳에 자라는 한국특산식물이다.

여름 더위가 시작될 무렵 습기 있는 풀숲에서 줄기를 쑥 내밀며 나와 꽃을 피우며, 높이 0.7~1.5m로 곧게 자라지만 크게는 2m 가까이 자란다. 자주색 줄기는 가늘고 속은 비어 있으며 마디 사이가 길고, 위쪽에서 많은 가지를 치며 털은 나지 않는다.

잎은 줄기에 어긋나게 달리며 줄기 아래쪽 잎은 홀수깃꼴겹잎으로 중심축에서 3~4회 갈라지고, 갈라진 조각은 다시 잎줄기가 3개씩 3회 갈라지며 작은잎들이 9장 달린다. 작은잎 윗부분에는 둔한 톱니가 3개 있으며, 아랫면은 분을 바른 듯한 흰색이 돌고, 턱잎은 막질로 줄기를 감싼다.

7~8월에 줄기 위쪽에서 가지를 여러 개 치며, 원줄기와 가지 위쪽에서 원뿔 모양으로 꽃차례를 이루며 연한 자주색 꽃이 많이 핀다. 꽃송이 하나는 1cm 미만으로 작지만, 수십 송이가 모여 달려 모두 활짝 피면 대단히 아름답다. 꿩의다리 종류의 꽃은 꽃잎은 없고 꽃받침이 변해 꽃잎처럼 보이는 것이 특징이며, 꽃받침 4장은 활짝 피면 뒤로 젖혀지고 속에 있는 많은 수술이 드러난다. 수술대

는 흰색이고 수술과 꽃밥은 짙은 노란색이다. 수술의 한가운데 부위에 녹색을 띤 암술이 여러 개 있다. 꽃봉오리일 때의 모양도 마치 보라색 구슬이 맺힌 듯 아름답다.

열매는 10월 중순 수과로 익으며, 씨앗은 긴 타원형으로 날개 같은 능선이 있고, 5~15개가 모여 달린다. 꽃이 활짝 폈을 때 짙은 노란색 수술과 꽃밥이 금박을 박은 듯 아름다워 금꿩의다리라는 이름이 붙었으며, 금가락풀이라 부르기도 한다.

꿩의다리

전국적으로 분포하며 산기슭의 풀숲에서 다른 식물과 함께 자란다. 높이 50~100cm로 자라고, 줄기는 속이 비어 있으며, 털은 없고 분을 바른 듯 흰 빛이 돈다. 잎은 줄기에 어긋나게 달리며, 줄기 아래쪽 잎은 잎자루가 길고, 홀수깃꼴겹잎으로 중심축에서 2~3회 갈라진다. 갈라진 조각은 다시 잎줄기가 3개씩 3회 갈라지며 작은잎들 9장이 달린다. 줄기 위쪽으로 갈수록 잎자루는 짧아져 없어지며 잎자루의 밑 부분은 막질로 넓어지면서 줄기를 감싼다. 작은잎 가장자리에는 둥글고 둔한 톱니가 3~4개 있다.

꽃은 7~8월에 줄기 끝에 산방꽃차례를 만들며 뭉쳐 피며, 꽃잎은 없고 연보라색이 도는 꽃받침 조각 4~5장이 꽃잎처럼 보인다. 꽃이 피기 시작하면 꽃받침은 곧바로 떨어진다. 수술은 길이 1cm 정도이며 흰색이고 위쪽을 향해 많이 달린다. 수술대의 윗부분은 넓적하고 꽃밥은 황백색을 띤다. 열매는 수과로 5~10개가 모여 달리며, 열매자루는 아래로 굽었고 수과의 끝은 새의 부리처럼 생겼으며 날개가 3개 있다.

봄에 올라오는 어린잎과 줄기는 나물로 먹을 수 있는데, 독성이 약간 있으므로 소금물에 삶아서 충분히 우려낸 다음 기름에 무쳐 먹는다. 줄기가 가늘고 연약해 보이며, 마디 사이가 길고 잎이 나는 곳이 뭉툭한 모양새가 마치 꿩의 다리를 닮아 꿩의다리라는 이름이 붙었다.

연잎꿩의다리

주로 중부 이북지역의 습기 있고 그늘진 석회암지대에 자라는 한국특산식물로, 남한에는 단양을 비롯해 영월, 정선, 평창, 설악산 일부 지역의 그늘지고 습기 있는 석회암지대에 한정적으로 자라는 멸종위기에 놓인 희귀식물이다. 서식지가 극히 제한되고 자생지에서도 개체수가 많지 않아 환경부에서 멸종위기Ⅱ급으로 지정·보호하고 있다.

키는 30~60cm 높이로 자라고, 줄기는 가늘고 길며 가지를 몇 가닥 치기도 한다. 사방으로 뻗는 뿌리는 통통하다. 잎은 줄기 아래쪽에서 2~3장이 어긋나게 달리고, 작은잎은 삼지구엽초처럼 3갈래로 2회 갈라지는 잎이거나 3장이 달린다. 작은잎 가장자리에는 깊이 파인 듯한 불규칙한 톱니가 있고, 아랫면은 흰 빛을 띠며 표면이 방수물질로 코팅되어 있어 물에 젖지 않는다. 잎자루는 가늘고 길며 잎의 아래 부분 중간에 붙어 있어 연잎을 축소해 놓은 듯한 모양이다.

꽃은 6~8월에 원줄기와 가지 끝에 원추꽃차례를 이루며 긴 꽃자루 끝에 연한 자주색 꽃이 엉성하게 모여 달린다. 꽃잎은 없고 꽃받침조각이 꽃잎처럼 보이며, 꽃이 피면서 꽃받침은 일찍 떨어지고, 흰색에 가까운 연자주색 수술이 많이 달린다. 꽃밥은 황백색을 띠고, 암술은 적게 달린다.

열매는 9~10월에 수과로 달리는데, 숲속 그늘진 곳이라 꽃가루받이가 잘 이루어지지 않아 많이 맺지는 못한다. 잎의 생김새가 연잎처럼 생겨서 연잎꿩의다리라는 이름이 붙었으며, 지역에 따라 련잎가락풀, 조선당송초, 돈잎꿩의다리라 부르기도 한다.

꼭지연잎꿩의다리

잎과 포기 전체의 크기는 작지만 생김새가 연잎꿩의다리와 비슷하게 생겼다. 중부지방 석회암지대의 낙엽수림 밑에 무리지어 자란다. 연잎꿩의다리보다 흔하게 발견되며 높이 20cm 정도로 작게 자란다. 뿌리 여러 가닥이 길게 뻗으며 끝 부분에 쌀알 모양의 작은 저장뿌리가 생긴다.

잎 가장자리에는 깊이 패여 들어간 듯한 불규칙한 톱니가 있고, 아랫면은 흰 빛을 띠며 표면은 방수물질로 코팅되어 물에 젖지 않는다. 잎자루는 가늘고 길며 잎의 아래 꼭지 가까이에 붙어 있고, 연잎을 축소해 놓은 듯한 모양이어서 꼭지연잎꿩의다리라는 이름이 붙었다. 돈잎꿩의다리라고도 부른다.

6~8월에 원줄기와 가지 끝에 원추꽃차례를 이루며 긴 꽃자루 끝에 연한 자주색 꽃이 조금 엉성하게 모여 달린다.

뿌리를 캐어보면 연잎꿩의다리는 굵은 뿌리가 몇 가닥 길게 뻗는 반면, 꼭지연잎꿩의다리는 검고 질긴 가느다란 뿌리가 여러 갈래로 길게 뻗고 끝 부분에 쌀알 모양의 작은 저장뿌리가 생긴다. 또 잎을 씹어보면 연잎꿩의다리는 쓴 맛이 매우 강한 반면 꼭지연잎꿩의다리는 쓴 맛이 전혀 나지 않으며, 꼭지연잎꿩의다리는 보통 무리지어 자생하지만 연잎꿩의다리는 단독으로 자라 구별할 수 있다.

큰산꿩의다리

중부지방의 깊은 산속에서 만나는 큰산꿩의다리는 높이 30~50cm로 자라고, 줄기는 가늘고 길며 가지를 몇 가닥 치기도 한다. 사방으로 뻗는 뿌리는 짧고 굵으며 마치 고구마를 축소해 놓은 듯 통통하다.

줄기 아래쪽에는 잎이 1장 달리며, 잎자루는 길고 깃털 모양으로 2~3회 갈라지고, 갈라진 조각은 다시 3갈래로 갈라지며 작은잎이 9장 달린다. 작은잎은 달걀형이고, 윗 가장자리는 2~3로 얕게 갈라지거나 톱니가 있다. 줄기에는 잎 2~3장이 어긋나게 달리며, 삼지구엽초처럼 3갈래로 2회 갈라지거나 3장으로 달리며, 가장자리에는 이빨 모양의 둔하고 거친 톱니가 있다. 아랫면은 흰 빛이 돈다.

7~8월에 줄기와 가지 끝에 꽃자루가 긴 흰색 꽃이 모여 피며, 꽃잎은 없고 꽃받침조각 4~5장이 꽃잎처럼 보인다. 꽃받침은 꽃이 피기 시작하면 곧바로 떨어진다. 수술은 많이 달리며, 수술대의 윗부분은 넓고 밑 부분은 실처럼 가늘다. 암술은 여러 개 달린다. 열매는 10월 중순 수과로 익으며 초승달 같이 굽었으며 맥이 1~4개 있다.

깊은 산속에서 자라고, 산꿩의다리에 비해 크게 자라 큰산꿩의다리라는 이름이 붙었다. 이 종을 산꿩의다리로 알고 있는 사람들이 많으나, 국가표준식물목록에 다르면 2003년 11월 큰산꿩의다리로 국명이 수정되었다.

산꿩의다리
한라산과 중부 이남지역의 높은 지대에서 큰산꿩의다리가 자라다 만 듯 20cm 정도 높이로 작게 자란다. 씨앗에 모서리가 4개 있는 것이 특징이다. 얼마 전까지 작은산꿩의다리로 불렸는데, 국가표준식물목록에 다르면 2007년 3월 산꿩의다리로 국명이 변경되었다.

TIP
일부 꿩의다리 종류들은 잎자루가 3개씩 2번 갈라지고 잎이 9장이 달려 있어 삼지구엽초로 오인되어 채취해 복용하거나 관광지에서 약초로 판매되기까지 한다. 꿩의다리 종류들은 독성이 있어 장기 복용하면 부작용을 일으킬 수 있으므로 함부로 남용해서는 안 된다. 삼지구엽초의 작은잎들은 달걀형으로 밑 부분은 심장형이고, 끝은 뾰족하며, 가장자리에 가시 같은 작은 톱니가 촘촘하게 나 있지만, 꿩의다리 종류들의 작은잎은 달걀을 거꾸로 한 모양에 위쪽에 이빨 모양의 둔한 톱니가 2~3개 있거나 가장자리에 여러 개 나 있어 구분할 수 있다.

은꿩의다리　　　　　　　　　　　　　좀꿩의다리

눈빛승마　승마
촛대승마　세잎승마　개승마

미나리아재비과

모둠 13

눈빛승마 · 승마 · 촛대승마 · 세잎승마 · 개승마

눈빛승마

승마   촛대승마

#
세잎승마

개승마

눈빛승마

중부 이북지역의 깊은 산속 낙엽수림 밑의 그늘지고 부엽질이 풍부한 습기 있는 곳에 자생한다. 백두대간의 지류인 태백산, 오대산, 설악산과 그 인접지역에 서식밀도가 높으며 촛대승마에 비해 개체수가 많아 어렵지 않게 만날 수 있다.

높이 2.5m까지 자라는 대형 숙근초로 줄기는 크고 곧게 서며, 꽃대에서 가지를 많이 친다. 뿌리에서 나는 잎에는 커다란 잎줄기가 있으며 크기 1m 정도로 3갈래로 갈라지고, 갈라진 잎은 다시 3갈래 또는 홀수깃꼴로 5장이 불규칙하게 난다. 작은잎은 끝이 뾰족하고, 흔히 3~5갈래로 조금 깊게 갈라지며 가장자리에 불규칙하고 날카로운 톱니가 있다. 줄기에 달리는 잎은 3장으로 어긋난다.

꽃은 8월에 원줄기 끝에 겹총상꽃차례들이 사방으로 발달해 전체적으로 원추꽃차례를 이루며 자잘한 흰 꽃이 꽃차례를 돌아가며 빽빽하게 피어나 가지에 흰 눈이 쌓인 듯 보인다. 꽃에는 짧은 꽃자루가 있으며 꽃잎은 3~4개이고, 꽃받침조각은 4~5개로 일찍 떨어지며 꽃에서 좋은 향기가 난다.

눈빛승마는 암수딴그루로 암그루는 꽃차례에 꽃이 달리는 모양이 촛대승마와 비슷하며 꽃은 양성화로 씨앗을 맺지만, 수그루는 암그루에 비해 꽃차례의 곁가지가 더 많이 갈라지고, 암술이 퇴화되고 하얀 수술만 남아 있어 암그루보다 더 희게 보인다. 수그루는 꽃이 진 뒤에는 열매를 맺지 못하므로 꽃차례 형태로 앙상하게 말라 버린다. 자생지에서의 암수 비율은 수그루가 훨씬 많아 우리가 보는 대부분이 수그루일 확률이 높다.

열매는 골돌과로 많이 달리고, 9월 말에서 10월 중순에 익으며 속에 씨앗 2~3개 들어 있다. 씨앗 둘레에는 얇은 막 같은 날개가 있고, 양 옆 가장자리에는 굵고 짧은 갈색 털이 난다.

승마

지리산 이북지역에 분포하며, 깊은 숲속에서 자라고 개체수가 많지 않아 쉽게 발견되지 않는 희귀식물이다. 높이 1~1.2m로 곧게 자란다.

잎은 어긋나며 긴 잎줄기 끝이 3갈래로 갈라고, 갈라진 각각의 잎줄기 끝에 작은잎이 3장 달린다. 작은잎의 가장자리는 3~4갈래로 얕게 갈라지고 불규칙한 톱니가 있다. 3장으로 나는 작은잎 중 중간의 잎은 잎자루가 길고 큰 반면에 양 옆의 잎은 잎자루와 잎의 크기가 조금 작다. 잎에 털은 나지 않는다.

꽃은 8~9월에 꽃대에서 꽃차례 여러 개가 어긋나며 나와 총상꽃차례로 피어 전체적으로 겹총상꽃차례를 이루며 흰색으로 핀다. 꽃이 피는 모양은 촛대승마와 비슷하나 꽃차례가 작고 가지를 많이 치는 것이 다르다. 승마(升麻)라는 이름은 중국에서 전래된 것으로 약성을 상승시키고, 잎의 생김새가 마(麻)의 잎을 닮아 붙은 이름이다. 끼멸가리 또는 끼절가리라고도 부른다.

촛대승마

중부 이북지역의 깊은 산속 낙엽수림 밑의 그늘지고 습기 있는 곳에 자란다. 백두대간의 지류인 태백산, 오대산, 설악산과 그 인접지역에 서식밀도가 높으나 그리 흔하게 발견되지는 않는다.

높이 1~1.5m로 곧게 자라며 가지는 치지 않는다. 잎은 잎줄기가 길며 끝에서 3가닥으로 갈라지고, 갈라진 줄기에는 잎자루가 없는 작은잎이 3~7장(보통 5장)씩 홀수깃꼴로 나며, 아래쪽 잎은 3~5장씩 나기도 한다. 작은잎 가장자리는 몇 갈래로 조금 깊게 갈라지기도 하며 불규칙한 톱니가 있다.

8월에서 9월 초순에 원줄기 끝 이삭꽃차례에 작고 흰 꽃이 꽃차례를 돌아가며 다닥다닥 달린다. 꽃은 양성화와 수꽃이 함께 달리고, 꽃받침조각 5개가 꽃잎처럼 생겼으며, 꽃잎은 꽃받침조각보다 작고 끝이 'V' 자 모양으로 파였다. 꽃잎은 꽃받침과 함께 일찍 떨어진다. 수술은 흰색으로 많이 달리고, 암술은 2~7

개로 수술과 함께 방사상으로 퍼져 마치 불꽃이 터지는 듯한 모양이다. 묵은 포기에서는 꽃줄기의 밑 부분에서 작은 꽃줄기가 몇 개 나오기도 하며, 꽃줄기에 가느다란 흰 털이 난다.

열매는 골돌과로 10월 중순에 익으며, 속에 납작한 갈색 씨앗이 3~4개씩 들어 있다. 씨앗 가장자리에는 날개 모양의 얇은 막이 있으며 둘레에는 굵고 짧은 털이 나 있어 얼핏 보면 작은 벌레 같다.

흰색 꽃이 모두 활짝 피면 꽃차례가 마치 촛대에 양초를 꽂아 놓은 것 같아 촛대승마라는 이름이 붙었다. 꽃차례가 보통 하나씩 나오는 경향이 있으므로 외대승마라 부르기도 한다.

세잎승마

한국특산식물이며 중부 이북지역의 깊은 숲속 낙엽수림 밑에 아주 드물게 자란다. 자생지에서도 개체수가 많지 않다. 높이 1~1.8m로 곧게 자라고, 잎은 어긋나며 아래쪽 잎은 긴 잎줄기 끝에서 3갈래로 갈라져 각 잎자루 끝에 작은잎이 하나씩 달린다. 줄기에 달리는 잎은 잎줄기가 짧고 3갈래로 갈라진 잎자루에 작은잎이 하나씩 달린다. 작은잎에 털은 없고, 위쪽에서 얕게 3갈래로 갈라지며, 가장자리에 크고 작은 톱니가 있다.

7~8월에 줄기 끝에서 꽃차례가 만들어져 가지가 여러 개로 갈라지고, 8월 말에서 9월 중순 사이에 가지마다 총상꽃차례를 이루며 꽃자루가 짧은 흰색 꽃이 꽃차례를 돌아가며 핀다. 꽃이 달린 모양이 촛대승마에 비해 조금 엉성하다. 꽃잎과 꽃받침은 일찍 떨어지고, 수술은 많으며 씨방은 5개다.

열매는 10월 말에 골돌과로 익으며, 속에 갈색 씨앗이 들어 있다. 작은잎이 3장씩 달려 세잎승마라는 이름이 붙었다. 승마속 식물 중에서 가장 늦게 꽃이 핀다.

개승마

경상남도 거제도와 제주도 산골짜기의 숲속 낙엽수림 밑에서 높이 30~100cm로 자란다. 굵은 뿌리줄기는 옆으로 자라며 잎이 1~2개 나온다. 뿌리에서 나는 잎은 긴 잎줄기 끝에 작은잎이 3장 붙는다. 작은잎에는 잎자루가 있고, 단풍잎처럼 얕게 갈라지며 가장자리에는 고르지 않은 톱니가 있다. 작은잎 윗면에는 잔털이 있고 아랫면에는 맥 위에만 잔털이 드물게 난다.

뿌리에서 자라난 긴 꽃대는 위쪽에서 가지가 갈라지고, 7~8월에 줄기와 가지마다 이삭꽃차례를 형성해 전체적으로 겹이삭꽃차례를 이룬다. 꽃대 위쪽에는 짧은 흰 털이 빽빽하게 나지만 아래쪽에는 나지 않는다. 꽃대에는 잎이 달리지 않는다. 짧은 꽃자루가 있는 흰색 꽃이 밑에서부터 꽃차

례를 돌아가며 다닥다닥 피어 올라간다. 꽃받침조각은 조금 두껍고 꽃잎처럼 생겼으며 아랫면에 붉은 기가 돈다. 꽃잎은 중간이 깊게 갈라지고, 꽃받침과 함께 일찍 떨어진다. 수술은 많고 암술은 1개이며, 꽃잎과 꽃받침이 떨어지고 나면 꽃차례에 흰색 수술만이 빽빽하게 달린 것처럼 보인다. 열매는 긴 타원형의 삭과로 줄기에 빽빽하게 달리며 10월 중순 맺고, 속에는 타원형 씨앗이 들어 있다.

TIP
우리나라에는 승마라는 이름이 들어간 식물이 여러 종 자라는데, 몇 종은 과(科)가 다른 전혀 별개의 식물이다. 눈개승마와 한라개승마는 장미과이고, 나도승마와 외잎승마는 범의귀과에 속한다.

미 나 리 아 재 비 과

모둠 14

으아리 · 외대으아리 · 참으아리 · 큰꽃으아리
개버무리 · 할미밀망 · 사위질빵

으아리

외대으아리

참으아리

큰꽃으아리

개버무리

할미밀망

사위질빵

으아리

전국적으로 분포하며, 산과 연결된 들의 밭 뚝 주위와 산기슭에서 흔히 자라는 덩굴식물로 길이 2m 정도로 자란다. 덩굴성이지만 줄기는 목질화되지 않으며, 지상부가 겨울에 말라 죽고, 매년 뿌리줄기로부터 새로운 줄기가 자라난다. 뿌리줄기는 고르지 못한 덩어리 모양이며, 굵은 수염뿌리를 많이 뻗는다.

잎은 마주 달리고, 작은잎 5~7개로 구성된 홀수깃꼴겹잎으로 잎줄기에 붙는 간격이 길며 구부러져 덩굴손과 같은 구실을 하며 다른 물체를 감고 자라난다. 작은잎에는 잎자루가 있으며 가장자리는 밋밋하고 털은 나지 않는다.

꽃은 6~8월에 줄기 끝이나 잎겨드랑이 사이에서 자라난 취산꽃차례에 흰색 꽃이 모여 달리며, 좋은 향기가 난다. 꽃잎은 없고 꽃받침조각 4~5개로 이루어진 꽃받침이 꽃잎처럼 보인다. 꽃받침조각에는 맥이 3개 있으며, 수술 안쪽에 암술이 여러 개 있다. 열매는 납작한 수과로 9월에 익으며, 여러 개가 가로로 돌려나고, 끝에 짧은 암술대가 붙어 있다.

외대으아리

중부 이북지역의 석회암지대에 자라며 덩굴 길이가 1m 정도로 조금 짧게 자란다. 줄기 아래쪽의 잎은 작은잎 5개로 구성되고, 위쪽은 3장으로 난다. 꽃은 6~9월에 마주나는 잎겨드랑이에서 긴 꽃자루 끝에 하나씩 달리고, 줄기 끝에 꽃이 1~3송이 달리는 것이 특징이다. 꽃이 잎겨드랑이에서는 1송이씩, 줄기 끝에는 1~3송이로 적게 달려 외대으아리라는 이름이 붙었다.

참으아리

주로 중부 이남지역에 자라며, 덩굴길이가 5m 내외이고, 꽃받침조각 4개가 수평으로 퍼지며 가지와 꽃자루에 털이 나는 것이 특징이다. 7~9월에 줄기 끝이나 잎겨드랑이 사이에서 자라난 취산꽃차례에 흰색 꽃이 모여 달리며 좋은 향기가 난다. 다른 으아리에 비해 꽃은 작지만 열매는 큰 편이다. 으아리 종류 중 덩굴이 가장 길게 자라고, 꽃이 많이 피며 좋은 향기가 나므로 으아리 중 최고라는 의미에서 참으아리라는 이름이 붙었다.

큰꽃으아리

우리나라 각지의 숲속이나 계곡 주변 또는 산기슭 가장자리의 햇볕이 잘 드는 곳에 드물게 자라는 낙엽활엽덩굴식물로 겨울에도 줄기가 죽지 않는다. 줄기는 가늘고 길며 갈색을 띠고 잔털이 많으며, 2~4m 길이의 덩굴로 자란다.

잎은 마주나며 긴 잎줄기 끝에 대부분 3장이 나는데, 간혹 5장이 달리기도 한다. 긴 잎줄기로 다른 물체를 감기도 한다. 작은잎에는 잎자루가 있으며 가장자리는 밋밋하고 아랫면에는 잔털이 있다.

꽃은 5~6월에 묵은 줄기에서 새로 자라난 가지 끝에 긴 꽃자루가 있는 초록색 꽃봉오리가 하나씩 형성되고 차츰 벌어지면서 흰색 또는 황백색 꽃이 핀다. 꽃잎은 없고 꽃받침조각 6~8개가 꽃잎처럼 보이며, 수평으로 퍼져서 뒤로 약간 젖혀지고, 미색의 많은 수술이 위로 퍼진다. 꽃받침조각에는 맥이 3개 있으며, 아랫면의 맥 부위는 연녹색을 띤다. 수술 안쪽에 암술이 여러 개 있다. 꽃이 피기 시작하면 곤충의 애벌레들이 꽃받침을 갉아 먹는 경우가 많아 온전한 꽃을 보기가 어렵다.

열매는 수과로 공처럼으로 모여 달리며 9월경에 익고, 암술 끝이 꼬리 모양으로 길게 나와 긴 까락 같은 털이 붙으며 중간이 휘어져 회오리 모양을 이룬다. 큰꽃으아리는 줄기가 살아있어야 이듬해 줄기 사이에서 자라난 가지 끝에 꽃봉오리가 형성되는데, 줄기가 연약해 약한 충격에도 쉽게 부러진다. 꽃이 크게 피어 큰꽃으아리라는 이름이 붙었으며, 어아리 또는 어사리라 부르기도 한다.

개버무리

경상북도의 동해안지역과 강원도 석회암지대에 많이 분포하며, 햇볕이 잘 드는 숲 가장자리나 냇가 주위 돌틈 또는 허물어진 돌담 사이 같이 물 빠짐이 좋은 곳에 주로 자라는 낙엽활엽덩굴식물로 겨울에도 줄기가 죽지 않는다. 덩굴은 2m 정도 자라며 1년생 줄기는 자주색을 띤다.

잎은 마주나며 2회 갈라지고 그 끝에 작은잎 3장이 달린다. 작은잎은

창날 모양 또는 긴 타원형으로 끝은 뾰족하고, 잎자루가 있으며, 가장자리에 조금 촘촘한 톱니가 있다. 잎 3장 중에서 양 옆의 잎은 가운데 잎보다 크기가 작다.

8~9월에 줄기 끝과 잎겨드랑이 사이에서 꽃봉오리 3~6송이가 형성되고, 긴 꽃자루 끝에 노란색 꽃이 밑을 향해 핀다. 잎겨드랑이마다 꽃이 피어 대단히 많은 꽃이 달린다. 꽃잎은 없고, 꽃받침조각 4개가 꽃잎처럼 달리며 끝 부분이 약간 위로 휘어져 마치 새가 날아오르는 듯한 모양이다. 수술은 갈색을 띠며 많고, 암술은 연한 노란색으로 길며 많이 달린다. 수정이 이루어지면 꽃받침은 떨어지고 암술 끝은 꼬리 모양으로 길게 나와 긴 털이 붙으며 중간이 휘어져 회오리 모양을 이룬다. 열매는 수과로 10~11월에 둥글게 모여 달리며 갈색으로 익고 겉에는 털이 난다.

꽃이 한창일 때 자세히 살펴보면 일찍 피어 수정이 이루어진 꽃은 이미 암술 끝이 길게 자랐고, 한쪽에서는 막 피어나는 꽃이 뒤섞여 있다. 이처럼 새로 피어나는 꽃과 수정이 이루어져 씨앗이 맺힌 것들이 한데 어우러져 있어 버무리라는 이름이 붙었으며, '개' 자가 붙은 것은 으아리들은 흰색 꽃을 피우는데 반해 노란색 꽃을 피우므로 붙인 듯하다. 지역에 따라 개버머리라고 부르기도 하며, 북한에서는 꽃을 많이 피우므로 꽃버무리라 부른다.

할미밀망

우리나라 특산식물로 조금 깊은 산의 숲 가장자리나 계곡 주위에서 자라는 낙엽덩굴식물로 그리 흔하게 눈에 띄지는 않으며, 중부 이북지역에 분포도가 높다. 바위나 나무를 타고 곧게 뻗어 오르는 습성이 있다. 오래 자란 줄기의 껍질은 울퉁불퉁하며 짙은 회색을 띠고, 높이 5m 정도까지 자라고, 줄기 지름은 3~4cm까지 굵게 자라 으아리속 식물 중 가장 크다. 젊은 줄기에는 세로로 난 능선이 있으며, 어린가지에는 잔털이 난다.

잎은 작은잎 5개로 구성된 깃꼴겹잎으로 긴 잎줄기가 있으며, 잎줄기를 중심으로 넓은 간격으로 2쌍씩 마주나고 끝에 1장이 달린다. 작은잎은 끝이 뾰족하며 3~5갈래로 깊게 갈라지고, 잎자루가 있으며, 가장자리에 불규칙한 톱니가 있다. 잎 아랫면 맥 위에 잔털이 빽빽하게 난다.

할미밀망

할미밀망

5~6월에 무성하게 자라나는 줄기 끝과 잎겨드랑이 사이에서 꽃줄기가 나와 3갈래로 갈라지며 각 꽃자루 끝에 흰색 꽃이 1송이씩 핀다. 그래서 한 마디에 꽃 6송이가 달린다. 꽃자루 밑에는 작은 꽃턱잎이 2개씩 달린다. 꽃잎은 없고 꽃받침조각 5~6개가 꽃잎처럼 보이며, 겉에는 연한 갈색 털이 있다. 꽃받침이 수평으로 퍼져서 뒤로 약간 젖혀지면 많은 수술과 암술들이 위로 퍼진다. 나무를 타고 올라간 덩굴은 꽃이 덩굴 위쪽으로 피어나므로 밑에서는 꽃을 보기 어렵다.

열매는 수과로 9~10월에 익으며 15개 내외가 둥글게 모여 달린다. 씨앗에는 갈색 털이 많으며, 끝은 암술머리가 꼬리 모양으로 길게 자라나며 긴 흰색 털이 달린다. 할미질빵, 할미밀빵, 큰잎질빵, 큰질빵풀, 세꽃으아리라 부르기도 한다.

사위질빵

사위질빵은 우리나라 전역의 햇볕이 잘 드는 산기슭이나 길가, 풀밭 등 주위에서 흔하게 만날 수 있는 덩굴식물이다. 줄기는 3m 정도로 다른 물체를 감고 자라며, 수피는 갈색으로 세로로 길게 모가 지며 어린가지는 자주색을 띠고 잔털이 많다.

잎은 마주나고 긴 잎줄기 끝에 3장이 달리며, 작은잎은 창날 모양으로 끝이 뾰족하고 밑 부분에 잎자루가 있으며, 가장자리에 깊이 파인 톱니가 불규칙하게 나 있다. 잎 아랫면 맥 위에 잔털이 빽빽하게 난다.

7~8월에 무성하게 자라난 줄기 끝과 잎겨드랑이에서 취산상 원추꽃차례가 발달해 무수히 많은 황백색 꽃이 핀다. 작은 관목을 뒤덮은 덩굴 위로 미색에 가까운 흰색 꽃이 피는데 꽃잎이 조금 오염된 듯 더러운 느낌이다. 꽃에서 좋은 향기가 난다. 꽃잎은 없고 넓은 창날 모양 꽃받침조각 4개가 십자 모양으로 달려 꽃잎처럼 보이며 수평으로 퍼져서 뒤로 약간 젖혀지고, 많은 수술과 암술이 위로 퍼진다.

열매는 수과로 10~11월에 익으며 5~10개씩 모여달리고, 갈색 씨앗의 머리 위에는 흰색 갓털이 많이 달리거나 암술머리가 꼬리 모양으로 길게 나와 깃털 같은 긴 털이 많이 달린다. 씨앗은 쉽게 떨어지지 않고 오랫동안 달려 있으며, 갓털이 부풀어 햇빛을 받으면 은빛으로 반짝이기도 한다.

TIP

으아리속 식물의 씨앗은 쉽게 떨어지지 않고 오래도록 줄기에 붙어 있으며, 심지어는 한겨울까지도 달려 있다. 그런데 큰꽃으아리와 사위질빵, 할미밀망은 씨앗의 생김새가 서로 비슷해 구분하기가 까다롭다. 그래도 꽃이 피는 형태를 떠올리며 맺힌 열매를 살펴보면 구별할 수 있다. 큰꽃으아리는 꽃대 끝에 꽃이 1송이 피므로 열매차례가 하나이고, 할미밀망은 꽃대 하나에 꽃이 3송이씩 피므로 열매차례가 3개씩 달린다. 사위질빵은 원추꽃차례로 꽃이 피므로 많은 씨앗이 맺힌다.

종덩굴　세잎종덩굴
검은종덩굴　요강나물

미나리아재비과

모둠 15

종덩굴 · 세잎종덩굴 · 검은종덩굴 · 요강나물

종덩굴

세잎종덩굴

검은종덩굴

요강나물

종덩굴

중부 이북지역 깊은 산속 능선의 햇볕이 잘 들고 우거지지 않은 관목 사이에 자라는 낙엽덩굴식물로 다른 물체를 감고 자란다. 어린 줄기는 자주색을 띠며 털이 나고 묵은 줄기는 갈색을 띤다. 종덩굴은 자라는 지역에 따라 꽃이 달리는 모양에 조금씩 차이가 있다.

줄기는 여러 갈래로 가지를 치고, 잎은 마주나며 작은잎은 5~7개로 구성된 홀수깃꼴겹잎이다. 작은잎이 달리는 간격은 넓어 가지가 갈라진 것처럼 보이며 마지막에 붙는 작은잎은 흔히 덩굴손처럼 변한다. 작은잎은 2~4갈래로 갈라지기도 하고, 가장자리는 밋밋하며 톱니는 없고 아랫면에 잔털이 약간 있다.

6~7월에 잎겨드랑이에서 조금 긴 꽃줄기가 나와 짙은 자주색 종 모양 꽃이 1송이씩 밑을 향해 핀다. 꽃자루 밑에는 꽃턱잎이 마주 난다. 보통은 잎겨드랑이에서 꽃 1송이가 달리지만 묵은 포기에서는 잎겨드랑이 사이에서 꽃대가 나와 3~7송이가 달리기도 한다. 꽃봉오리는 지역에 따라 색깔과 모양이 다양하며, 끝이 길게 뾰족한 모양도 발견된다. 두꺼운 꽃받침조각 4장이 꽃잎처럼 보이며, 표면은 자주색 또는 어두운 자주색으로 매끄럽고, 높거나 낮게 돌출된 맥이 몇 줄 있으며 윤기가 난다. 꽃은 끝 부분만 벌어져 뒤로 젖혀진다. 꽃이 활짝 피어 꽃받침 끝이 뒤로 말리듯 벌어지면 볼록한 작은 종 모양이 된다.

열매는 편평한 수과로 긴 암술대가 붙어 있으며, 9월에 씨앗이 익으면 암술대는 갈색으로 변하고, 긴 털은 깃털 모양으로 펼쳐진다.

세잎종덩굴

전국 높은 산 정상 부근의 햇볕이 잘 드는 키 작은 관목 사이에서 자라는 낙엽덩굴식물이다. 잎은 마주나며 긴 잎줄기에 작은잎이 3장 나거나 잎줄기가 3개씩 2회 갈라지며 그 끝에 달린다. 짧은 잎자루가 있는 작은잎은 끝이 뾰족하고 잔털이 나며, 가장자리가 몇 갈래로 불규칙하게 갈라지거나 3갈래로 깊게 갈라지고, 불규칙한 이빨 모양 톱니가 드문드문 있다. 줄기는 자주색 또는 엷은 자주색이거나 녹색으로 개체에 따라 다양하며, 잎줄기에는 긴 털이 촘촘하게 난다.

6~7월에 잎겨드랑이 사이와 줄기 끝에서 긴 꽃자루가 있는 노란색 또는 짙은 자주색 꽃이 아래로 처지며 하나씩 달린다. 꽃잎은 없으며 꽃받침조각 4장이 두꺼운 꽃잎처럼 생겼다. 꽃받침조각 표면에는 돌출된 맥 2~4개가 뚜렷하고 밑 부분에는 뿔 같은 돌기가 있다. 꽃받침에 털이 많이 나 있

다. 꽃이 활짝 피면 꽃받침은 서로 분리되며 끝이 뒤로 약간 젖혀진다. 꽃받침 속에는 꽃밥이 없는 헛수술과 그 안쪽의 수술들이 암술을 겹겹이 감싸고 있다.

열매는 수과이며, 끝에 길고 흰 암술대가 붙고, 9월에 씨앗이 익으면 암술대에 붙은 털이 깃털 모양으로 벌어진다.

덩굴식물로 긴 잎줄기에 작은잎이 3장 나거나 3장씩 2회 갈라지며 나고, 종 모양의 꽃이 달려 세잎종덩굴이라는 이름이 붙었다. 얼마 전까지도 꽃이 노란색으로 피는 종을 구별해 누른종덩굴로 분류했으나 세잎종덩굴의 파생종으로 확인되어 국가표준식물목록에서 세잎종덩굴로 통합했다. 자생지에서도 개체수가 많지 않아 산림청에서 희귀 및 멸종위기 식물로 지정·보호하고 있다.

검은종덩굴

지리산 이북지역의 계곡 주위나 습기 있는 가장자리의 햇볕이 잘 드는 곳에 드물게 자라는 낙엽덩굴식물이다. 잎은 마주나며 5~9개로 구성된 깃꼴겹잎으로 마지막 잎은 덩굴손처럼 변해 다른 물체를 감기도 한다. 작은잎은 2~3갈래로 갈라지기도 하며 가장자리는 밋밋하고 끝은 뾰족해진다.

6~8월에 잎겨드랑이 사이에서 종 모양으로 생긴 검은색 꽃이 2송이가 밑을 향해 달리며, 꽃자루 한가운데 잎 같이 생긴 작은 꽃턱잎 1쌍이 마주난다. 꽃잎은 없고 꽃받침조각이 꽃잎처럼 보이며, 두꺼운 꽃받침조각 4장은 끝이 뾰족하고 뒤로 젖혀지며 약간 말린다. 겉면에는 어두운 갈색 털이 빽빽하게 나서 꽃 전체가 검게 보인다. 수술은 많고 수술대 위쪽에 흰색 털이 있으며 암술도 많다.

열매는 수과로 9~10월에 익고, 열매 끝에 깃털 모양의 긴 암술대가 붙어 있다. 개체수가 많지 않아 만나기가 쉽지 않다. 검종덩굴 또는 무궁화종덩굴이라 부르기도 한다.

요강나물

한국특산식물로 중부지방 높은 산 정상 부근 능선의 햇빛이 적당히 들고 물 빠짐이 좋은 초원에서 다른 식물과 함께 자라며, 묵은 포기는 위쪽에서 가지를 치기도 한다.

줄기 아래쪽에 나는 잎은 3장이거나 또는 1장이 깊게 3갈래로 갈라지며 마주나고, 줄기 위쪽에

나는 잎은 작은잎 5~7개로 구성된 깃꼴겹잎으로 마주나며 잎 간격이 넓고 마지막 잎은 덩굴손처럼 변하기도 한다. 작은잎의 끝은 뾰족해지고, 가장자리는 밋밋하며 아랫면 맥 위에 털이 약간 난다.

5~6월에 줄기나 가지 끝에 마주난 잎 사이에서 검은 꽃봉오리가 나와 밑을 향해 종 모양 꽃이 1송이 달린다. 꽃잎은 없고 두꺼운 꽃받침조각 4장이 꽃잎처럼 보이며, 꽃받침과 꽃자루에는 작은 흑갈색 털이 촘촘하게 나 검게 보인다. 꽃받침조각은 끝이 날카롭고 절반쯤 벌어지며 뒤로 약간 젖혀진다. 안쪽에는 검은색 수술들이 암술 주위에 뭉쳐나므로 꽃 속이 검게 보이고, 한가운데 연녹색 암술이 많으며 뒤로 젖혀진다.

열매는 수과로 끝에 긴 꼬리 모양의 암술대가 붙는다. 10월에 씨앗이 익으며 암술대에는 긴 갈색 털이 깃털 모양으로 펼쳐진다.

요강은 예전에 실내에서 오줌을 받아 버리던 생활용품인데, 요강나물의 생김새 어디에도 요강과 닮은 구석이 없다. 줄기가 곧게 서므로 선종덩굴이라 부르기도 한다.

TIP

요강나물의 묵은 포기를 검은종덩굴로 잘못 아는 경우가 있다. 검은종덩굴은 덩굴로 자라고 잎도 작은잎 7~9개로 구성된 깃꼴겹잎이며, 꽃도 잎겨드랑이 사이에서 꽃봉오리가 나와 피므로 덩굴에 꽃이 여러 개 핀다. 반면 요강나물의 잎은 줄기 아래쪽에는 3장 달리고 위쪽에는 작은잎 5~7개로 구성된 깃꼴겹잎으로 달리며, 꽃도 줄기나 가지 끝에 검은 꽃 1송이가 달리는 점이 다르다. 아마도 위쪽 깃꼴겹잎의 작은잎이 달리는 간격이 길어 덩굴을 이루는 것처럼 보여 검은종덩굴로 혼동하는 것 같다. 검은종덩굴은 개체수가 많지 않아 쉽게 눈에 띄지 않지만 요강나물은 중부지방의 높은 산 능선 숲속 초원지에서 쉽게 발견된다.

미나리아재비과

모둠 16

큰제비고깔 · 투구꽃 · 지리바꽃 · 세뿔투구꽃 · 놋젓가락나물
백부자 · 진범 · 흰진범 · 노랑투구꽃

큰제비고깔

투구꽃

지리바꽃

세뿔투구꽃

놋젓가락나무

백부자

진범

흰진범

노랑투구꽃

큰제비고깔

중·북부지방의 깊은 산속에 분포하며, 햇볕이 적당하게 드는 남향의 습기 있고 부식질이 풍부한 곳에 드물게 몇 그루씩 무리지어 자생한다. 고산성 희귀식물로 서식지가 극히 제한된 지역에서만 자라므로 흔하게 발견되지 않는다.

높이 1~1.8m로 곧게 자라고, 묵은 포기는 가지를 여러 개 친다. 잎은 줄기에 어긋나며 잎자루는 길고 단풍잎처럼 3~7갈래로 조금 깊게 갈라진다. 갈래 조각 가장자리에는 크고 작은 톱니들이 불규칙하게 나 있다.

7~8월에 원줄기와 가지 윗부분이 꽃차례로 변해 총상꽃차례를 이루며 짙은 보라색 꽃이 밑에서부터 피어 올라간다. 꽃턱잎은 꽃자루 밑 부분을 돌아가며 2~4장 달리고, 얇은 종이처럼 반투명한 막질이며, 꽃대와 꽃자루에는 작은 털이 촘촘하게 난다. 꽃받침조각 5장이 서로 겹치며 고깔 모양을 이루고, 위쪽에 있는 조각은 뒤쪽이 잠자리 꽁지처럼 기다란 꿀주머니로 되어 있다. 실제 꽃잎 5장은 꽃받침 안쪽에 있으며, 검은색의 얇은 막질로 제비가 날아가는 형태로 배열되었다. 꽃잎에는 노란색 털이 길게 나 있으며, 수술은 안쪽 꽃잎의 밑 부분에 있고, 꽃밥은 검은색이다.

큰제비고깔

열매는 골돌과 3개로 끝은 뾰족하며, 9월 중순 씨앗이 익으면 약간 모가 진 씨앗들이 떨어진다. 아주 드물게 흰색으로 꽃이 피는 개체도 나타난다. 꽃이 피기 전 꽃봉오리는 마치 올챙이와 같은 모양이다.

투구꽃

전국적으로 분포하며, 지리산과 백두대간의 중동부 지역에 분포도가 높고, 깊은 산속 계곡 주변의 낙엽수림 밑에서 다른 식물과 함께 자라는 유독성식물이다. 가지는 치지 않으며, 위쪽의 잎 무게로 인해 포기가 비스듬히 누워 자란다.

잎은 어긋나고 긴 잎자루가 있으며, 잎 3장 중 양쪽 잎은 다시 밑까지 깊게 2갈래로 갈라져 얼핏 보면 5갈래로 보인다. 갈라진 조각들은 깃털 모양으로 불규칙하게 파이고 끝이 뾰족하다. 줄기 위쪽으로 갈수록 잎이 작아지며 보통 3조각으로 갈라진다.

8월에 줄기 끝과 잎겨드랑이 사이에서 꽃대가 나와 긴 꽃자루가 있는 짙은 보라색 꽃 여러 송이가 뭉쳐 피며, 꽃자루에는 작은 솜털들이 빽빽하게 나 있어 뽀얗게 보인다. 꽃은 8월 말경부터 피기 시작해 9월 중순에 절정을 이룬다. 꽃받침조각 5장이 꽃잎처럼 보이며, 위쪽 것은 고깔 모양으로 전체를 덮으며 끝은 새의 머리 모양이다. 중간의 2장은 윗부분이 서로 붙어서 위쪽 꽃받침 안쪽으로 들어가고, 밑 부분은 넓게 벌어지며 바깥으로 약간 말려 있다. 아래쪽 2장은 밑 부분이 양 옆으로 벌어진다. 꽃받침의 표면에도 아주 작은 솜털들이 많이 흩어져 있다. 꽃잎 2장은 윗부분의 꽃받침 속에 들어 있으며, 원기둥 모양으로 길게 말리며 꿀샘으로 변하고 윗부분은 앞으로 굽으며 넓게 퍼진다. 암술은 3개이고 수술은 많으며 꽃밥은 검다.

열매는 골돌과로 대부분 3조각이고 처음에는 새의 발모양으로 벌어졌다가 씨앗이 익으면 중심으로 모여 붙는다. 골돌과 끝에는 암술대가 붙어 있으며 털이 나는 것들도 있고 나지 않는 것들도 있다. 10월 말에 씨앗이 익으면 모가 지고 겉에는 깊은 주름이 있는 짙은 갈색 씨앗이 흩어진다.

땅속에는 새 발모양으로 생긴 뿌리줄기가 있는데, 꽃이 지고 열매를 맺으면 어미포기는 말라죽고 땅속의 뿌리줄기도 썩어버리며, 바로 옆에 새로운 뿌리줄기를 형성해 이동하면서 생을 이어간다. 뿌리줄기에서는 가느다란 뿌리 여러 개가 길게 자라며, 매년 새로운 뿌리줄기의 위치만큼 조금씩 이동한다. 9월 중순에서 10월 초순 치악산이나 선자령에 가면 미색으로 꽃이 피는 흰투구꽃을 만날 수 있다. 꽃 위쪽 꽃받침의 생김새가 까마귀의 머리 모양을 닮아 초오(草烏) 또는 오두(烏頭)라 부르기도 하고, 그늘돌쩌귀, 선투구꽃, 세잎돌쩌귀, 진돌쩌귀, 개싹눈바꽃, 싹눈바꽃 등 다양한 이름으로 부르기도 한다.

TIP
투구꽃과 지리바꽃은 잎과 꽃의 생김새가 비슷해 구분하기가 매우 어렵다. 지리바꽃은 줄기가 곧게 선다고 하지만 자라는 환경에 따라 비스듬히 자라기도 하므로 줄기로 구분하기는 조금 무리다. 또 지리바꽃의 잎이 투구꽃 잎에 비해 더 가늘고 깊게 갈라지지만 이것만으로 구분하기도 애매하다. 정확한 구별 포인트는 씨방을 보는 것인데, 씨방이 3개이면 투구꽃이고 5개이면 지리바꽃이다. 즉 열매인 골돌의 개수가 3개이면 투구꽃, 5개이면 지리바꽃으로 보면 된다.

지리바꽃

지리산 이북지역에 분포하며, 깊은 산지의 비옥하고 공중 습도가 높은 능선 주위에서 투구꽃 등과 함께 자란다. 중부 이북지역에는 조금 흔하게 발견되지만 전체적으로 자라는 개체수가 많지 않아 산림청에서 희귀 및 멸종위기 식물로 지정·보호하고 있다.

줄기는 곧게 서며 높이 1m 정도로 자라고, 뿌리줄기는 마늘쪽처럼 굵고 육질이다. 잎은 어긋나고 긴 잎자루가 있으며, 잎 3장 중 양쪽 잎은 다시 밑까지 깊게 2갈래로 갈라져 얼핏 보면 5갈래로 보인다. 갈라진 조각은 다시 깃털 모양으로 깊고 가늘게 중심 맥까지 파이며 끝은 뾰족하다.

꽃은 투구꽃과 같은 시기에 줄기와 가지 끝에서 발달한 총상꽃차례에 짙은 보라색으로 피며, 꽃자루에는 작은 솜털이 촘촘하게 난다. 꽃의 전체적인 생김새는 투구꽃과 비슷해 구분이 어렵고, 씨방은 5개로 서로 떨어져 있다.

열매는 골돌과 5개로 처음에는 새의 발모양으로 벌어졌다가 씨앗이 익으면 중심으로 모여 붙는다. 골돌과 끝에는 암술대가 붙어 있으며, 10월 말에 씨앗이 익으면 모가 지고 주름이 있는 짙은 갈색 씨앗이 흩어진다.

지리산에서 처음 채집되어 지리바꽃이라는 이름이 붙었다. 한방에서는 뿌리줄기 말린 것을 초오라 하며, 투구꽃 뿌리줄기와 같은 용도의 약재로 쓴다.

세뿔투구꽃

중부 이남지역에 자라는 한국특산식물이다. 자생지에서도 개체수가 많지 않아 멸종위기에 놓여 있는 희귀식물로, 환경부에서 멸종위기Ⅱ급으로 지정·보호하고 있다.

줄기는 비스듬히 서거나 때로는 옆의 식물에 기대어 자라며, 가지를 치지 않고, 전체에 털이 나지 않는다. 잎은 어긋나며 3~5개로 얕게 갈라진다. 밑동의 잎은 크게 3갈래로 갈라진 다음 양쪽 조각의 아래쪽이 다시 2갈래로 얕게 갈라져 오각형이 되며, 가장자리는 결각처럼 갈라진다. 줄기 중간에 붙는 잎은 얕게 5갈래로 갈라지며, 가장자리에는 이빨 모양 톱니가 있다. 위쪽으로 갈수록 잎자루는 짧아지며 잎은 삼각형이 되고 끝은 뾰족해지며, 가장자리에 불규칙한 톱니가 있다.

8~10월에 줄기 끝과 잎겨드랑이에서 나오는 꽃차례에 하늘색 또는 노란색을 띤 보라색이나 미색에 초록색을 띤 꽃이 총상꽃차례로 달린다. 꽃은 투구꽃과 닮았으며 꽃 색의 변이가 다양하다. 수술은 많으며 밑 부분은 날개처럼 넓고 뒤로 젖혀지고, 씨방 3개에는 털이 있다.

열매는 골돌과 3개가 서로 붙어 있으며 끝에는 암술대가 있고, 11월에 씨앗이 익으면 벌어진다. 원추형의 작은 뿌리줄기는 매년 뿌리줄기 옆에 새로운 자구를 만들고, 묵은 뿌리줄기는 열매를 맺고 나면 썩어버리므로 매년 새로운 뿌리줄기 거리만큼 이동한다.

잎이 5갈래지만, 보통 뿔 모양으로 3갈래로 갈라져 보이므로 세뿔투구꽃이라는 이름이 붙었다. 금오오돌또기, 금오돌또기, 담색바꽃, 미색바꽃이라 부르기도 한다.

놋젓가락나물

중부 이북지역의 깊은 숲속에 자라는 덩굴식물로 줄기가 불규칙하게 휘어지며 다른 물체를 감고 자라난다. 잎은 어긋나고 잎자루가 길며 3장이 달리고, 양 옆의 작은잎은 다시 밑 부분까지 깊게 갈라져 전체적으로 5조각으로 보인다. 갈라진 조각들은 마름모꼴이고 가장자리는 불규칙하게 결각이 지며, 마지막 갈래조각은 창날 모양으로 끝이 뾰족하다. 줄기 위쪽에 작은잎 3장이 달린다.

8-9월에 줄기 끝과 잎겨드랑이 사이에서 자라난 짧은 꽃대에 짙은 보라색 또는 연한 노란색이 섞인 보라색 꽃이 몇 송이씩 모여 총상꽃차례를 이룬다. 꽃은 투구꽃처럼 생겼으며, 수술이 많고 수술대 아래쪽이 날개처럼 넓다. 씨방은 5개이며 털은 없고, 암술대는 뾰족하고 뒤로 젖혀진다. 열매는 골돌과 5개로 되어 있으며, 10월에 성숙한다.

뿌리줄기 말린 것을 초오라 하며, 투구꽃의 뿌리줄기와 같은 용도의 약재로 이용한다. 덩굴로 자라는 줄기 모양이 놋젓가락이 휘는 것처럼 보인다고 놋젓가락나물이라는 이름이 붙었으며, 놋젓가락풀 또는 선덩굴바꽃이라 부르기도 한다.

백부자

중부 이북지역의 석회암지대에 분포하는 희귀식물로, 약재로 이용하려고 무분별하게 채취하면서 개체수가 급격히 줄어 멸종위기에 놓여 있으며, 환경부에서 멸종위기 II급으로 지정·보호하고 있다. 숲속의 풀숲이나 관목 사이에서 자라며 뿌리줄기는 굵고 희다. 높이 1m 정도로 곧게 자라며 털은 나지 않는다.

잎은 3장이 어긋나며 잎자루가 있고, 양 옆의 잎은 밑 부분까지 깊게 갈라져 얼핏 보면 5갈래로 보인다. 각 갈래조각은 깃털 모양으로 깊고 가늘며, 마지막 갈래조각은 끝이 뾰족하다.

8~9월에 줄기 끝과 잎겨드랑이 사이에서 자라난 꽃대에 황백색 또는 연한 자주색 꽃이 총상꽃차례를 이루며 촘촘하게 피며, 꽃받침조각 5개가 꽃잎처럼 보인다. 꽃잎 2장은 위쪽 꽃받침조각 속에 들어 있으며 꿀샘으로 변한다. 씨방은 3개로 털은 없으며 수술이 여러 개이고, 열매는 골돌과 3개로 끝에 암술대가 붙어 있으며 10월 말에 익는다.

원추형인 작은 뿌리줄기는 매년 뿌리줄기 옆에 흰색을 띤 새로운 자구를 만들고, 묵은 뿌리줄기는 열매를 맺고 나면 썩어버리므로 매년 새로운 뿌리줄기 거리만큼 이동한다. 오래 묵은 포기에는 많은 꽃이 피고 열매를 맺는데 모든 영양분을 소비하므로 새로운 자구를 만들지 못하고 죽어버리기도 한다.

뿌리줄기에는 강한 독성이 있으나 한방에서는 가을에 어린 뿌리줄기를 캐어 독성을 약화시킨 것을 백부자 또는 관백부라 해 약재로 사용한다. 부자(附子)는 한약재로 사용하는 바꽃의 어린 뿌리줄기를 가리키는 생약명으로 뿌리가 흰색을 띠고, 꽃도 연한 노란색이어서 백부자라는 이름이 붙었으며, 노랑돌쩌귀라고도 부른다.

진범

전국의 깊은 산골짜기나 높은 산 정상 부근 능선 숲속에 드물게 자생한다. 자생지에서도 개체수가 많지 않아 멸종위기에 놓여 있는 희귀식물이다. 조금 굵은 뿌리들은 검은색을 띤 갈색으로 땅속 깊이 들어간다. 줄기는 곧게 서거나 비스듬히 자라며 가지를 몇 개 치고, 보통 자줏빛이 돌며 밑 부분에는 모가 난 줄이 있다. 윗부분의 꽃줄기와 꽃자루, 꽃받침 겉에는 짧은 솜털이 빽빽하게 난다. 그늘 진 곳에서 자라는 개체 중에는 길게 덩굴처럼 자라기도 한다.

잎은 뿌리에서 나는 잎과 줄기에서 나는 잎이 있으며, 뿌리에서 나오는 잎은 잎자루가 길며 단풍잎처럼 5~7갈래로 갈라지고, 갈라진 조각의 가장자리에 불규칙한 톱니가 있다. 줄기에 달리는 잎은 잎자루가 짧고 뿌리에서 난 잎과 비슷하지만 위쪽으로 갈수록 작아진다.

꽃은 8~9월에 자주색 또는 연한 자주색으로 피고, 줄기 윗부분의 잎겨드랑이 또는 원줄기 끝에 꽃대가 나와 총상꽃차례를 이루며 밑에서부터 피어 올라간다. 묵은 포기는 꽃차례에서 가지가 갈라지며 겹총상꽃차례를 이루기도 한다. 꽃에는 짧은 꽃자루가 있으며, 꽃받침조각 5장이 꽃잎처럼 변한다. 위쪽의 꽃받침조각은 목이 긴 오리 모양으로 끝은 뭉툭하며 앞쪽으로 굽고, 밑 부분은 고깔 모양으로 위쪽에서 전체를 덮고 있다. 아래쪽의 꽃받침조각 4장은 크기가 작은데, 중간의 2장은 윗부분이 서로 붙어서 위쪽 꽃받침조각 안쪽으로 들어가고 밑 부분이 약간 벌어지며 안쪽의 수술과 암술을 보호하듯 둥글게 감싼다. 아래쪽 2장은 중간 꽃받침을 위로 감싸듯 해 마치 오리궁둥이 모양이며, 꽃이 활짝 피면 중간 꽃잎은 아래쪽으로 벌어지고 아래 꽃잎은 아래쪽으로 처진다. 꽃잎 2장은 위쪽 꽃받침 속에 들어 있고, 길게 나와 꿀샘으로 변하며 윗부분이 앞으로 숙여진다. 꽃받침 표면과 꽃줄기, 꽃자루에는 솜털이 많이 나 있어 뽀얗게 보인다. 수술은 많고 암술은 3개다.

열매는 골돌과 3개로 10월 말에 익으며 겉에 거친 털이 나 있고, 속에는 모가 지고 깊은 주름이 있는 짙은 갈색 씨앗이 들어 있다.

흰진범

주로 중부 이북지역의 깊은 산속 산기슭의 낙엽수림 밑에 자라며, 줄기가 비스듬히 자라거나 덩굴모양으로 자라고, 꽃이 진범과 같은 모양으로 생겼지만 꽃 색이 황백색이거나 아래쪽 꽃받침에 엷은 자주색이 섞인 꽃이 핀다.

뿌리에서 올라오는 잎에는긴 잎자루가 있으며, 보통 단풍잎처럼 5~7갈래로 갈라지고, 갈라진 가장자리에 불규칙한 톱니가 있으며, 잎자루가 붙는 밑 부분은 끝까지 갈라진다. 갈라진 부분과 톱니 밑 부분에는 흰 반점이 나 있어 어릴 때는 잎 모양만 보아도 진범과 구분할 수 있다. 진범처럼 꽃받침 표면과 꽃줄기, 꽃자루에는 솜털이 나 있지만 크기가 작아 구별이

어렵다. 중부지방에는 흰진범이 진범에 비해 자생하는 개체수가 훨씬 많다.

노랑투구꽃

중부 이북지역의 석회암지대에 자라는 희귀식물이다. 높이 1m 정도로 곧게 자라거나 비스듬히 자라고 가지를 치기도 하며, 전체에 털이 난다. 뿌리는 조금 굵으나 단단하지가 않고 푸석하다.

뿌리에서 나는 잎과 줄기 밑에 달리는 잎은 잎자루가 매우 길고 위로 갈수록 짧아지며, 잎 3장이 어긋난다. 갈라진 잎의 중간 조각은 작고 양 옆의 갈래조각은 크며 밑 부분까지 깊게 갈라져 얼핏 보면 5갈래로 보인다. 각 갈래조각은 깃털 모양으로 불규칙하게 결각이 지며, 마지막 갈래조각은 끝이 뾰족한 창날 모양이다. 잎 윗면에는 굽은 털이 나고, 아랫면 맥 위에는 긴 털이 빽빽하게 난다.

8-9월에 줄기와 가지 끝에서 꽃대가 길게 나와 총상꽃차례를 이루며 연한 노란색 꽃이 차례로 피어 올라가고, 묵은 포기의 줄기 끝에 자라는 꽃대는 가지를 치며 겹총상꽃차례를 이루기도 한다. 꽃의 생김새는 흰진범과 비슷하나 위쪽 꽃받침의 끝 부분이 앞으로 굽지 않는다. 꽃받침의 표면과 꽃대, 꽃자루에는 솜털이 나 있지만 크기가 작아 눈으로 보아 구분이 어렵다.

열매는 골돌과로 3개씩 달리며, 열매 속에는 모가 지고 깊은 주름이 있는 짙은 갈색 씨앗들이 들어 있다.

TIP

꽃이 투구 모양으로 피는 종류들은 뿌리줄기가 덩이뿌리처럼 생겼고, 매년 새로운 자구를 만들며 자구의 크기만큼 아주 조금씩 이동하지만, 꽃이 오리 모양으로 피는 진범종류와 노랑투구꽃은 굵은 뿌리 여러 개를 깊게 뻗으므로 이동하지 않는다.

미나리아재비과

헷갈리지 않아요

동의나물

중·북부지방 해발 300m 이상 깊은 산속의 낙엽수림이 우거져 부식질이 풍부하고, 햇빛이 적당히 드는 습지 주위와 계곡 주위에 무리지어 자라는 유독성식물이다.

잎은 뿌리줄기로부터 모여 나며 긴 잎자루 끝에 달리고, 가장자리에는 둔한 물결 모양 톱니가 있거나 밋밋하다. 줄기에 나는 잎에는 잎자루가 없다. 4~5월에 포기 한가운데로부터 줄기가 나와 위쪽에서 가지를 치며, 가지 끝에 진한 노란색 꽃이 1~2송이씩 달린다. 꽃잎은 없으며, 꽃받침조각 5~6개가 꽃잎처럼 보인다. 열매는 골돌과로 6월경에 익는다.

동의나물은 생명력이 강해 산골짜기의 눈과 얼음이 녹기 시작하면 잎이 나오며 꽃대가 올라오기 시작한다. 잎이 곰취 잎과 비슷한데 나물로 여겨 날 것으로 먹으면 구토와 설사, 의식불명 등 부작용을 일으키므로 조심해야 한다.

동의나물

곰취 잎

TIP
곰취와 동의나물을 구별하는 방법

곰취는 한여름인 7~8월에 꽃대가 올라오므로 봄에는 잎줄기가 긴 잎들만 자라나는 반면, 동의나물은 봄에 바로 꽃이 피므로 잎과 줄기가 동시에 자라난다. 동의나물은 줄기 위쪽에서 가지를 치지만, 곰취는 곧고 길게 자라며 전혀 가지를 치지 않는다. 동의나물은 물가나 샘이 나는 습지에서 주로 자라지만, 곰취는 북향의 비탈진 낙엽수림 밑이나 높은 산의 초원지대에 자란다.

미 나 리 아 재 비 과

헷갈리지 않아요

/

모데미풀

우리나라에서만 자라는 세계 1종 1속뿐인 한국특산식물이다. 전국적으로 분포하며 해발 800m 이상 고산지역에서 볼 수 있다. 계곡 주변 낙엽수림 밑의 부엽이 쌓인 곳에서 무리지어 자란다. 지역적으로는 광범위하게 분포하지만 발견하기 어렵고, 개체군의 크기가 작다. 산림청에서 희귀 및 멸종위기 식물로 지정·보호하고 있다. 소백산 골짜기는 우리나라 최대의 군락지로 유명하다.

 높이 5~15cm로 자라고, 잎은 모두 뿌리에서 올라오며, 긴 잎줄기 끝에 잎 3~4장이 둥글게 모여 달린다. 다이아몬드 모양인 잎은 다시 깊게 2~3개로 갈라지며, 가장자리에는 깊이 파인 날카로운 톱니들이 불규칙하게 나 있다.

 4월 중순 뿌리줄기에서 꽃줄기 여러 대가 나와 위쪽에 작은잎들이 돌려나고, 중심의 짧은 꽃자루 끝에 흰색 꽃이 1송이씩 위를 향해 핀다. 꽃잎은 없고 꽃받침조각 5~6장이 꽃잎처럼 보인다. 안쪽에 있는 노란색 꽃잎 8~12개는 퇴화되어 수술처럼 보이며 둥글게 배열되고 아래쪽에 꿀샘이 있다. 꽃받침 위쪽 가장자리에 불규칙한 톱니가 몇 개씩 있거나 없기도 하다. 수술은 많고 꽃밥은 미색이며 암술이 8~12개 있다. 5월 상순까지 꽃을 볼 수 있다.

 꽃이 지고나면 곧바로 열매를 맺는다. 열매는 골돌과로 둥글납작하고 방사상으로 배열되며 끝에 암술대가 붙어 있다. 열매가 익어 봉합선이 벌어지면 작고 검은 씨앗들이 드러난다.

 낙엽활엽수들이 한창 우거지기 시작하는 6월 말이면 1년간의 생을 마감하고 휴면에 들어간다. 1935년 지리산 자락인 남원군 운봉면 모데미라는 곳에서 일본의 식물학자인 오이 지사부로가 이 지역을 답사하다가 우연히 발견해 한국의 특산 속으로 발표하면서 그곳의 지명을 따서 모뎀풀이라 이름 지었다가 나중에 학계에 보고되면서 모데미풀이 정식 이름이 되었다.

분홍바늘꽃　큰바늘꽃

돌바늘꽃

바늘꽃과

모둠 17

분홍바늘꽃 · 큰바늘꽃 · 돌바늘꽃

분홍바늘꽃

큰바늘꽃

돌바늘꽃

분홍바늘꽃

백두대간의 태백산 이북지역에 분포하며, 남한지역에서는 대관령과 오대산 주위 해발 1,000m 이상 되는 높은 지역의 산 가장자리 초원지에 자라는 개체가 드물게 발견된다. 줄기는 곧게 자라고, 가지는 치지 않는다. 옆으로 뻗는 뿌리줄기가 길게 뻗으면서 중간 중간에서 새싹을 내며 계속 번식해 무리를 이루기도 한다.

잎은 줄기를 돌아가며 좁은 간격으로 어긋나게 달리며, 버드나무 잎 모양으로 생겼고, 극히 짧은 잎자루가 있다. 아랫면은 분을 바른 듯 흰 빛이 돌고, 잎 한가운데에는 뚜렷한 흰 잎맥이 끝까지 있으며 아랫면은 돌출된 잎맥이 뚜렷하다. 가장자리에는 작은 톱니가 있으나 잎이 뒤로 약간씩 말리기 때문에 톱니가 없는 것처럼 보인다.

6월 중순에 줄기의 윗부분이 꽃대로 변하며 꽃봉오리들이 생기기 시작해 긴 총상꽃차례를 이루며 밑에서부터 꽃이 피어 올라간다. 꽃은 길쭉한 씨방 끝에 분홍색으로 피며 많이 달린다. 꽃받침조각과 꽃잎은 각 4장씩이고, 꽃잎은 둥글며 밑 부분은 갑자기 가늘게 좁아져 꽃잎자루처럼 변한다. 수술은 8개이고 암술은 꽃 밖으로 길게 나오며, 처음에는 곤봉 모양이었다가 끝이 4갈래로 갈라져 뒤로 말린다.

열매는 바늘 모양 삭과로 8월 말에 익으며, 씨앗이 익으면 4갈래로 갈라지면서 안쪽으로 말리고, 긴 흰색 갓털이 있는 씨앗들이 흩어진다. 씨앗은 먼지처럼 아주 작다.

큰바늘꽃

울릉도와 강원도의 정선과 삼척의 습지 주위에 자라는 식물로 환경부에서 멸종위기 II급으로 지정·보호하고 있는 희귀식물이다. 정선의 자생지는 지자체에서 건물 신축공사를 하며 훼손해 몇 포기만이 명맥을 유지하고 있다.

줄기는 곧게 자라고, 잎 사이마다 가지가 나와 커다란 포기를 이룬다. 굵은 뿌리줄기가 옆으로 길게 뻗으며 새싹을 내고 포기를 늘려간다. 잎은 마주나고 밑 부분은 줄기를 감싸며 버드나무 잎 모양으로 생겼고, 가장자리에 불규칙한 작은 톱니가 있으며, 포기 전체에는 짧은 털이 촘촘하게 난다.

꽃은 7월 말부터 피기 시작해 8월에 절정을 이루며, 일시에 피어나지 않아 화려하지는 않지만 많은 가지가 갈라져 꽃이 달리므로 한 포기에서 수백 송이가 핀다. 꽃은 긴 씨방 끝에 홍자색으로 피며, 꽃잎은 8장으로 바깥 꽃잎 4장과 안쪽 꽃잎 4장이 교차해 겹으로 피는 것처럼 보인다. 꽃받침조각은 4개로 갈라지고, 수술은 6개, 암술은 1개다. 암술은 끝이 4갈래로 굵게 갈라진다.

9월 중순에 바늘 같은 긴 삭과가 익으면 4쪽으로 갈라지며 많은 씨앗이 나온다. 흰 갓털 밑에 쌀알 모양으로 생긴 작은 갈색 씨앗이 붙어 있다.

돌바늘꽃

전국적으로 분포하며, 깊은 산속 습기 있는 낙엽수림 밑이나 숲 가장자리에 자생한다. 줄기는 곧게 자라며 가지를 많이 치고, 뿌리줄기는 짧으며 포기 전체에 가는 털이 난다. 잎은 마주나지만 가끔 위쪽에서 어긋나기도 하며, 매우 짧은 잎자루가 있다. 잎 밑이 좁고 끝은 뾰족하며, 가장자리에는 돌기 모양 톱니가 있다.

7~8월에 줄기 끝이나 잎겨드랑이 사이에서 짧은 꽃자루에 굽은 털이 많은 가늘고 긴 씨방이 자라나 끝에 연분홍색 또는 흰색 꽃이 한 송이씩 핀다. 열매는 9~10월에 가늘고 둥근 바늘 모양의 삭과로 익으며, 씨앗은 작고 갓털은 적갈색을 띤다.

범의귀과

모둠 18

선괭이눈 · 가지괭이눈 · 금괭이눈 · 흰괭이눈
누른괭이눈 · 산괭이눈 · 애기괭이눈

선괭이눈

가지괭이눈　　　　　　　　　　　금괭이눈

흰괭이눈

누른괭이눈

산괭이눈

애기괭이눈

선괭이눈

제주도에서부터 백두산에 이르기까지 전국에 분포한다. 주로 깊은 산속 계곡 주위나 습기 많은 바위 주위에 작은 무리를 이루며 자란다. 줄기는 옆으로 기면서 뻗으며, 땅에 닿는 부분에서 뿌리를 내리고 새순이 돋는다. 줄기 끝 부분은 일어서서 곧게 자라며 포기 전체에는 털이 전혀 없다.

줄기에는 짧은 잎자루가 있는 잎 1~2쌍이 마주나며, 잎 가장자리에는 둥그스름한 톱니가 있다. 잎은 물을 많이 함유하고 있어 두껍고 연하다. 묵은 포기는 뿌리줄기에서 여러 대가 뭉쳐나기도 하고 간혹 밑 부분에서 가지가 갈라지기도 한다. 줄기 끝에서 길이가 일정한 짧은 가지 2~4개로 갈라지고, 그 끝에 잎과 생김새가 같은 크고 작은 이삭잎들이 마주나서 둥근 방석 같은 모양을 이룬다.

꽃은 지역에 따라 피는 시기가 조금 차이가 나며, 보통 4~5월에 연한 노란색을 띤 작은 꽃이 줄기 끝에 모여 달린 이삭잎 한가운데 여러 송이가 모여 달린다. 꽃받침 조각 4장이 꽃잎처럼 2장씩 마주 달리며, 암술은 2개로 작고 끝이 바깥쪽으로 젖혀지며 수술은 8개이고 꽃밥은 붉다. 꽃이 피기 시작하면 꽃뿐만 아니라 주위의 이삭잎까지도 노란색 물감이 번진 듯한 연노랑으로 물든다. 꽃

가루받이가 끝나면 꽃 주위의 이삭잎들은 본래의 색으로 되돌아오고, 꽃 색도 점점 엷어져서 연한 녹색으로 변한다. 꽃이 지고나면 잎도 크게 자라고 꽃줄기들도 자라나 엉성하게 벌어진다.

열매는 삭과로 5~6월에 익으며 2갈래로 깊게 갈라지고, 익으면 갈라진 조각 끝에 있는 봉합선이 벌어지며 씨앗이 드러난다. 씨앗은 짙은 갈색으로 윤기가 나며 전체에 작은 돌기가 있다.

괭이눈이라는 이름이 붙은 이유는 노란색으로 물든 이삭잎과 꽃송이의 생김새가 어둠속에서 빛나는 고양이의 눈을 닮아서라는 견해와, 삭과 익을 무렵의 모양새가 마치 햇빛을 받으며 눈을 지그시 감고 있는 고양이의 눈과 같아 붙은 것이라는 견해가 있다. 선괭이눈은 줄기가 곧게 선다고 붙었으며, 금요자라고도 부른다.

가지괭이눈

중부 이북지역의 깊은 산속 계곡 주위에 드물게 자라며, 개체수가 많지 않아 만나기 어렵다. 뿌리줄기가 뻗으면서 포기를 늘리므로 한 곳에서 무리지어 자라는 경우가 많으며, 줄기 아래쪽에서 가지

가 여러 개 갈라지지만 줄기 위쪽에서도 가지가 갈라져 가지괭이눈이라는 이름이 붙었다.

잎에는 잎자루가 있으며 줄기에 2~3쌍이 마주나고, 가장자리에는 둥그스름한 톱니가 있다. 꽃이 피기 전에는 줄기 끝의 짧은 가지가 일정해 방석처럼 보이지만 꽃이 필 즈음이면 가지들이 자라나 벌어지기 시작한다. 짧은 잎이 마주나는 종으로 유일하게 꽃받침조각이 수평으로 퍼져서 쉽게 구별이 가능하다.

꽃이나 이삭잎이 노랗게 변하지 않고 녹색을 띠며 수술은 8개다. 이삭잎에 비해 꽃은 매우 작고, 꽃이 피는 시기도 5~6월로 괭이눈속 식물 중 가장 늦게 필뿐만 아니라 이삭잎 속의 꽃도 2~4개로 많이 달리지 않으며, 수술의 꽃밥만이 노란 점처럼 보여 자세히 보지 않으면 꽃을 찾기가 어렵다.

금괭이눈

깊은 산속 계곡 주위에서 자란다. 높이 3~5cm로 자라며 줄기는 붉고, 가지는 치지 않는다. 잎자루가 있는 잎 1쌍이 마주나기도 한다. 줄기 위쪽에서 길이가 일정한 짧은 가지를 3~4개 치고, 그 끝에 잎과 생김새가 같은 크고 작은 둥근 이삭잎들이 마주나서 둥근 방석 같은 형태를 이루며, 가장자리에는 둥그스름한 톱니가 3~5개 있다. 꽃이 피지 않는 포기들은 잎들이 엇갈리게 마주나며 압축된 듯한 모양으로 지면에서 낮게 자란다. 줄기와 잎 아랫면에 짧은 흰색 털이 드문드문 난다.

4~5월에 꽃줄기 끝에 모여 달린 이삭잎 한가운데 짙은 노란색을 띤 작은 꽃 여러 송이가 모여 달리며, 꽃받침조각 4장이 꽃잎처럼 2장씩 서로 마주 달려 반쯤 벌어지듯 핀다. 암술은 2개 수술은 8개이고 꽃밥은 노랗다. 꽃이 피기 시작하면 꽃받침뿐만 아니라 주위의 이삭잎까지도 짙은 노란색으로 물든다.

꽃가루받이가 끝나면 꽃 주위의 이삭잎들은 본래의 색으로 되돌아오고, 꽃 색도 점점 엷어져서 연한 녹색으로 변하며, 잎도 더 크게 자라나고 꽃줄기들도 나와 엉성하게 벌어진다. 꽃이 짙은 황금색으로 피어 금괭이눈이라는 이름이 붙었으며, 천마괭이눈이라 부르기도 한다.

흰괭이눈

한국특산식물로 남한 전역에 분포하며, 깊은 산속 계곡가의 습한 곳에서 무리를 이루며 자란다. 높이 3~9cm로 괭이눈 종류 중 가장 작게 자란다. 가지는 치지 않고, 줄기 밑 부분에 잎 1쌍이 마주 달린다. 전체적인 모양과 생태는 금괭이눈과 비슷하나 줄기와 잎 아랫면에 조금 긴 흰색 털들이 빽빽하게 나고, 이삭잎이 노랗게 물들지 않으며 꽃만 노랗게 피는 점이 다르다.

꽃받침은 완전하게 벌어지지 않으며, 수술은 8개이고 암술은 2개로 작고 끝이 바깥으로 젖혀진다. 꽃이 피지 않는 줄기는 잎 2~3쌍이 압축된 듯 십자 모양으로 교차되며 낮게 자라고, 잎 윗면에도 흰색 털이 난다. 줄기와 잎 아랫면에 흰색 거친 털이 빽빽하게 나므로 흰괭이눈이라는 이름이 붙었으며, 흰털괭이눈 또는 큰괭이눈으로 부르기도 한다.

누른괭이눈

한국특산식물로 중부 이북지역의 깊은 산속 계곡가의 습한 곳에서 무리지어 자라나 그리 흔하게 발견되지는 않는다. 가지는 치지 않으며, 줄기 위쪽에 잎자루가 있는 잎 1쌍이 마주난다. 줄기와 잎 아랫면에 흰색 털이 난다.

꽃은 4~5월에 피며 이삭잎 전체가 물들지는 않고, 절반 정도만이 꽃과 함께 연한 노란색으로 물든다. 꽃받침도 절반 정도만 벌어지며, 수술은 8개 암술은 2개이고 꽃밥은 노랗다. 잎 가장자리에 둥그스름한 톱니가 있으며, 윗면에는 잎맥을 따라 흰 줄무늬가 있어 다른 괭이눈과 쉽게 구별된다. 꽃이 피지 않는 줄기는 잎 2~3쌍이 압축된 듯 십자 모양으로 교차되며 낮게 자라고, 윗면이 짙은 녹색에 잎맥을 따라 흰색 줄무늬가 있어 매우 아름답다. 꽃받침과 이삭잎의 일부분이 밝은 노란색을 띠어 누른괭이눈이라는 이름이 붙었다.

산괭이눈

전국의 산기슭이나 계곡 입구의 습기 있는 비탈에서 무리지어 흔하게 자란다. 꽃이 진 다음 줄기 아래쪽 잎겨드랑이 사이에 작은 구슬 눈이 생긴다.

뿌리줄기로부터 줄기 여러 개와 함께 잎 3~4장이 올라오며, 잎자루는 길고 털이 나 있으며 가장자리에는 둔한 톱니가 여러 개 나 있다. 묵은 포기에서는 뿌리줄기로부터 많은 꽃줄기가 올라와 커다란 포기를 이루기도 하고, 줄기에 잎 1~2

장이 어긋나며 위쪽에서 가지가 갈라지기도 한다.

  3~5월에 줄기 끝에 연한 노란색 꽃이 모여 달리며, 주위의 크고 작은 이삭잎들이 둥근 방석 모양으로 배열되고 노랗게 물들지는 않는다. 꽃받침조각은 활짝 벌어져서 뒤로 약간 젖혀지고, 암술은 2개, 수술은 8개로 꽃받침조각보다 짧고 꽃밥은 노랗다. 열매는 삭과로 처음에는 2갈래였다가 나중에 4갈래로 갈라진다.

애기괭이눈

산지 깊은 계곡의 습기 많고 그늘진 바위 주위나 계곡의 물이 흐르는 곳에 있는 이끼 낀 바위 위에서 주로 자란다. 잎은 어긋나고 긴 잎자루가 있으며, 가장자리에 둥그스름한 톱니가 3~5개 있다. 줄기는 연붉은색을 띠며 털이 약간 있다. 줄기 위쪽에서 가지를 치며 줄기가 지면에 닿으면 그 곳에서 뿌리를 내리고 새로운 싹이 돋는다.

  꽃은 이른 봄에 눈이 녹으면 바로 새순이 돋아나와 가지 끝의 이삭잎에 싸여 1~2송이가 연한 황록색으로 핀다. 꽃받침조각은 꽃잎처럼 보이며 활짝 피면 뒤로 젖혀지고, 수술은 8개이며 꽃받침조각보다 짧고 꽃밥은 노랗다. 꽃받침 주위의 작은 이삭잎들은 노랗게 물들지 않으나 연녹색으로 색감이 부드럽고 전체가 꽃처럼 보인다.

  열매가 익어 떨어지고 난 한여름이면 잎은 구실바위취처럼 커지고, 줄기도 크게 자라나 작은 덩굴을 형성해 어릴 때의 모양과는 전혀 다르게 변한다. 계곡의 이끼 낀 바위 위에 무리지어 자라는 경우가 많지만 꽃이 작아 지나치기 쉽다. 줄기와 잎에는 수분이 많아 매우 연약해 작은 충격에도 쉽게 부러진다. 꽃 주위 이삭잎도 크기가 작지만 꽃도 작고 연약해 애기괭이눈이라는 이름이 붙었다. 덩굴괭이눈 또는 만금요라고도 부른다.

TIP

한여름 괭이눈들이 자라던 계곡 주위에 가면 마치 바위떡풀 같이 생긴 잎들이 무리지어 자라는 것을 흔히 볼 수 있다. 얼핏 보면 바위취 종류로 보이지만 실제로는 괭이눈 종류들이 자라는 모양이다. 이렇게 여름 잎은 봄에 꽃이 필 때와는 전혀 다른 모양으로 자라므로 이때에는 종류를 구분하기가 어려워진다.

우리나라에 자생하는 괭이눈은 크게 잎이 마주나는 종과 어긋나는 종으로 나눌 수 있다. 마주나는 종에는 선괭이눈과 가지괭이눈, 금괭이눈, 흰괭이눈, 누른괭이눈이 있으며, 어긋나는 종으로는 애기괭이눈과 산괭이눈이 있다. 괭이눈 종류의 특징은 줄기 끝에 모여 피는 꽃(실제는 줄기 끝에 짧은 가지가 갈라져 그 끝에 꽃이 피는 것인데, 가지의 길이가 일정하고 짧아 모여 피는 것처럼 보인다)의 아랫부분에 달리는 크고 작은 이삭잎들이 둥근 방석 모양으로 배열되고, 꽃잎은 퇴화되어 없어졌으며 꽃받침조각이 꽃잎처럼 보인다는 점이다.

노루오줌
숙은노루오줌
흰숙은노루오줌

범 의 귀 과

모둠 19

노루오줌 · 숙은노루오줌눈 · 흰숙은노루오줌눈

노루오줌

숙은노루오줌눈

흰숙은노루오줌눈

노루오줌

전국적으로 분포하며, 높고 낮은 산속의 햇볕이 적당히 드는 습지 주위에서 무리지어 흔하게 자란다. 깊은 산지에서는 골짜기의 습기 있는 비탈에서 자라기도 한다.

줄기는 곧게 자라고, 긴 갈색 털이 빽빽하게 나며 나무줄기처럼 단단하고, 뿌리줄기는 굵고 옆으로 짧게 뻗는다. 뿌리를 잘라 냄새를 맡아보면 오줌냄새 비슷한 지린내가 조금 난다.

잎은 긴 잎자루 끝에서 3갈래로 2~3회 갈라지며, 가운데 잎이 가장 크고 양 옆의 잎은 작고 가장자리에 조금 거친 겹톱니가 있다. 작은잎은 종이처럼 얇다. 줄기에 나는 잎은 끝이 뾰족하다.

7~8월에 홍자색 꽃이 원추꽃차례에 다다닥 뭉쳐 핀다. 꽃받침은 중간에서 5갈래로 갈라지고, 꽃잎은 5장으로 가늘고 길쭉하며 수술은 10개, 암술은 2개다. 실오라기 같이 길쭉한 꽃잎과 꽃잎보다 짧은 수술들이 모여 한창 꽃이 만개했을 때에는 대단히 화려하다. 한 포기에서 보통 꽃대가 2개 나온다. 열매는 삭과로 꽃받침에 싸여 9월에 여물며, 끝이 2갈래로 갈라진다.

숙은노루오줌

중·북부지방의 조금 메마른 산비탈이나 절개지 비탈에서 주로 자라며, 줄기에는 긴 갈색 털이 나며 나무줄기처럼 단단하다. 뿌리줄기는 굵고 옆으로 짧게 뻗는다. 전체적인 모양이 노루오줌과 비슷하나 꽃차례에서 약간의 차이를 보인다. 잎과 줄기의 높이가 낮게 자라며 잎도 많이 나오지 않고 노루오줌처럼 무리지어 자라지 않는 특징이 있다.

꽃은 6~7월에 꽃차례가 약간 비스듬히 밑으로 숙인채로 연한 분홍색으로 피며, 노루오줌에 비해 한 달가량 일찍 피고 습기를 별로 좋아하지 않는다. 꽃차례가 한쪽으로 비스듬히 숙인 채 꽃이 피어 숙은노루오줌이라는 이름이 붙었다.

흰숙은노루오줌

숙은노루오줌과 형태나 생태가 비슷하나 꽃이 흰색으로 피어 구분한다.

바위떡풀　구실바위취

참바위취

범 의 귀 과

모둠 20

바위떡풀 · 구실바위취 · 참바위취

바위떡풀

구실바위취

참바위취

바위떡풀

우리나라 각지 조금 깊은 산속의 그늘지고 습기가 유지되는 커다란 바위 위에 붙어서 자란다. 계곡 주변이나 이끼가 자라 주위에 습기가 많은 바위틈 사이에 붙어 자라기도 한다.

뿌리에서 나는 잎은 모여 나며, 약간 다육질로 잎자루가 길고 밑 부분에는 막질의 턱잎이 있다. 잎에는 흰 털이 나며, 아랫면은 흰 빛을 띤다. 잎자루는 자주색이나 녹색을 띠며, 털이 나는 것도 있고 나지 않는 것도 있다. 잎 아랫면은 보통 털이 나지 않지만 간혹 자주색을 띠며 털이 나는 개체들도 발견된다. 잎 가장자리가 얕게 둥그스름한 톱니 모양으로 갈라지고, 톱니 안에 둔한 이빨 모양 겹톱니가 몇 개 있다.

8-9월에 뿌리줄기로부터 꽃줄기가 나와 가지를 치며 원추상 취산꽃차례를 이루며 긴 꽃자루가 있는 흰색 또는 흰색을 띤 붉은색 꽃이 핀다. 꽃줄기는 자주색을 띠며 잎은 달리지 않고 털이 있거나 없으며 꽃자루에는 짧은 선모가 있다. 양 끝이 길쭉한 타원형 꽃잎 5장 중 위쪽 꽃잎 3장은 작고 아래쪽 꽃잎 2장은 커서 전체적으로 '大'자 모양이다. 꽃받침조각은 위쪽 꽃잎의 절반 정도로 작다. 수술은 10개이며, 꽃밥이 붉고 둥글어 마치 성냥개비 같은 모양이며, 노랗고 둥근 씨방은 끝이 뾰족해지고, 2갈래로 갈라져 벌어지며 암술대로 변한다.

열매는 삭과로 10월에 여물고, 끝에 암술대가 갈라진 모양으로 돌기가 2개 있으며, 속에는 길고 작은 씨앗들이 들어 있다. 바위에 떡처럼 붙어서 자라서 바위떡풀이라는 이름이 붙었다. 꽃잎의 배열상태가 '大'자 모양이어서 대문자꽃잎풀 또는 대문자초라 부르기도 한다.

구실바위취

한국특산식물로 중부 이북지역의 깊은 산속 습기가 유지되고 그늘진 커다란 바위 위나 계곡 주위에서 자란다. 뿌리줄기는 짧게 자라고 끝에서 땅속줄기가 옆으로 뻗으며 포기를 늘려간다.

잎은 뿌리줄기에서 나오고, 잎자루에는 엷은 자줏빛이 돌며 털이 난다. 잎은 둥글며 아래쪽이 잎자루로 빠지고, 가장자리에는 크기가 일정하고 끝이 뾰족한 둥그스름한 톱니가 있으며, 표면은 짙은 녹색으로 짧은 털이 드문드문 난다.

구실바위취

 6~7월에 뿌리줄기에서 꽃줄기가 나와 위쪽에서 짧은 가지를 치며 흰색 꽃이 뭉쳐서 원추꽃차례를 이루며 핀다. 꽃줄기에는 거칠고 긴 흰색 털이 빽빽하게 나고, 잎은 달리지 않으며 꽃턱잎은 창날 모양으로 가늘고 작다. 꽃에는 짧은 꽃자루가 있으며, 꽃잎이 8장 있다. 꽃잎은 끝이 둔하고 꽃받침조각은 꽃자루 쪽으로 완전히 젖혀진다. 수술은 16개로 꽃잎보다 커서 꽃 밖으로 나오며, 꽃밥은 자주색으로 둥글어 성냥개비 모양이다. 암술은 2갈래로 갈라지며 끝이 투명하고 둥글다. 꽃이 모두 활짝 피면 수술들이 꽃 밖으로 나오므로 멀리서 보면 꽃술이 다복한 먼지떨이처럼 보인다. 열매는 끝이 2갈래로 갈라지는 삭과로 9~10월에 익으며, 속에 작은 씨앗들이 들어 있다.

 구실바위취는 물가에서 자라므로 아침이면 일액현상(溢液現狀)으로 인해 잎의 톱니에 구슬 같은 이슬이 자주 맺힌다. 그래서 예전에 구슬바위취라 부르던 것이 구실바위취로 변한 것으로 생각된다. 꽃잎이 8장으로 달려 팔편바위취라 부르기도 하고, 구슬바위취 또는 구슬범의귀라 부르기도 한다.

참바위취

우리나라 특산식물로 전국 높은 산 정상 부근의 습기 있고 그늘진 커다란 바위 위에 붙어서 자란다. 뿌리에서 나는 잎은 잎자루가 조금 길고 털은 없으며, 가장자리에는 얕고 둔한 이빨 모양의 불규칙한 톱니가 있고 끝이 뾰족하며 물결 모양을 이루기도 한다. 밑 부분이 잎자루로 흐르기도 하며, 한가운데에는 연녹색 굵은 잎맥이 있다.

 7~8월에 뿌리줄기로부터 자주색 꽃줄기가 나와 엉성하게 여러 갈래로 가지를 치며 별 모양으로 생긴 작고 흰 꽃이 원추꽃차례를 이루며 핀다. 꽃줄기 아래쪽에는 짧은 잎자루가 있는 잎 1~2장이 붙기도 하지만 잎이 달리지 않는 경우가 많으며, 꽃줄기에 털이 많이 나며 꽃턱잎은 잎처럼 생겼으나 매우 작다. 꽃받침조각과 꽃잎은 각 5장으로 별처럼 서로 교차 배열된다. 꽃받침은 녹색이며 작고, 흰색 꽃잎은 꽃받침조각보다

2배 정도 크며 밑 부분이 급격히 좁아져서 꽃잎자루처럼 변한다. 수술 10개는 꽃잎과 꽃받침조각 중간에 하나씩 배열되고, 꽃밥은 둥글며 자주색으로 꽃잎 길이와 같거나 짧다. 씨방은 둥글고 끝이 2갈래로 갈라지며 뾰족해지고, 끝에 암술이 붙는다. 꽃자루는 가늘고 선모가 있다. 수정이 이루어지고 나면 꽃받침과 씨방은 옅은 자주색으로 변한다. 열매는 10월에 삭과로 익으며 끝이 2개로 갈라지고, 속에 작고 둥근 씨앗들이 들어 있다.

TIP

바위떡풀과 구실바위취, 참바위취 3종을 남한에 자라는 대표적인 범의귀속 식물로 볼 수 있다. 간단하게 이들을 구별하는 방법은 다음과 같다. 바위떡풀은 잎이 둥근 심장형이며, 잎 가장자리의 둥그스름한 톱니에 겹톱니가 있고, 꽃잎 5장 중 위쪽 3장은 작고 아래쪽 2장은 커서 '大' 자 모양이 된다. 구실바위취는 잎이 둥근 심장형이며, 잎 가장자리의 둥그스름한 톱니가 규칙적이며, 긴 꽃줄기 위쪽에 짧은 가지가 갈라져 꽃잎이 8장인 작은 꽃이 원추꽃차례로 다복하게 모여 핀다. 참바위취는 잎이 달걀형으로 약간 길쭉하고, 가장자리에 있는 얕은 이빨 모양의 불규칙한 톱니 끝이 날카롭다. 또 긴 꽃줄기에서 가지가 여러 갈래로 엉성하게 갈라지며 꽃잎이 5장인 별 모양 작은 꽃이 핀다.

범 의 귀 과

헷갈리지 않아요

돌단풍

 돌단풍은 충청도를 비롯해 경기도와 강원도 등 중·북부지방의 깊은 계곡 바위틈이나 산지의 습기 있는 계곡 절벽의 바위틈, 돌무더기 사이에 붙어서 자생한다.
 뿌리줄기의 끝 부분에서 비늘처럼 생긴 이삭잎 1~2장에 싸여 나오고, 묵은 포기에서는 꽃대가 함께 나온다. 긴 잎줄기 끝에 마치 단풍나무 잎을 닮은 잎이 달리며, 5~7갈래로 깊게 갈라지고 갈라진 조각마다 크고 작은 불규칙한 톱니가 있다. 다 자란 잎은 윤기가 난다.
 봄기운이 시작되는 4월에 아직 다 자라지 않은 짧은 잎 사이로 굵은 꽃줄기가 나와 흰 바탕에 약간 붉은 빛이 도는 꽃이 취산꽃차례를 이루며 핀다. 꽃줄기는 아래쪽에서 짧은 가지를 여러 개 치며, 가지마다 작은 꽃이 다닥다닥 피어난다. 작은 꽃에는 짧은 꽃자루가 있으며, 꽃받침조각은 6개이고 끝이 둔하다. 꽃잎은 5~6개로 꽃받침조각처럼 생겼으나 보다 짧으며, 활짝 피면 꽃받침과 함께 뒤로 젖혀진다. 얼핏 보면 꽃받침과 꽃잎이 붙어 있어 겹꽃처럼 보인다. 수술은 6개로 꽃잎보다 짧고 암술대는 하나이나 머리가 둘로 갈라진다. 꽃이 지고나면 잎은 잎자루를 키워 길게 자란다.
 여름이 시작되면 삭과가 익기 시작하며, 익으면 2조각으로 벌어지면서 좁쌀만한 씨앗을 사방에 퍼뜨린다. 씨앗을 퍼뜨리고 나면 꽃대는 말라비틀어지고 잎은 무성하게 나와 뿌리줄기에 영양을 비축하는 일에 전념한다.
 바위틈에 붙은 뿌리는 검은색 괴근(塊根)으로 오래 묵으면 바위의 굴곡을 따라 길게 뻗어가며 잔뿌리가 드물게 나고 갈색 비늘잎으로 덮인다.
 강원도의 산간지방에서는 바위틈에서 자라며 아름다운 꽃을 피우는 나리 같다고 돌나리라 부르기도 하고, 잎의 생김새가 손바닥처럼 생겨서 부처손이라 부르기도 한다. 특별히 잎이 크며 가장자리가 8~12갈래로 갈라지는 종을 큰돌단풍으로 분류하기도 한다.

부처꽃　털부처꽃

부 처 꽃 과

모둠 21

부처꽃 · 털부처꽃

부처꽃

부처꽃

털부처꽃

부처꽃

전국 산지의 냇가나 구릉지, 들판의 연못 주위, 습한 지역의 물가 초원지대에서 다른 식물과 어울려 자란다. 특히 한강줄기를 따라 남한강과 북한강 주변의 물가 습지대에 많이 자란다. 줄기는 네모지고 1m 정도로 곧게 자라며 많은 가지를 쳐서 포기를 이룬다.

잎은 잎자루가 없는 창날 모양으로 마주나며 가장자리는 밋밋하며 털이 나지 않는다. 7~8월에 원줄기와 갈라진 가지의 잎겨드랑이 사이마다 진한 분홍색 꽃이 3~5송이씩 모여 피어나므로 층층으로 피는 것 같이 보이며, 꽃이 한창 피어날 때에는 멀리서 바라보면 붉은 꽃방망이처럼 보인다. 꽃잎은 6장으로 꽃받침통 끝에 붙어 있고, 노란색 수술은 12개로 크기가 일정하지 않다. 꽃이 진 뒤 열매는 삭과로 익으며, 꽃받침통 속에 들어 있고 씨앗은 먼지 같이 미세하다.

백중(百中)에 연꽃이 없는 지방에서 이 꽃을 꺾어다가 연꽃 대용으로 부처께 바쳤다고 해 부처꽃이라는 이름이 붙었다고 한다.

털부처꽃

부처꽃과 같이 전국의 강가나 하천변의 습지 초원지대에서 다른 식물과 함께 자란다. 부처꽃보다 조금 높고 곧게 자라며 가지를 많이 치고, 줄기는 네모지고 잔털이 많아 약간 뽀얗게 보인다. 뿌리는 옆으로 길게 뻗는다. 흰색으로 꽃이 피고 줄기에 털이 촘촘히 나는 흰털부처꽃도 있다.

잎은 타원형으로 마주나며 줄기를 약간 감싸고 가장자리는 밋밋하며 잔털이 난다. 잎이 붙는 간격은 부처꽃에 비해 좁은 편이다. 꽃은 7~8월에 잎겨드랑이 사이에서 1~3송이씩 모여 피며, 꽃잎은 6장이고 약간 주름이 졌다. 씨앗은 삭과로 꽃받침통 안에 들어 있다.

산 형 과

모둠 22

어수리 · 참당귀 · 궁궁이 · 강활
구릿대 · 고본 · 바디나물

어수리

참당귀

궁궁이

강활 구릿대

고본

바디나물

어수리

전국의 해발 700m 이상 고산지대 정상부의 초원지나 습기 많은 계곡 주위에서 자란다. 백두대간을 따라 중부 이북 지역에 많으며, 한 포기씩 독립적으로 자란다. 줄기는 원기둥 모양으로 굵고 꼿꼿하며, 속은 비어 있고 세로로 난 줄이 있다. 전체에 거친 털이 나고 굵은 가지가 갈라진다.

잎은 뿌리에서 나는 잎과 줄기에서 나는 잎이 있다. 뿌리에서 나는 잎은 잎자루가 길며 매우 크고 넓적하고 작은잎 3~5장으로 구성된 3출엽 또는 홀수깃꼴겹입으로 잎줄기와 잎 아랫면에 거친 털이 빽빽하게 난다. 작은잎은 3~5갈래로 깊게 갈라지기도 하며 가장자리에 불규칙한 톱니가 있고, 잎자루가 있기도 하고 없기도 하다. 줄기에 나는 잎은 어긋나며 아래쪽 잎은 뿌리에서 난 잎을 닮았고, 위쪽에 달리는 잎은 보통 3장으로 작은잎은 3갈래로 갈라지고, 잎자루는 꽃대를 감싸면서 자라 넓은 잎집으로 변하며 줄기를 감싼다.

8~9월에 줄기 끝과 잎겨드랑이에서 자라난 꽃대 끝에 흰색 꽃이 피며 겹우산꽃차례를 이루고, 꽃자루 20~30개가 다시 작은 꽃자루로 갈라져서 각 25~30송이씩 달린다. 작은 우산꽃차례에 달린 꽃은 5개이며, 가장자리에 있는 꽃송이들의 바깥쪽 꽃잎 3장은 크고 안쪽 2장은 작으며, 바깥쪽 중심에 있는 꽃잎은 'V'자 모양으로 가장 크고, 그 양 옆 꽃잎은 한쪽이 짧은 'V(∨)'자 모양으로 중심 쪽의 갈래가 더 길다. 안쪽에 있는 꽃송이들의 꽃잎은 작고 모두 하트 모양이다. 수술은 5개이고 암술은 1개다.

열매는 분열과로 10월에 익으며 2개씩 마주 붙고, 아랫면에 짧은 줄무늬 4개가 있으며, 날개가 있고, 털은 나지 않는다. 전체적으로 비슷하지만 잎이 좁고 더 깊이 갈라지는 종을 좁은어수리로 구분한다.

참당귀

한국특산식물로 섬지역을 제외한 산간 계곡의 습한 곳에 주로 자라며, 해발 1,500m 내외의 산 정상 부근 초원지대에서 자라기도 한다. 경상북도, 강원도, 경기도에 분포도가 높으며, 상쾌하고 독특한 향기가 나는 방향성식물이다.

뿌리는 굵고 통통하며, 상처를 내면 흰 유액(乳液)이 나온다. 높이 1~2m로 곧게 자라고, 줄기는 자주색을 띠며 굵고 속은 비어 있으며 가지를 몇 개 친다.

잎은 뿌리와 줄기에서 나며, 뿌리에서 나는 잎은 잎자루가 길다. 줄기에 달리는 잎 중에서 아래 부분에 달리는 잎은 긴 자주색 잎자루가 있으며, 잎자루에는 줄기를 감싸며 올라온 넓은 잎집이 둥글게 말려 있다. 작은잎은 셋으로 완전하게 갈라진 뒤 다시 3~4갈래로 갈라지며, 가장자리에는 결각과 함께 톱니가

이중으로 나며 아랫면은 윤기가 난다. 위쪽에 달리는 잎의 잎자루는 잎집으로 변하며, 꽃봉오리를 감싸며 올라오므로 둥글게 부풀어 있다.

꽃은 8~9월에 자주색으로 피며, 15~20송이로 구성된 우산꽃차례들이 모여 커다란 겹우산꽃차례를 이룬다. 꽃차례는 원줄기와 가지 끝에 둥글게 발달하고, 밑에는 잎집 모양의 커다란 꽃턱잎이 2개 붙는다. 각각의 우산꽃차례에는 꽃자루가 긴 작은 꽃 20~40송이가 모여 달리고, 꽃차례 밑에는 잎이 축소된 듯한 작은 꽃턱잎 5~7개가 붙는다. 꽃부리는 종 모양으로 겉에 능선이 있으며 꽃잎은 작아서 구별이 어렵고, 수술 5개는 꽃 밖으로 길게 나온다. 수술이 지고 나면 투명한 암술 2개가 꽃 밖으로 길게 나온다.

열매는 분열과로 10~11월에 납작한 타원형 씨앗이 익는다. 씨앗 양 옆에는 넓은 날개가 있으며, 씨앗 윗면에 관다발 3개가 세로로 지나가며 바깥쪽으로 융기선을 만들고, 그 융기선 사이에는 유관(油管)이 1개씩 있다.

당귀(當歸)란 마땅히 돌아오기를 바란다는 의미로, 옛날 중국에서는 전쟁이 잦아 부인들이 전쟁터에 나가는 남편의 품속에 당귀를 넣어 준 것에서 유래했다. 전쟁터에서 기력이 다했을 때 당귀를 먹으면 다시 기력을 회복해 집으로 돌아올 수 있다고 믿었다고 한다. 참당귀는 약재로서 뛰어난 효과를 발휘해 참이란 말이 붙었다. 지역에 따라 당귀, 승검초, 대당귀, 조선당귀, 당귀초, 신감채, 승엄초, 신감초 등 여러 이름으로 부르는 것으로 보아 쓰임새가 매우 다양했던 것으로 보인다.

궁궁이

전국에 분포하며 조금 깊은 산골짜기의 습기 있는 곳에 무리지어 자란다. 높이 0.7~1.5m로 자라며 속은 비어 있고, 줄기는 자주색을 띠며 아래쪽에서 가지가 몇 개 갈라지며 굵어져 원줄기와 구분이 어렵다. 뿌리는 조금 굵은 편이다.

잎은 뿌리에서 나는 잎과 줄기에서 나는 잎이 있다. 뿌리에서 나는 잎과 줄기 밑 부분에서 나는 잎은 2회 홀수깃꼴겹잎으로 잎자루가 길며, 잎줄기를 중심으로 5~7회 마주나고, 아래쪽의 3~4갈래는 다시 4~5회 마주난다. 작은잎은 가장자리에 깊은 결각과 톱니가 있으며 끝이 뾰족하다. 줄기에 나는 잎은 어긋나며, 위쪽에 달리는 잎의 잎자루는 잎집으로 변해 꽃봉오리를 감싸며 올라오므로 둥글게 부풀어 있다.

8~9월에 줄기 끝과 잎겨드랑이에서 자란 꽃대 끝에 자잘한 흰색 꽃이 겹우산꽃차례를 만들며 둥근 사발 모양으로 핀다. 꽃차례는 꽃줄기 20~40개가 다시 작은 꽃자루로 갈라져서 각 20~40송이씩 모여 달리고, 작은 꽃차례 아래쪽에는 뾰족한 포들이 밑으로 처진다. 꽃잎은 없고 작고 흰 꽃받침조각 5개가 꽃잎처럼 보이며, 수술은 5개로 꽃받침조각보다 길어 꽃 밖으로 나온다. 꽃받침 아래에 씨방이 하나 있다.

열매는 분열과로 11월에 익으며, 편평한 타원형으로 양 끝이 오목하고 양 옆에 넓은 날개가 있다. 씨앗 윗면에 관다발 몇 개가 세로로 지나가며 바깥쪽에 융기선을 만들고 그 사이에는 유관이 1개씩 있다.

한자에 궁궁이 궁(芎, 藭)자가 있는 것으로 보아 중국에서는 아주 오래전부터 귀중한 약재로 사용했던 것 같다. 중국이름인 궁궁(芎藭)이 우리나라로 전해오면서 궁궁이로 부르게 된 것 같다. 천궁, 백봉천궁, 심산천궁이라 부르기도 한다.

강활

궁궁이와 같은 지역에 자라며 생김새가 비슷해 구분이 매우 어렵다. 강활은 꽃이 피었을 때 꽃차례가 궁궁이에 비해 편평해 접시 모양이고, 줄기 위쪽에 나는 잎의 깃털 모양으로 갈라질 때 중심축 밑 부분이 관절처럼 몇 번 꺾이는 특징이 있다. 따라서 궁궁이와 강활을 구별할 때 꽃차례의 모양과 잎이 꺾이는 것을 살피면 된다.

구릿대

구릿대는 두해살이 또는 세해살이 풀로 전국에 분포하며, 주로 산간지방의 하천변이나 산속의 습기 많은 계곡 주위와 능선 주변에서 자라는 방향성식물이다. 보통 어른 키 높이 정도로 자라지만 2m까지 높이 자라기도 하며, 줄기 밑 부분의 지름이 8cm나 되는 개체도 발견된다.

줄기는 처음에는 녹색이었다가 차츰 적자색으로 변하며 흰 가루로 덮이고, 전체에 털은 나지 않는다. 뿌리줄기는 매우 굵고 수염뿌리가 많이 내리며, 줄기 속은 비어 있고 수분이 많다. 잎이 붙는 곳은 대나무처럼 마디가 지고, 잎겨드랑이 마다 가지를 치므로 전체적으로 많은 가지가 갈라진다.

잎은 홑수깃꼴겹잎으로 3갈래로 2~3회 마주나기를 반복하며 많이 갈라지고, 작은잎은 타원형 또는 창날 모양으로 끝이 뾰족하고 가장자리에 불규칙한 거친 톱니가 있다. 마주나는 잎 밑 부분은 중심축으로 날개처럼 흐르고, 잎 아랫면은 흰 빛이 돌며 맥 위에 털이 난다. 줄기 아래쪽 잎의 잎자루 절반 정도는 잎집으로 변하며 밑 부분은 줄기를 감싸고, 위쪽 잎의 잎자루는 전체가 잎집으로 변한다.

6~8월에 줄기 끝과 잎겨드랑이에서 자라난 꽃대 끝에 자잘한 흰색 꽃이 겹우산꽃차례를 만들며 핀다. 꽃차례는 꽃줄기 20~40개가 다시 작은 꽃자루로 갈라져서 각 20~40송이씩 모여 달리고, 작은 꽃차례 아래쪽에는 뾰족한 꽃턱잎들이 밑으로 처진다. 꽃잎은 없고 작은 꽃받침조각 5개가 꽃잎처

럼 보이며, 수술은 5개로 길어 꽃 밖으로 나온다. 꽃받침 아래에 씨방이 하나 있다. 열매는 분열과로 편평한 타원형이며 10월에 익는다.

구릿대라는 이름은 줄기의 아랫부분이 구릿빛이 돌고 속이 비어 있으며, 잎이 나는 곳에 대나무처럼 마디가 지고, 키가 크게 자라는 모양이 마치 대나무를 닮아 붙었다. 지역에 따라 구리때, 구릿때, 굼배지라 부르기도 한다.

보통 궁궁이와 구릿대를 잘 구별하지 못하는 경향이 있는데, 궁궁이는 원줄기와 가지의 굵기가 비슷해 줄기에서 갈라지는 가지와 원줄기의 구별이 뚜렷하지 않고 작은잎의 가장자리가 조금 깊게 갈라지는 결각과 톱니가 있는 반면, 구릿대는 원줄기가 굵고 곧게 자라므로 원줄기와 가지의 구분이 뚜렷하며 작은잎의 가장자리에 결각이 없고 불규칙하고 거친 톱니만 있는 점이 다르다.

고본

섬지역을 제외한 전국의 해발 600m 이상 깊은 산기슭에 자라는 방향성식물로 그리 흔하게 발견되지는 않으며, 경상북도와 강원도의 고산지대에 분포도가 높다. 높이 30~80cm로 자라며 줄기는 조금 가늘고, 가지를 여러 개 치며 털은 나지 않는다.

잎은 뿌리에서 나는 잎과 줄기에서 어긋나는 잎이 있다. 뿌리에서 나는 잎과 줄기 아래쪽에 나는 잎은 잎자루가 길고 3회 깃꼴겹잎으로 갈라지며, 갈라진 조각은 코스모스 잎처럼 가늘게 줄 모양으로 갈라진다. 줄기 위쪽에 달리는 잎은 잎자루 전체가 잎집으로 되어 굵어지며 3장으로 갈라지고, 작은잎은 가늘게 여러 갈래로 실처럼 갈라진다.

8~9월에 줄기 위쪽의 잎 사이와 줄기 끝에서 발달한 겹우산꽃차례에 자잘한 흰색 꽃이 모여 달리며, 큰 꽃차례는 10개 정도이고 각 꽃차례에는 꽃자루가 긴 꽃 20~22송이가 모여 달린다. 큰 꽃차례 밑에는 작은 꽃차례의 숫자와 같은 꽃턱잎 조각이 붙으며, 작은 꽃차례의 밑 부분에는 바늘 모양으로 생긴 꽃턱잎조각들이 많이 달린다. 꽃부리는 작고 꽃받침조각 5개는 꽃잎 모양으로 생겼으며 안으로 굽고, 수술은 5개이며 꽃밥은 자주색이다. 열매는 분열과로 10월에 익으며 납작한 타원형으로 능선이 3개 있고 양 옆에 날개가 있다.

고본은 중국에서 건너온 한자 이름으로 밑 부분이 벼가 마른 듯한 모양이어서 마를 '고(槁)' 자에 뿌리 '본(本)' 자를 썼다. 한여름에 잎을 따서 덖은 다음 습기가 차지 않도록 보관했다가 뜨거운 물에 우려 마시면 향기 좋은 차가 되며, 가을에 뿌리를 캐어 물에 깨끗이 씻어 말렸다가 소주에 담가 3개월 쯤 숙성시키면 향이 매우 뛰어난 고본주(槁本酒)가 된다. 고본은 당귀보다 향이 강해 뿌리를 잘게 썰어 향주머니에 넣어 방향제로 사용하기도 한다.

바디나물

전국의 깊은 산골짜기 습기 있는 곳이나 초원지대에 자생한다. 줄기는 곧게 서며 자주색을 띠고 모가 진 세로 줄이 발달하며, 윗부분에서 가지가 몇 개 갈라지고 높이 80~150cm로 자란다. 뿌리줄기는 짧고 뿌리는 굵다.

잎은 어긋나고 3장 또는 홀수깃꼴겹잎으로 3~5갈래로 갈라지며, 갈라진 조각은 다시 깃털 모양으로 3~5갈래 갈라지기도 한다. 작은잎은 밑 부분이 완전히 갈라지기도 하고, 아래로 흘러 날개처럼 변하기도 하는데, 어떤 것들은 날개의 폭이 넓어 아래쪽의 잎과 붙어 깊은 결각처럼 보이기도 한다. 가장자리에 톱니가 있다. 뿌리에서 나는 잎과 줄기 아래쪽에 달리는 잎은 잎자루가 길고, 줄기 윗부분에 달리는 잎은 잎자루 밑 부분이 잎집이 되어 줄기를 감싼다.

꽃은 8~9월에 커다란 겹우산꽃차례를 이루며 짙은 자주색으로 핀다. 작은 우산 모양을 이룬 꽃차례는 10~20개이고, 각각의 꽃차례에는 작은 꽃 20~30송이가 모여 달린다. 작은 꽃차례들은 다른 산형과 식물처럼 모여 달리지 않고 꽃차례들의 간격이 넓어 조금 엉성해 보인다. 꽃받침조각 5개가 꽃잎처럼 보이며 처음에는 안으로 말려 있다가 활짝 피면 펼쳐진다. 수술 5개는 꽃보다 커서 꽃 밖으로 나오며 꽃밥은 자주색을 띤다. 열매는 편평한 타원형 분열과로 10~11월에 익으며 유관이 5~10개 있다.

바디는 예전에 베나 가마니를 짤 때 날줄에 씨줄이 촘촘하게 짜지도록 하는 역할을 하는 직기의 구성품이며 빗살 모양으로 생겼다. 바디나물의 줄기에 난 세로줄이 이 바디의 빗살을 닮아 바디물이라는 이름이 붙었다. 전체적인 생김새가 당귀를 닮았으나 잎의 크기가 작아 개당귀라 부르기도 한다. 간혹 중심축에 붙은 작은잎의 밑 부분이 날개처럼 되어 그 생김새가 까마귀의 발가락 모양을 닮았다 해 까마귀나물이라 부르기도 한다. 그냥 바디라 부르기도 하며, 전호, 독경근, 사향채, 압과근이라 부르기도 한다.

바디나물

동자꽃 흰동자꽃
털동자꽃 제비동자꽃

석 죽 과

모둠 23

동자꽃 · 흰동자꽃 · 털동자꽃 · 제비동자꽃

동자꽃

흰동자꽃

털동자꽃

제비동자꽃

동자꽃

섬지역을 제외한 전국에 널리 분포하며, 깊은 산 습기 있는 낙엽활엽수림 밑의 비옥한 곳이나 초원 지대, 계곡 주위의 풀숲에서 다른 식물과 함께 자란다. 줄기는 뿌리줄기로부터 여러 개가 올라오며 40~100cm 높이로 곧게 자라고, 가지는 치지 않으며 전체에 긴 털이 난다. 잎은 마주나며 잎자루는 없고, 양쪽 끝이 좁아지며 가장자리는 밋밋하다. 잎이 붙는 곳은 볼록하게 마디가 진다.

7~9월에 원줄기 끝이나 위쪽의 잎겨드랑이에서 주황색 꽃이 피며, 비교적 크게 1~2송이씩 핀다. 꽃자루는 짧고 털이 많으며, 꽃받침은 긴 통처럼 생겼고, 끝이 5갈래로 갈라진다. 꽃잎 5장은 밑으로 갈수록 좁아지며 꽃받침통부에서 수평으로 퍼지고, 중간은 접힌 듯 얕게 골이 지며 끝 부분이 둥글거나 'V' 자 모양으로 약간 파인다. 또 불규칙한 톱니가 있고, 가장자리 양 옆에는 긴 톱니가 하나씩 깊게 갈라져 벌어진다. 꽃잎마다 수평으로 퍼지는 꽃부리 부위 안쪽에는 비늘조각 같은 돌기가 2개씩 붙어 둥근 통 모양을 만들고, 그 속에 있는 암술 5개는 짧아 통 밖으로 나오지 않지만 수술 10개는 통부에 바짝 붙어 밖으로 나온다. 보통은 꽃잎이 서로 겹쳐져서 둥글게 보여 하나의 꽃잎처럼 보이나 간혹 꽃잎 사이가 완전히 벌어지며, 꽃색이 더 짙은 개체도 발견된다.

열매는 타원형 삭과로 가을에 익으며 꽃받침통에 싸여 있고, 씨앗이 익으면 열매 끝이 5갈래로 약간씩 갈라져 뒤로 말리며 항아리 모양이 되며, 속에 짙은 갈색 씨앗들이 들어 있다. 삭과의 입구가 좁고 위쪽을 향해 열려 있어 결실기에 비가 오면 삭과 속에 물이 고여 씨앗이 썩기도 한다. 뿌리줄기의 밑 부분에는 방추형으로 살찐 뿌리가 여러 개 붙어 있으며, 수분이 많고 연약해 약한 충격에도 쉽게 부서진다.

흰동자꽃

함백산, 태백산, 대덕산의 정상 부근 숲속에서 아주 드물게 발견되는 동자꽃의 변이종으로 여겨진다. 전체적인 모양과 생태는 동자꽃과 같으며 순백색 꽃이 피는 점이 다르다. 드물게 동자꽃과 흰동자꽃의 교잡종인 분홍동자꽃도 발견된다.

털동자꽃

중·북부 이북의 산지 늪지대 초원에 드물게 자란다. 백두산의 해발 500~1,000m 지역에 많이 분포하나 남한에서는 구룡령과 설악산 부근의 제한된 지역에서 자라는 개체가 간혹 발견되기도 한다.

줄기는 50~70cm 높이로 자라고, 잎, 줄기, 꽃받침 등 온몸에 길고 흰 털이 많이 나 있어 털동자꽃이라는 이름이 붙었다. 잎자루가 없는 달걀형 잎은 마주나고 끝이 뾰족하며, 밑 부분은 넓고 둥글다. 잎이 붙는 곳이 불룩하게 마디가 진다. 동자꽃에 비해 줄기 아래쪽이 가늘고 연약해 자라면서 위쪽의 무게를 지탱하지 못하고 옆으로 누워 자라기도 한다.

7~8월에 원줄기와 원줄기 끝의 잎겨드랑이에서 잎같이 생긴 이삭잎에 싸인 꽃봉오리가 나와 진한 붉은색 꽃이 핀다. 꽃잎 5장은 중간 부분까지 V 자 모양으로 깊이 갈라지며 꽃받침 부위에서 수평으로 퍼지고, 안쪽의 꽃부리 부위에는 꽃잎의 색과 같은 비늘조각 돌출물이 2개씩 붙어 있어 둥근 통 모양을 만든다. 그 안쪽에 암술이 5개 있으며 수술 10개는 통부에 바짝 붙어 밖으로 나온다.

얼핏 보면 동자꽃과 닮았으나 꽃봉오리일 때에는 검붉은색을 띠며 꽃받침의 길이도 짧고, 흰 털이 빽빽하게 나는 점이 다르다. 꽃잎 사이도 동자꽃보다 넓어 서로 떨어지며, 꽃잎도 보다 좁을 뿐만 아니라 깊고 가늘게 갈라지고, 색도 붉은색으로 강렬하게 피므로 확연하게 구분이 된다. 열매도 동자꽃 열매와 같이 생겼고, 씨앗이 맺히면 애벌레들이 파먹어 성한 씨앗을 보기가 매우 어렵다.

제비동자꽃

남한에는 중부지방의 대관령 이북지역(점봉산, 설악산, 대암산 등) 습한 골짜기에 분포하며, 휴전선 부근의 계곡 늪지대와 백두산의 습기가 많은 초원지대에 무리지어 자라는 매우 희귀한 꽃이다. 환경부에서 멸종위기 II급으로 지정·보호하고 있다.

줄기는 50~80cm 높이로 곧게 자라고 가지는 치지 않으며, 몹시 연약해 옆으로 누워 자라기도 한다. 잎은 마주나며, 잎자루는 없고, 창날 모양으로 끝이 뾰족하며 밑 부분은 조금 둥글다. 잎이 붙는 부분에 불룩하게 마디가 진다.

7~8월에 원줄기 끝이 2개로 갈라진 취산꽃차례에 짙은 붉은색 꽃이 모여 달린다. 꽃받침조각은 원통형으로 생겼으며, 털은 없고 끝이 5갈래로 갈라진다. 꽃잎 5장은 역삼각형 창날 모양으로 털동자꽃보다 꽃잎 사이가 넓게 벌어지며 수평으로 퍼지고, V 자 모양으로 깊이 갈라진다. 갈라진 꽃잎의 양 옆에는 긴 결각이 하나씩 갈라져 옆으로 벌어진다. 이렇게 갈라진 꽃잎의 모양이 날렵한 제비의 꼬리를 닮아 제비동자꽃이라는 이름이 붙었다. 꽃잎이 벌어지는 꽃부리 부위에는 꽃잎의 색과 같은 비늘조각의 돌출물이 2개씩 붙어 있어 둥근 통 모양을 만들고, 그 안쪽에 암술이 5개 있으며 수술 10개는 통부에 바짝 붙어 밖으로 나온다. 보통 한그루에서 여러 송이가 동시에 핀다.

제비동자꽃

패랭이꽃　술패랭이꽃
장백패랭이꽃　구름패랭이꽃

석 죽 과

모둠 24

패랭이꽃 · 술패랭이꽃 · 장백패랭이꽃 · 구름패랭이꽃

패랭이꽃

술패랭이꽃

장백패랭이꽃

구름패랭이꽃

패랭이꽃

전국에 분포하며 낮은 지역의 산과 들, 묘지 주위, 물가의 양지바르고 조금 건조한 돌 밭 등에서 다른 식물과 함께 자란다. 뿌리줄기로부터 줄기가 여러 대 올라와 가지를 치며, 높이 50cm로 자란다. 포기 전체는 분을 바른 듯한 흰 빛이 돌고, 대나무 잎을 닮은 잎은 줄기를 감싸며 마주나고, 가장자리는 밋밋하며 잎이 붙는 줄기에는 불룩하게 마디가 진다.

6~8월에 줄기가 나와 여러 갈래로 가지를 치며, 그 끝마다 하늘을 향한 연분홍색 꽃이 1송이씩 핀다. 꽃받침은 원통형이며 끝은 5갈래로 얕게 갈라지고, 밑 부분에는 이삭잎 4-5장이 돌려난다. 꽃잎은 5장으로 밑 부분이 가늘고 길며 꽃받침통부에서 수평으로 퍼지고, 꽃잎 사이는 조금 벌어지며, 그 안쪽에 짙은 붉은색 줄무늬와 긴 털이 난다. 꽃잎 가장자리는 톱니 모양으로 갈라지며, 수술은 10개이고 암술대는 2개다.

묵은 포기에서는 보통 줄기가 몇 개 올라와 포기를 이루며 자라지만, 꽃이 필 무렵에는 땅 쪽으로 비스듬히 누워 자라다가 위쪽에서 바로 서는 경향이 있어 풀숲에서 얼핏 보면 무리지어 자라는 것처럼 보인다.

열매는 길쭉한 통 모양으로 생긴 삭과가 꽃받침에 싸인 채 8-9월에 갈색으로 익으며, 씨앗이 익으면 삭과 끝이 4갈래로 약간 갈라지며 검고 납작한 씨앗들이 흩어진다.

술패랭이꽃

전국의 낮은 지대 풀밭이나 냇가 주위, 저수지 부근의 잔디가 자라는 풀숲에서 다른 식물과 함께 자란다. 높이 30~100cm로 자라고 밑 부분에서 줄기가 몇 개 나와 옆으로 비스듬히 누우면서 가지를 친다.

포기 전체는 분을 바른 듯한 흰색이 돌며 작은 대나무 잎을 닮은 잎 밑 부분이 줄기의 마디를 감싸며 마주나고, 잎이 패랭이꽃보다 크며 양 끝이 좁아지고 가장자리는 밋밋하다.

7~8월에 갈라진 가지 끝마다 연한 홍자색 꽃이 1송이씩 피며, 꽃잎 5장의 가장자리 톱니는 패랭이꽃보다 가늘고 깊게 술처럼 갈라진다. 드물게 흰색 꽃을 피우는 흰술패랭이꽃도 발견된다.

장백패랭이꽃

북부지방의 높은 산 정상 부근 초원지대에 자생한다. 특히 백두산 화산암지대의 척박한 돌밭에서 작은 풀들과 함께 자란다. 전형적인 고산식물로 줄기는 뿌리줄기에서 모여 나서 곧게 서며 위쪽에서 짧은 가지를 친다. 대나무 잎을 닮은 잎이 줄기를 감싸며 마주나고 가장자리는 밋밋하며, 잎이 붙는 줄기에는 불룩하게 마디가 진다.

꽃은 7~8월에 원줄기와 가지 끝에서 1송이씩 피며, 패랭이꽃과 비슷하게 생겼으나 연분홍색으로 보다 연하고, 크기가 2배 가까이 크고 가장자리 톱니가 이빨 모양으로 둔하게 생겼다. 꽃받침 밑에는 꽃턱잎이 4~5개 돌려난다. 꽃 안쪽에는 붉은색 줄무늬가 불규칙하게 나며, 수술은 10개 암술대는 2개다. 열매는 길쭉한 삭과로 꽃받침에 싸여 있으며, 씨앗이 익으면 끝이 4갈래로 벌어지며 검고 납작한 씨앗들이 나온다.

구름패랭이꽃

북부지방의 높은 산지에 자생한다. 남한에서는 양구의 대암산 보호구역에서 무리를 이루며 자라는 것이 발견되어 학계에 보고된 바 있다. 포기는 뿌리줄기로부터 모여 나며, 높이 30cm로 자라고 가지를 여러 개 친다. 작은 대나무 잎을 닮은 잎이 줄기를 감싸며 마주나고 가장자리는 밋밋하며, 잎이 붙는 줄기에는 불룩하게 마디가 진다.

꽃은 7~8월에 원줄기와 짧게 갈라진 여러 갈래의 가지 끝에서 1송이씩 핀다. 꽃받침은 긴 원통형이며 끝은 5갈래로 얕게 갈라지고, 밑 부분에는 끝이 뾰족한 짧은 이삭잎 4~5장이 돌려난다. 꽃잎은 5장으로 안쪽은 연한 녹

색을 띠며 긴 갈색 털이 나고, 가장자리의 톱니는 실오라기 같은 모양으로 깊고 가늘게 갈라진다. 언뜻 보면 술패랭이꽃을 닮았으나 포기 자체가 작고 꽃이 더 크며 많이 달리고, 꽃잎 가장자리가 더 깊고 가늘게 찢어지며, 꽃 색도 더 짙고 안쪽의 무늬 모양도 다르다.

꽃이 진 뒤 원추형 삭과가 꽃받침에 싸여 있으며, 씨앗이 익으면 끝이 4갈래로 약간 벌어진다. 속에 검고 둥글납작한 씨앗이 많이 들어 있다.

TIP

패랭이꽃 종류들은 꽃이 피고 열매를 맺고 나면 포기는 말라죽고, 뿌리줄기에서 어린 포기가 여러 개 자라나며 겨울을 보낸다. 패랭이는 조선시대에 장터를 돌아다니며 장사하던 장돌뱅이, 신분이 낮은 천민, 상주 등이 더위를 피하기 위해 머리에 쓰던 대나무 껍질로 만든 모자다. 꽃이 이 패랭이를 뒤집어 놓은 모양 같아 패랭이꽃이라는 이름이 붙었다. 패랭이꽃은 주로 돌이 많은 메마른 땅에서 자라고 줄기의 형태가 대나무 모양을 닮아 석죽화(石竹花)라고도 부른다.

구름패랭이꽃

피나물

매미꽃

양귀비과

모둠 25

피나물 · 매미꽃

피나물

매미꽃

피나물

중부 이북지역에 분포하며, 계곡 주변 낙엽수림 밑의 습기 있고 부식질이 풍부한 북향 그늘 비탈에서 무리지어 자라는 유독성식물이다. 뿌리줄기는 굵고 짧으며 옆으로 자라고, 수염뿌리를 많이 뻗는다. 땅속에는 덩이줄기 여러 개가 뭉쳐서 달리며, 줄기를 꺾으면 붉은 기가 도는 노란색 액체가 나온다.

뿌리줄기로부터 긴 잎자루가 있는 잎들이 뭉쳐서 나오며, 잎은 작은잎 5개로 구성된 홀수깃꼴겹잎이며, 작은잎에는 작은잎자루가 있으며 가장자리에 불규칙한 톱니가 있다. 줄기에 나는 잎은 어긋나며 작은잎 5개로 구성되어 있다.

뿌리에서 올라오는 잎 한가운데에서 꽃대가 자라나오며, 4~5월에 줄기 끝 부분의 잎겨드랑이에서 꽃자루가 긴 꽃 1~3송이가 윤기 나는 밝은 노란색으로 핀다. 꽃잎은 4장이고, 꽃받침조각은 2장이며 일찍 떨어진다. 노란색 수술이 많고 한가운데 암술이 하나 있다. 자라는 지역의 고도에 따라 꽃의 색깔이 차이가 나며, 지대가 높아 일교차가 큰 곳일수록 꽃 색깔이 짙게 핀다.

열매는 7월에 길쭉한 삭과로 맺으며, 익으면 두 쪽으로 갈라지며 많은 씨앗이 흩어진다. 씨앗에는 엘라이오솜이 붙어 있어 개미가 이 영양물질을 이용하기 위해 물어 이동시키기도 한다.

예전에는 피나물과 매미꽃의 어린순을 채취해 나물로 먹었는데, 독성이 있어 약한 소금물에 삶아 며칠간 물에 담가 충분히 우려낸 뒤 말렸다가 묵나물로 이용했다. 독성이 있으므로 먹지 않는 것이 좋다.

매미꽃

지리산이나 백운산 등 남부지역과 한라산의 계곡 주변 낙엽수림 밑에 자라는 희귀식물로 한국특산식물이다. 산림청에서 희귀 및 멸종위기 식물로 지정·보호하고 있다. 피나물은 땅속에 덩이줄기가 여러 개 뭉쳐 있지만 매미꽃은 덩이줄기가 하나만 있는 점이 다르다.

뿌리로부터 뭉쳐서 올라오는 잎은 작은잎 3~7개로 구성된 홀수깃꼴겹잎으로 잎 가장자리에 피나물보다 깊고 날카로운 톱니가 있고, 줄기를 자르면 붉은색 유액이 나온다. 이 액체 색깔로 보아 피나물과 이름이 뒤바뀐 듯한 생각이 들기도 하며, 이 때문에 많은 사람들이 피나물로 혼동하기도 한다.

4~6월에 뿌리줄기에서 올라오는 잎 한가운데에서 잎이 없는 꽃대가 나와 위쪽에서 가지를 여러 개 치며 끝에 꽃자루가 긴 노란색 꽃이 모여 달린다. 피나물에 비해 꽃은 작지만 생김새는 비슷하며 4월부터 피기 시작해 9월까지 이어지기도 한다.

열매는 삭과로 긴 부리가 있으며 염주 같이 잘록하고, 씨앗은 둥글며 노란색을 띤 갈색으로 겉에 돌기가 있다. 익으면 삭과가 벌어지면서 씨앗이 튕겨나간다.

피나물

운 향 과

헷갈리지 않아요

/

백선

전국에 분포하며 해발 500m 이내의 낮은 야산 양지바른 곳의 잡목림이나 숲 가장자리에 자라는 방향성식물이다. 씨앗이 발아한 첫해에는 줄기 끝에 작은잎만 3~4개 돌려나지만, 다 자란 포기의 줄기는 나뭇가지처럼 단단해지며, 90cm 정도까지 곧게 자라기도 한다. 단단하고 굵은 뿌리와 잔뿌리들을 여러 개 뻗는다.

  꽃대 아래쪽에 잎 2~5장이 어긋나며, 작은잎으로 구성된 홀수깃꼴겹잎(보통 3~4쌍이 마주나고 끝에 하나의 잎이 달림)이고 작은잎이 달리는 한가운데 축에 좁은 날개가 있다. 홀수깃꼴겹잎 아래쪽에는 달걀형 잎이 2~3장이 어긋나며 꽃대가 자라나면서 떨어진다. 잎 가장자리에는 작은 톱니와 반투명한 점이 있다.

  꽃은 5~6월에 원줄기에 이루어진 총상꽃차례에 조금 엉성하게 달린다. 긴 꽃자루가 있으며 연붉은 꽃잎 5장에는 붉은 줄무늬가 여러 개 있고, 밑에서부터 차례로 피어 올라간다. 수술은 10개이며 밑으로 처지고 꽃 밖으로 길게 나오며, 끝이 갈고리처럼 위쪽으로 굽는다. 암술은 1개로 수술보다 짧고 붉은색을 띠며 씨방은 5개다. 꽃대와 꽃자루, 꽃잎 아랫면 돌출부, 수술의 꽃밥 아랫부분에 붉은색 작은 선모들이 나 있어 건드리면 강한 냄새를 풍긴다. 개체가 많은 곳에 꽃이 피면 강한 냄새로 인해 신경이 예민한 사람은 재채기와 두통을 일으키기도 한다.

  열매는 삭과 5개로 되어 있으며 잔털이 많고, 익으면 삭과가 벌어지면서 검고 둥글며 윤기 나는 씨앗이 튕겨져 나간다. 열매 껍질에서도 강한 냄새를 풍긴다.

장 미 과

모둠 26

양지꽃 · 세잎양지꽃 · 돌양지꽃
물양지꽃 · 딱지꽃 · 가락지나물

양지꽃

세잎양지꽃

돌양지꽃

물양지꽃

딱지꽃

가락지나물

양지꽃

전국에 분포하며, 양지바른 곳이면 들이나 산 어느 곳이든 자란다. 특히 메마르고 척박한 산기슭의 숲 가장자리에서 흔하게 발견된다. 줄기(잎자루와 꽃대 포함)는 붉은색을 띠며 옆으로 기면서 방석 모양으로 퍼지고, 비스듬히 자라며, 잎과 줄기에는 흰 털이 난다.

뿌리에서 나는 잎은 홀수깃꼴겹잎으로 긴 잎줄기가 있으며, 작은잎은 5~9개로 구성되며 끝에 달린 3개는 크기가 비슷하며 크고, 아래쪽에 붙은 잎들은 마주나며 밑으로 내려갈수록 급격하게 작아진다. 줄기에 나는 잎은 어긋나며 긴 잎자루 끝에 작은잎 3장이 모여 달린다. 작은잎은 잎맥이 뚜렷하고 가장자리에는 거친 톱니가 선명하다. 잎자루 밑에 붙는 턱잎은 타원형이고 가장자리는 밋밋하다.

꽃대는 줄기 끝과 잎 사이에서 나와 여러 갈래로 작은 가지를 치며 꽃봉오리 10여 개를 형성하고, 3월 말부터 긴 꽃자루 끝에 짙은 노란색 꽃이 1송이씩 핀다. 많은 꽃이 피고 지기를 반복한다. 포기가 자라면서 꽃대들도 계속 자라나며 꽃을 피우기 때문에 꽃은 한여름까지 이어지므로 꽃 피는 기간이 상당히 길다. 수술과 암술은 샛노랗고 많이 달리며, 꽃잎 5장은 복판이 오목하게 파였으며, 밑부분이 갑자기 좁아지면서 꽃잎자루처럼 변해 꽃턱에 붙는다. 꽃받침조각이 꽃잎과 교차로 배열되어 위에서 보면 별 모양으로 뚜렷하게 나타난다. 꽃받침 밑에는 창날 모양으로 생긴 덧꽃받침이 붙고, 주위에 흰 털이 촘촘하게 난다. 열매는 작은 딸기 모양 수과로 익는다.

세잎양지꽃

전국에 분포하며 햇볕이 잘 드는 양지바른 산기슭에서 양지꽃과 함께 자라기도 한다. 뿌리줄기는 굵고 짧다. 꽃이 진 다음 옆으로 뻗는 줄기가 자란다.

뿌리에서 나는 잎은 잎자루가 길고 작은잎 3개로 구성되며, 줄기에 나는 잎은 크기도 작고 잎자루도 짧다. 작은잎은 끝이 둥글거나 둔하며 가장자리에는 둔한 톱니가 있다. 잎 표면에는 털이 없으나 아랫면 잎맥에는 자주색을 띠는 털이 있다. 3장 중 가운데의 잎이 양쪽 잎보다 조금 크다. 꽃은 4~5월에 피며 생김새는 양지꽃과 같다.

세잎양지꽃은 양지꽃과 생김새나 특성이 비슷하지만 작은잎이 3장씩 달리는 것이 특징이고, 줄기와 잎자루, 꽃대 등이 양지꽃은 붉은색을 띠지만 세잎양지꽃은 연한 녹색을 띠는 점이 다르다.

돌양지꽃

전라도와 중부 이북지역에 분포하며, 해발 500m 이상 높은 산지의 햇볕이 잘 들고 건조한 바위틈이나 배수가 잘되는 척박한 사질토양에 주로 자란다. 줄기는 가늘고 길며 곧게 서고, 누운 털이 있다. 뿌리줄기는 굵게 자라며 딱딱하게 굳어지며, 특히 바위틈에서 자라는 개체는 굵고 울퉁불퉁하며 나무뿌리처럼 생겼다.

잎은 보통 긴 잎자루 끝에 작은잎 3장이 바짝 붙어 달리며 뿌리줄기에서 뭉쳐나고, 줄기에는 5개로 이루어진 깃꼴잎이 1~2쌍 붙기도 한다. 이 경우 아래쪽 잎은 작다. 작은잎은 잎맥이 뚜렷하며, 윗면은 윤기가 나고, 아랫면은 흰 빛이 돌며 가장자리에 굵고 거친 톱니가 있다.

7~8월에 줄기 끝과 잎겨드랑이 사이에서 꽃대가 나와 취산꽃차례를 이루며 노란색 꽃이 조금 엉성하게 핀다. 꽃잎 밑 부분에는 연붉은색 물감이 번진 듯한 허니가이드가 있으며, 수정이 이루지고 나면 엷어지면서 사라진다.

열매는 수과로 꽃받침 속에 들어 있으며 씨앗은 솜 같은 흰 털로 덮여 있다. 씨앗은 연한 갈색이며 주름이 졌고 털은 없다. 꽃이 지고 나면 잎은 더욱 반질반질하게 윤기가 돌며 싱싱해 지는 것이 특징이다. 주로 바위틈에서 자라 돌양지꽃이라는 이름이 붙었으며, 바위양지꽃이라 부르기도 한다.

물양지꽃

깊은 산속 계곡 주위와 높은 산 능선의 햇볕이 들고 습기 있는 지역에서 다른 식물과 어울려 자란다. 줄기에는 털이 있고 덩굴 같은 줄기를 뻗는다. 이 줄기는 주위에 식물이 있으면 비스듬히 위로 자라지만 식물이 없으며 땅을 기며 자란다.

잎은 3장이 달리며 뿌리에서 나는 잎은 잎자루가 길며 꽃이 필 때 말라 없어지고, 줄기에 달리는 잎은 어긋나며 아래쪽 잎자루가 길지만 위쪽으로 갈수록 짧아진다. 잎자루 밑 부분에 붙는 턱잎 2개는 길이의 절반 이상이 잎자루에 붙는다. 작은잎 3장은 잎자루 끝에 모여 달리고, 양 끝이 좁아지며 가장자리에 이빨 모양 톱니가 있다.

7~8월에 위쪽의 잎겨드랑이와 줄기 끝에서 자라나는 꽃대는 가지를 치며 취산꽃차례를 이루고,

양지꽃을 닮은 노란색 꽃이 엉성하게 달린다. 꽃잎 밑 부분에는 맥을 따라 붉은색 허니가이드가 있으며, 수술은 20개이고 꽃밥은 붉은색을 띠며 암술은 많다. 꽃받침은 꽃잎 길이와 같고, 덧꽃받침은 수평으로 퍼진다.

열매는 수과로 꽃받침 속에 들어 있다. 씨앗은 연한 갈색이며 주름이 졌고 털은 없다. 주로 계곡 주위의 물기가 있는 곳에서 자라 물양지꽃이라는 이름이 붙었다.

딱지꽃

전국에 분포하며, 들이나 바닷가의 조금 메마른 풀밭에서 다른 식물과 함께 자란다. 뿌리줄기로부터 붉은색을 띤 줄기가 여러 개 올라온다. 줄기는 땅을 기기도하고 위로 서기도 한다.

잎은 뿌리와 줄기에서 나며, 뿌리에서 나는 잎은 붉은색 잎자루가 있는 홀수깃꼴겹잎으로 여러 장이 뭉쳐나고, 줄기에 나는 잎은 잎자루 없이 어긋나며 아랫면에 흰 빛이 돌고 흰 솜털이 빽빽하게 난다. 작은잎들은 중심축을 중심으로 마주나고 가장자리 양쪽에는 깊이 파인 톱니가 있어 톱날 같아 보인다. 턱잎은 깃꼴로 갈라진다.

6~7월에 잎겨드랑이와 줄기 끝에서 자라난 꽃대는 여러 갈래로 짧은 가지를 치며 산방꽃차례 형태의 취산꽃차례를 이루며 양지꽃을 닮은 노란색 꽃이 많이 핀다. 열매는 수과로 꽃받침 속에 들어 있으며, 씨앗은 세로로 주름이 지고, 아랫면에 능선이 있다.

딱지꽃은 줄기가 위로 서기도 하지만 대부분은 땅을 기며 자란다. 그래서 땅에 붙은 듯 꽃이 피는 모양이 딱지처럼 바짝 붙는다고 딱지꽃이라는 이름이 붙었다.

가락지나물

전국에 분포하며, 집 근처 텃밭 주위의 둑이나 길 옆의 습한 곳에서 무리지어 자란다. 줄기는 뿌리줄기에서 여러 개가 나와 비스듬히 누워서 땅을 기며 옆으로 퍼지고, 윗부분은 곧게 선다.

뿌리에서 나는 잎은 긴 잎자루에 작은잎 5장이 달린 손바닥 모양의 겹잎이고, 줄기에 붙은 잎은 작은잎이 3장씩 달리며 위쪽으로 갈수록 잎자루가 짧아진다. 작은잎 가장자리에는 이빨 모양 톱니가 있다.

5~7월에 줄기와 가지 끝에 발달한 취산꽃차례가 위쪽으로 서면서 양지꽃을 닮은 노란색 꽃이 핀다. 예전에 여자 아이들이 소꿉장난을 할 때 이 꽃으로 가락지를 만들며 놀아 가락지라는 이름이 붙었으며, 잎의 생김새가 농기구인 쇠스랑을 닮아 쇠스랑개비라 부르기도 한다.

눈개승마

한라개승마

장미과

모둠 27

눈개승마 · 한라개승마

눈개승마

한라개승마

눈개승마

울릉도와 백두대간의 해발 500m 이상 높은 산의 숲 가장자리나 초원지대에 무리를 이루며 자란다. 부엽이 두껍게 쌓여 비옥하고 습기가 충분하게 유지되는 곳의 반그늘 진 장소에서 서식밀도가 높다. 뿌리줄기는 목질화되어 굵어지며 밑 부분에는 비늘이 몇 개 있다.

잎은 잎줄기가 3개씩 2회 갈라지며 나거나 홀수깃꼴겹잎으로 2~3회 마주나고, 아래쪽 갈래조각은 다시 3~5장씩 갈라진다. 작은잎은 얇은 종이처럼 투명하고, 끝은 뾰족하며 밑 부분은 뭉툭하고 가장자리에 거친 겹톱니가 있다. 잎 윗면은 윤기가 돌고, 양면에는 털이 없거나 잔털이 나기도 한다.

암수딴그루로 5월에 줄기 끝에서 꽃대가 나와 원추꽃차례를 이루고 자잘한 황백색 꽃이 5월 말에서 6월에 꽃차례에 눈이 쌓인 듯 소복하게 피어난다. 꽃받침은 끝이 5갈래로 갈라지고, 꽃잎은 5장으로 주걱형이다. 수꽃에는 수술이 20개 있으며 꽃잎보다 길어 꽃 밖으로 나오고, 암꽃에는 씨방이 3개 있으며 암술대는 짧고, 꽃차례에는 짧은 털이 난다. 열매는 타원형 골돌과로 9월 말에서 10월 중순에 진한 갈색으로 익으며 아래로 늘어지고, 표면에 윤기가 난다. 속에 씨앗이 5~7개 들어 있다.

눈개승마 잎은 승마의 잎과 닮았지만 미나리아재비과의 승마속과는 관계가 없는 식물이므로 눈개승마라는 이름이 붙었다. 울릉도에서는 어릴 때의 잎 모양이 산삼을 닮았다 해 삼나물이라 부르고, 깊은 산속에서 자라므로 눈산승마라 부르기도 한다. 강원도 산촌에서는 봄에 뾰쭉 내민 새싹을 노인들도 쉽게 뜯을 수 있다 해 뻐쭉바리라고 부른다.

한라개승마

한국특산식물로 한라산의 해발 700m 이상 계곡 주위 바위틈에서 자라며, 산림청에서 희귀 및 멸종위기 식물로 지정·보호하고 있다.

잎은 어긋나며 잎자루가 길고, 홀수깃꼴겹잎으로 2~3회 나며, 아래쪽 갈래조각은 다시 같은 모양으로 2~3회 갈라지기도 한다. 작은잎은 마지막 조각이 가장 크며, 끝은 꼬리처럼 길게 뾰족하고 가장자리에는 깊은 결각과 함께 톱니가 있다.

7월 중순에 꽃대가 나와 위쪽에서 가지를 치며 8월에 노란색을 띤 흰색 꽃이 겹총상꽃차례를 이루며 밑에서부터 피어 올라간다. 꽃잎은 꽃받침과 붙었으나 조금 더 길고, 수술은 꽃잎보다 길어 꽃 밖으로 나온다. 꽃자루는 꽃이 필 때에는 곧게 서지만, 열매가 달리면 밑으로 처진다. 열매는 골돌과로 10월에 익으며, 털은 없으나 윤기가 나고, 각 씨방에는 씨앗이 2개 들어 있다.

산오이풀

가는오이풀

장미과

모둠 28

산오이풀 · 가는오이풀

산오이풀

가는오이풀

산오이풀

백두대간의 끝자락인 영남의 가지산과 신불산을 비롯해 백두대간을 따라 높은 산 정상 부근의 바위가 많고 척박한 지역에서 자란다. 남쪽에는 지리산 주위의 높은 산 정상 부근에도 자란다. 지역에 따라 작은잎의 생김새가 달걀형, 타원형, 원형 등 변이가 심하고 가장자리에 규칙적인 톱니가 있다.

꽃은 7~8월에 피며, 가지와 줄기 끝에 긴 이삭꽃차례를 이루며 위에서부터 피어 내려가는 유한꽃차례로, 꽃송이의 무게로 인해 꽃차례가 밑으로 숙여진다. 꽃은 홍자색으로 피며 수술은 길게 꽃 밖으로 나오고, 꽃줄기에는 짧은 털이 촘촘하게 나며 꽃이 지고 나면 꽃차례가 황갈색으로 변한다. 열매는 수과로 맺으며 씨앗은 둥글고 꽃받침 속에 들어 있는데, 씨앗을 잘 맺지 않는 편이다.

잎을 뜯어 냄새를 맡아보면 상큼한 오이나 수박 냄새가 물씬 풍겨 오이풀이라는 이름이 붙었으며, 높은 산 정상 부근의 바위틈에서 주로 자생하므로 산오이풀이라는 이름이 붙었다.

가는오이풀

주로 중·북부지방의 높은 산 습지 주위에 자라지만 약간 낮은 지대의 습지 주위에서도 발견된다. 남한에는 양구의 대암산 정상 부근의 습지에 군락이 있다. 뿌리줄기에서 올라오는 잎 사이에서 긴 줄기가 올라오며 가지를 치고, 뿌리는 갈라져 옆으로 퍼진다.

꽃이삭은 원줄기와 가느다란 가지 끝에 달리며 위로 곧게 서거나 밑으로 숙여지기도 한다. 7~8월에 흰 꽃이 위에서부터 차례로 피어 내려오는 유한꽃차례다. 꽃잎은 없고 꽃받침조각과 수술은 4개씩이며, 수술은 꽃받침보다 길고 꽃밥은 검은색이다. 꽃차례가 조금 연약해 보이고 꽃이 피면 검은색 꽃밥이 뚜렷하게 보인다.

다른 오이풀에 비해 줄기와 잎이 유난히 가늘고 길어 가는오이풀이라는 이름이 붙었으며, 흰가는오이풀이라 부르기도 한다. 가는오이풀과 생김새가 비슷하나 꽃의 색깔이 자주색으로 피는 좋은 자주가는오이풀로 구분한다.

터리풀

단풍터리풀

장 미 과

모둠 29

터리풀 · 단풍터리풀

터리풀

단풍터리풀

터리풀

경상남도에서부터 경상북도를 걸쳐 강원도를 지나는 백두대간의 높은 산 주능선 초원지대에 무리지어 자라는 한국특산식물이며, 지리산과 경기도 지역에도 자생한다. 능선의 낙엽수림 밑에서 자라기도 하지만 대부분 초원지대에 무리를 이루며 봄꽃이 지고 여름 꽃이 시작되는 시점에 핀다. 줄기는 곧게 자라며 가늘고 위쪽에서 가지를 치며 전체에 털은 나지 않는다. 뿌리줄기는 나무처럼 딱딱하고 짧은 뿌리는 사방으로 퍼진다.

잎은 뿌리와 줄기에서 나며, 뿌리에서 나는 잎은 잎자루가 길고 단풍잎 모양으로 보통 5갈래(3~7갈래로 갈라지기도 함)로 갈라지며, 갈래조각의 끝은 뾰족하며 가장자리에 불규칙한 톱니가 있다. 긴 잎자루에는 크고 작은 깃 모양의 작은잎이 6쌍 늘어서는데, 어떤 것은 아주 작아 흔적만 남아 있기도 하고, 아예 달리지 않는 것도 있다. 줄기에 달리는 잎은 어긋나고 뿌리에서 난 잎에 비해 잎자루가 조금 짧으며 작은잎이 몇 쌍 달리기도 한다. 턱잎은 창날 모양으로 긴 타원형이다.

꽃은 6~7월에 흰색으로 피며, 줄기 위쪽에서 몇 가닥으로 가지가 갈라져서 그 끝에 작은 꽃줄기 여러 개가 방사상으로 퍼지기를 2~3회 반복하며 전체적으로 취산상 산방꽃차례를 이루고 작은 꽃이 많이 핀다. 꽃받침조각은 끝이 뭉툭하고, 꽃잎은 4~5(보통 4개)개다. 수술은 많고 길어 꽃 밖으로 길게 나오며, 수술대는 실 같고 꽃밥은 붉다. 암술은 보통 5개로 서로 떨어진다.

열매는 달걀형 삭과로 9~10월에 익고 가장자리에 털이 나며, 열매 속에는 작은 씨앗들이 여러 개 들어 있다. 꽃이 활짝 핀 꽃차례의 모양이 먼지 털이를 닮아 터리풀이라는 이름이 붙었으며, 털이풀이라 부르기도 한다.

단풍터리풀

북방계식물로 강원도 태백산 이북지역의 깊은 숲속 습지 주위나 계곡 주변에 드물게 자생한다. 터리풀에 비해 줄기도 굵고 높게 자라며, 잎도 크고 단풍잎처럼 보통 7갈래(9갈래로 갈라지기도 함)로 보다 깊게 갈라진다. 갈래조각은 끝이 뾰족하고 가장자리에는 깊이 파인 불규칙한 톱니가 있으며, 잎 아랫면 맥 위에 흰 잔털이 촘촘하게 나 희게 보이는 것이 다르다. 긴 잎자루에는 크고 작은 깃 모양의 작은잎이 6쌍 늘어서며, 잎 바로 밑에 달리는 깃잎은 다른 깃잎에 비해 유난히 커서 터리풀과 구분할 수 있다. 꽃이 피는 시기와 생김새는 터리풀과 유사하나 분홍빛이 도는 흰색으로 핀다.

제 비 꽃 과

모둠 30

제비꽃 · 호제비꽃 · 고깔제비꽃 · 남산제비꽃 · 태백제비꽃
알록제비꽃 · 노랑제비꽃 · 금강제비꽃 · 졸방제비꽃 · 왕제비꽃

노랑제비꽃 금강제비꽃

졸방제비꽃 왕제비꽃

제비꽃

호제비꽃

고깔제비꽃

남산제비꽃

태백제비꽃

알록제비꽃

노랑제비꽃

금강제비꽃

졸방제비꽃

왕제비꽃

제비꽃

전국에 분포하며, 햇볕이 잘 드는 들판이나 나지막한 언덕의 잔디가 있는 풀밭, 묘지 주위, 도로변, 인가 주위에서부터 깊은 산속에 이르기까지 널리 퍼져 자란다.

원줄기 없이 뿌리줄기로부터 짤막한 잎줄기가 있는 길쭉한 주걱형 잎들이 나와 옆으로 비스듬히 자라며, 잎 끝은 조금 둥글고 가장자리에는 둔한 톱니가 있다. 꽃이 지고 나면 잎은 더 크게 자라면서 넓은 삼각형으로 변하며, 밑부분이 잎자루로 흐르는 날개가 발달한다.

4~5월에 잎 사이에서 크고 작은 꽃줄기들이 나와 끝에 짙은 보라색 꽃이 1송이씩 옆을 향해 핀다. 꽃줄기에 털은 나지 않으며 다른 제비꽃 종류처럼 아래쪽에 작은 꽃턱잎이 마주난다. 꽃은 홑꽃이며 꽃잎 5장으로 이루어지고, 위쪽에 2장, 중간에 2장이 좌우대칭으로 배열된다. 아래쪽에 있는 꽃잎 1장은 뒷부분이 돌출되어 꿀주머니를 이루고, 안쪽에는 꿀샘으로 안내하는 짙은 자주색 허니가이드가 있으며, 측판 안쪽 부위에 털이 난다. 수술은 5개이고, 암술은 1개다. 꽃받침조각은 5개로 각각 떨어지며, 열매가 익을 때까지 달려 있다.

열매는 달걀형 삭과로 6월에 씨앗이 익으면 3쪽으로 벌어지며, 각 쪽마다 둥근 갈색 씨앗들이 나란히 배열되어 있다. 이렇게 벌어진 삭과 조각은 햇빛에 껍질이 마르면서 뒤틀리며, 이때 뒤틀리는 힘에 의해 씨앗들이 튕겨져 나간다. 씨앗 머리에는 엘라이오솜이 있어 개미가 이 영양물질을 이용하기 위해 물어가기도 한다.

여름부터 가을에 걸쳐 꽃이 피지 않는 폐쇄화 상태에서 수분과 수정이 이루어져 계속 열매를 맺으며, 이것은 제비꽃 종류들이 갖는 특징 중 하나다.

제비꽃은 꽃의 자태가 제비가 날듯 날렵하고, 제비가 돌아오는 시기에 핀다고 해 붙여진 이름이다. 이 밖에도 조선시대에는 겨울이 지나고 제비꽃이 피어날 즈음에 식량이 떨어진 북쪽의 오랑캐들이 국경 마을을 자주 침범해 오랑캐꽃으로 불렸고, 꽃 모양이 씨름할 때의 모양 같다고 해 씨름꽃 또는 장수꽃으로 불렸으며, 이른 봄 알에서 갓 부화한 병아리처럼 귀여워 병아리꽃, 잎이 하나씩 나오고 어린잎은 나물로 먹을 수 있다고 외나물, 키가 나지막해 앉은뱅이꽃이라 부르기도 하며, 반지꽃, 여의초, 전두초, 자화지정, 근근채 등 다양한 이름으로 부른다.

호제비꽃

전국적으로 분포하지만 중부 이남지역에 분포도가 높다. 주로 양지바른 들판의 풀밭이나 밭 근처 잔디밭 주위에서 제비꽃보다 더 흔하게 발견된다. 생김새가 제비꽃과 비슷해 자세히 살펴보지 않으면 구별하기가 조금 어렵다.

제비꽃과 다른 점은 포기 전체에 짧은 솜털이 촘촘하게 나고, 잎자루에 날개가 없으며 측판의 안쪽 부위에 털이 나지 않는 점이 다르다. 잎의 밑 부분 잎자루에 날개가 없다는 의미에서 턱 밑살 '호

호제비꽃

호제비꽃

(胡)' 자를 붙였다. 들제비꽃 또는 들오랑캐꽃이라 부르기도 한다.

고깔제비꽃

전국에 분포하며, 산지의 햇볕이 적당히 드는 낙엽수림 밑이나 숲 가장자리에 자란다. 잎은 끝 부분이 갑자기 뾰족해 지며 뿌리줄기에서 3~5장이 비스듬히 모여 난다. 잎 가장자리에 톱니가 있으며, 아랫면에 짧은 털이 많다.

4~5월에 뿌리줄기로부터 잎보다 먼저 꽃줄기가 나와 끝에 연한 자주색 꽃이 1송이씩 피며, 꽃잎은 좌우대칭으로 위쪽 꽃잎이 가장 크다. 밑 부분 꽃잎 안쪽에는 자주색 허니가이드가 있으며 뒷부분은 짧은 꿀주머니로 변하고, 양 측판의 안쪽 부위에는 털이 약간 난다. 꽃받침조각은 5장이고 긴 타원형이며 끝은 뭉툭하다.

꽃이 필 무렵 뿌리줄기에서 잎들이 자라나는데, 잎의 밑 부분이 안으로 말려서 고깔 모양이 되어 고깔제비꽃이라는 이름이 붙었다.

남산제비꽃

전국에 분포하며, 주로 산지의 낙엽수림 밑 부식질이 풍부하고 습기 있는 곳에서 자란다. 잎은 뿌리줄기에서 여러 장이 모여 나고, 3갈래로 잎맥까지 깊게 갈라지며, 아래의 양쪽 갈래는 다시 2갈래로 깊게 갈라져 얼핏 보면 5갈래로 보인다. 각 조각들은 다시 깊이 결각이 지거나 깃털 모양으로 갈라지며, 마지막 갈래조각들은 모양이 일정하지 않다.

4~5월에 잎 사이에서 가느다란 꽃줄기가 여러 대 올라와 그 끝에 조금 큰 흰색 또는 연보라색 꽃이 1송이씩 달린다. 꽃잎 안쪽 수술 주위에는 노란색 무늬와 함께 측판 부위에 흰 털이 난다. 아래쪽 꽃잎 안쪽에는 진한 자주색 허니가이드가 여러 개 있으며, 뒷부분이 짧은 원통형 꿀주머니로 변한다. 꽃받침조각 5개가 돌려나고, 밑 부분에는 톱니가 몇 개 있다. 꽃에서는 좋은 향기가 나며, 꽃이 지고 나면 잎은 더 크게 자라난다.

서울의 남산에서 처음 채집되어 남산제비꽃이라는 이름이 붙었지만 전국적으로 분포한다. 비슷한 종으로 단풍제비꽃이 있는데, 남산제비꽃처럼 잎이 깊고 잘게 찢어지지 않으며 가장자리가 단풍나무 잎처럼 얕게 갈라지는 점이 다르다. 태백제비꽃과 남산제비꽃의 교잡종으로 보는 견해가 많다.

태백제비꽃

전국적으로 분포하나 중부 이북지역에 분포도가 높으며, 산지의 낙엽수림 밑에서 다른 식물과 함

고깔제비꽃

께 자란다. 산림청에서 희귀 및 멸종위기 식물로 지정·보호하고 있다.

 잎은 꽃이 진 다음 크게 자라며, 끝이 길게 뾰족해진다. 4~5월에 잎 사이에서 자라난 꽃줄기 끝에 흰색 꽃이 1송이씩 달린다. 꽃의 안쪽 암술 부위에는 연녹색 또는 노란색 무늬가 있고, 밑 부분의 꽃잎 안쪽에는 자주색 허니가이드가 여러 개 있으며, 뒷부분은 뭉툭한 원기둥 모양의 조금 긴 꿀주머니로 되어 있다. 중간 꽃잎의 안쪽 측판에는 털이 많이 난다.

 한여름이 지나면 지면 가까이에 콩나물머리 모양으로 생긴 꽃봉오리를 볼 수 있으며, 이것은 폐쇄화로 꽃이 피지 않고 자가수정해 씨앗을 맺는 기관이다. 태백산에서 처음 채집되어 태백제비꽃이라는 이름이 붙었지만 백두대간을 따라 널리 자생한다.

알록제비꽃

전국에 분포하며, 조금 깊은 산속의 햇볕이 적당히 들고, 풀이 우거지지 않은 낙엽수 밑 비탈에 자란다. 원줄기가 없고 뿌리줄기로부터 잎줄기가 올라온다. 잎 양면에 털이 약간 있으며 가장자리에는 둔한 이빨 모양 톱니가 있고, 잎맥을 따라 흰색 또는 노란색 굵은 무늬가 뚜렷하며 아랫면은 자주색이다.

 5월에 잎 사이에서 꽃줄기가 여러 개 나와 끝에 연자주색이나 연분홍색, 또는 흰색 꽃이 1송이씩 핀다. 꽃잎 5장은 좌우대칭이며, 꽃잎이 벌어지는 수술 주위에는 노란색 무늬와 함께 측판 부위에 흰 털이 난다. 아래쪽 꽃잎 뒷부분은 긴 원통형 꿀주머니로 변하며 끝이 뭉툭하고, 윗면에 진한 자주색 허니가이드 여러 개가 뚜렷하다. 꽃받침조각은 5장이며, 길쭉한 달걀형으로 끝이 둔하고, 밑 부분에 톱니가 몇 개 있다. 꽃이 지고 나면 잎은 더 자라나 둥근 방석 모양을 이루며 낮게 지면을 덮는다.

 열매는 삭과로 익으면 3쪽으로 갈라지고, 작은 갈색 씨앗들이 나란히 들어 있다. 잎 윗면에 있는 흰색 또는 노란색 굵은 줄무늬가 아랫면의 자주색과 어우러져 알록달록하게 보여 알록제비꽃이라는 이름이 붙었다.

예전에는 윗면에 흰색 줄무늬가 있으나 아랫면이 녹색인 종을 청알록제비꽃으로 구분했으나 근래에 알록제비꽃으로 통합되었으며, 비슷한 종으로 잎 윗면에 굵은 줄무늬는 없지만 잎맥이 뚜렷하며 아랫면이 짙은 자주색인 것을 자주알록제비꽃으로 구분한다.

노랑제비꽃

전국에 분포하며, 해발 500m 이상 높은 산지의 큰 낙엽수들이 드문드문 있고, 풀이 많지 않은 비탈에 무리를 이루며 자란다. 백두대간을 따라 주요 능선 주위 숲속에 많이 자생한다.

뿌리줄기는 곧게 서며, 뿌리에서 올라오는 잎은 끝이 뾰족하고, 가장자리에 물결 모양의 둔한 톱니가 있다. 잎자루는 잎보다 3~5배 길고 붉은 갈색을 띠며, 줄기에 달리는 잎은 잎자루 없이 마주나며 윗면은 윤기가 난다.

4~5월에 줄기 끝과 뿌리줄기에서 꽃줄기가 자라나와 그 끝에 밝고 노란 꽃이 1송이씩 피며, 수평으로 퍼진 듯한 느낌이 든다. 아래쪽 꽃잎 뒷부분은 짧은 원통형 꿀주머니로 변하며 끝이 뭉툭하고, 윗면에는 진한 자주색 허니가이드 여러 개가 뚜렷하다.

6월 말까지 폐쇄화가 계속해 열매를 맺으며, 씨앗을 맺고 난 7월에 지상부는 고사하고 뿌리줄기는 휴면에 들어간다.

금강제비꽃

중부 이북지역의 깊은 산속에서 만날 수 있는 한국특산식물로 무리를 이루며 자라는 경우가 많으나 서식지가 극히 제한되어 있고, 자생지에서도 개체수가 많지 않아 멸종위기에 놓여 있다. 산림청에서 희귀 및 멸종위기 식물로 지정·보호하고 있다.

뿌리줄기는 굵고 짧다. 뿌리는 옆으로 뻗으며 가늘고 구불구불하다. 뿌리줄기에서 심장형 잎이 하나 나오며, 처음에는 잎자루 끝에서 안쪽으로 말린 채 거의 90도로 휘어졌다가 차츰 자라나면서 펼쳐져 비스듬히 선다. 잎은 끝으로 갈수록 뾰족해지며 가장자리에 둔한 톱니가 있고, 안쪽으로 말려 있다. 줄기를 포함한 잎 전체에 털이 나며, 특히 잎맥에 많이 난다. 줄기가 없는 제비꽃 종류 중 잎이 가장 크고, 잎자루 위쪽에 자주색 반점이 있다.

꽃은 4~5월에 흰색으로 핀다. 다른 제비꽃 종류들은 꽃자루가 잎보다 높이 자란 상태에서 꽃이 피는 반면 금강제비꽃은 잎보다 훨씬 낮은 상태에서 꽃줄기 하나가 나와 꽃을 피우는 특징이 있다. 늦여름에 지면 가까이에 콩나물머리 모양으로 생긴 꽃봉오리를 볼 수 있으며, 이것은 폐쇄화로 꽃이 피지 않는 상태에서 자가수정해 씨앗을 맺는 기관이다. 봄에 핀 꽃에서 수정되어 맺은 열매보다 여기에서 맺은 열매가 훨씬 크고 실하다. 폐쇄화의 열매는 익는 기간이 길어 잎이 가을까지 남아있다. 금강산에서 처음 채집되어 금강제비꽃이라는 이름이 붙었다.

졸방제비꽃

전국에 분포하며 각지 산속의 햇볕이 적당히 드는 숲 가장자리나 임도 주위에서 다른 식물과 함께 자란다. 꽃이 필 즈음에는 높이가 낮지만 꽃이 피면서 계속 자라나 40cm까지 자란다. 뿌리줄기는 굵고 짧으며 황백색 또는 갈색 잔뿌리가 길게 뻗는다. 뿌리줄기에서 줄기가 여러 대 뭉쳐나며, 줄기에는 털이 없으나 잎 아랫면과 잎자루, 꽃자루, 꽃받침에는 짧은 털이 난다.

잎은 심장형으로 어긋나고 잎자루가 길며, 가장자리에 얕고 둔한 톱니가 있다. 아래쪽 잎은 심장형이나 줄기 위쪽 잎은 더 커지며 끝이 뾰족해지고, 폭보다 길이가 길어진다. 잎자루 밑 부분의 양옆에는 턱잎이 달린다.

5~6월에 잎겨드랑이 사이에서 긴 꽃자루가 나와 흰색 또는 연보라색 꽃이 옆을 향해 피며, 꽃턱잎은 줄 모양이며 꽃자루 윗부분에 마주 난다. 측편 꽃잎 안쪽에 털이 나며, 아래 꽃잎 안쪽에는 짙

은 자주색의 허니가이드가 있고, 뒤쪽은 둥근 꿀주머니로 변한다. 꽃받침조각 5개는 긴 창날 모양이다. 열매는 달걀형 삭과로 7~8월에 맺는다.

　졸방나물이라 부르기도 하며, 어린 줄기와 잎은 나물로 먹는다. 졸방제비꽃처럼 전국에 분포하며, 포기 전체에 털이 없고 꽃잎 안쪽에만 털이 있는 종을 민졸방제비꽃으로 구분한다. 간혹 키가 크게 자라서 왕제비꽃으로 오인하기도 한다.

왕제비꽃

한국특산식물로 중부 이북지역의 깊은 산속에 자라는 북방계식물이다. 계곡 주위의 습기 있고 서늘한 낙엽수림 밑에 무리를 이룬다. 뿌리줄기에서 줄기 하나만 자라나며 졸방제비꽃에 비해 더 크게 자란다.

　잎은 타원형으로 끝이 길쭉하며 날카롭고 가장자리에는 물결치는 듯한 특이한 모양의 날카로운 톱니가 있다. 졸방제비꽃은 잎자루가 긴 반면 왕제비꽃은 잎 밑 부분이 쐐기처럼 좁아져서 날개처럼 흘러 잎자루가 불분명하다. 턱잎은 깃털 모양으로 가늘게 갈라지며 줄기 양 옆에 곧게 선다.

　꽃은 4월 말에서 5월에 줄기 위쪽 잎겨드랑이 사이에서 긴 꽃자루가 나와 흰색 또는 연보라색으로 피며, 측판 꽃잎 안쪽에는 털이 있고 아래쪽 꽃잎에는 짙은 자주색 허니가이드 여러 개가 선명하다. 가을이 되면 잎이 달리는 곳에 굵은 마디가 생긴다.

　환경부에서 멸종위기 II급으로 지정 · 보호하고 있으며, 제비꽃 종류 중에서 키가 가장 높이 자라 왕제비꽃이라는 이름이 붙었다.

쥐방울덩굴과

모둠 31

자주족도리풀 · 개족도리풀 · 무늬족도리풀
금오족도리풀 · 털족도리풀 · 각시족도리풀

자주족도리풀

개족도리풀

금오족도리풀

털족도리풀

각시족도리풀

족도리풀

전국에 분포하며, 주로 낙엽수림 밑 습기 있는 그늘에서 자란다. 애호랑나비는 유독 족도리풀과 백선에만 알을 낳는 습성이 있어, 이른 봄 족도리풀 잎 아랫면을 들춰보면 작은 애호랑나비 알들을 볼 수 있다.

뿌리줄기에는 마디가 많고, 옆으로 비스듬히 뻗으면서 마디에서 많은 수염뿌리가 길게 자란다. 묵은 포기는 뿌리줄기에서 가지가 여러 개 갈라져 나와 포기를 이룬다. 비늘잎 2~3개로 덮인 뿌리줄기의 마디 끝에서 잎 2장이 나와 비스듬히 자라고, 그 사이에서 나온 짧은 꽃줄기 끝에 물동이 모양의 짙은 갈색 꽃 1송이가 옆을 향해 핀다.

잎은 보통 2장씩 나며 잎자루는 자주색 또는 녹색을 띠며, 처음에는 반으로 접힌 듯 우글쭈글한 모양으로 올라오다가 펼쳐지면서 반듯해진다. 꽃이 지고 나면 더 커져 어른 손바닥만큼 자라기도 한다. 가장자리는 밋밋하고 잎 아랫면 맥 위에 잔털이 난다.

꽃대는 4월 초순경 잎과 함께 올라오며, 처음에는 꽃이 땅에 붙은 듯 옆을 향하다가 활짝 피면 꽃대가 조금 더 크게 자라난다. 꽃잎은 없고 물동이처럼 생긴 짙은 자주색 또는 연한 갈색 통꽃받침이 꽃잎처럼 보인다. 3갈래로 갈라진 꽃받침조각이 처음에는 통꽃받침 입구를 삼각뿔 모양으로 덮고 있다가 차츰 벌어진다. 꽃받침조각은 폭보다 길이가 짧고, 가장자리는 물결 모양이며, 끝 부분은 뾰족해지고 뒤틀려서 흔히 앞쪽으로 휘어진다. 수술은 12개로 꽃부리 속에 있는 암술 주위를 돌아가며 둥글게 배열되고, 암술은 6갈래(암술머리 6개)로 갈라진다.

작고 동그란 꽃이 예전에 혼례를 치를 때 새색시가 머리에 쓰던 족두리를 닮아 붙은 이름이다. 처음에는 족두리풀이라 불리다가 족도리풀이 되었으며, 족두리풀, 놋동이풀이라 부르기도 한다.

한방에서는 열매가 익고 난 9월에 포기를 캐어 잎은 잘라버리고, 뿌리만 깨끗하게 씻어 말린 것을 세신(細辛)이라 해 약재로 이용한다. 세신은 뿌리가 가늘고 맛이 매우 맵기 때문에 붙여진 이름이며, 특이한 냄새가 있고 혀를 약간 마비시키는 성질이 있다.

자주족도리풀

한국특산식물로 중부지방의 조금 깊은 낙엽수림 밑에 주로 자란다. 어릴 때에는 줄기, 잎, 꽃 모두가 짙은 자주색을 띠며, 잎 윗면에 광택이 도는 것이 특징이다. 그늘 진 곳에서 자라는 개체들은 햇볕이 드는 곳에 자라는 개체들에 비해 녹색이 도는 연한 자주색을 띤다. 어릴 때에는 자주색이 짙지만 자라나면서 차츰 엷어져서 녹색으로 변하므로 나중에는 족도리풀과 구분하기 어려워진다.

통꽃받침은 짙은 자주색으로 다른 족도리풀에 비해 크며 주름이 뚜렷하고 입구의 밝은 자주색이나 짙은 자주색 고리가 선명하다. 꽃받침조각은 밑이 둥근 삼각형으로 넓이와 길이가 비슷하며 크고, 가장자리와 끝은 물결 모양이거나 심하게 뒤틀려서 원추형이 되며 뒤로 젖혀지지는 않는다. 통꽃받침과 꽃받침조각에는 작고 흰 반점들이 산재하는 것들도 있고 없는 것들도 있다. 꽃자루의 길이도 다 자라면 9cm 정도로 족도리풀 중에서 가장 크게 자란다. 어릴 때 줄기, 잎, 꽃 모두가 짙은 자주색을 띠어 자주족도리풀이라는 이름이 붙었다.

개족도리풀

한라산과 남해안의 섬지역에 분포하고, 산지의 낮은 지대 낙엽수림 밑에서 자라며 섬족도리풀이라고도 부른다. 뿌리줄기는 옆으로 비스듬히 뻗으며 마디에서 흰색 뿌리가 자라고, 묵은 포기는 뿌리줄기에서 가지가 여러 개 갈라져 나와 포기를 이룬다. 뿌리줄기 윗부분에는 적갈색 비늘 조각이 1~3개가 붙는다.

잎은 심장형으로 털이 없으며 표면은 짙은 녹색으로 윤기가 나고 두껍다. 크기가 불규칙한 연녹색 무늬가 선명하게 흩어져 있는 것이 특징이나 간혹 무늬가 없는 개체들도 발견된다.

5~6월에 잎자루 옆에서 짙은 자주색 꽃이 1송이 피며, 간혹 연두색이나 노란색으로 피기도 한다. 통꽃받침은 작은 편이며, 입구는 짙은 자주색을 띠고, 꽃받침조각은 삼각형으로 끝이 약간 뒤틀리나 뒤로 젖혀지지는 않는다.

잎의 무늬나 여러 가지 상황으로 보아 무늬족도리풀과 이름이 뒤바뀐 것 같다. 산림청에서 희귀 및 멸종위기 식물로 지정·보호하고 있다.

무늬족도리풀

한국특산식물로 제주도를 제외한 전국에 분포하며, 조금 깊은 숲속 낙엽수림 밑이나 계곡 옆 바위 주위에 자란다. 크기는 개족도리풀과 비슷하나 잎에 있는 크기가 불규칙한 흰 무늬들이 개족도리풀에 비해 희미하고, 잎에 윤기가 없으며 두께가 얇고 밝은 녹색을 띤다. 족도리풀 중에 가장 작다. 간혹 잎에 흰색 무늬가 없는 개체도 발견되며, 잎 표면과 맥 위에 털이 많이 난다. 한여름이 지나면 개체에 따라 잎의 무늬가 더욱 희미해져 자세히 살펴보지 않으면 털족도리풀과 구별이 어려워지기도 한다.

통꽃받침은 흔히 밝은 흑자색 또는 자갈색으로 피는데, 간혹 녹자색으로 피는 개체도 있으며 통꽃받침과 꽃받침조각 표면 전체에 미세한 흰색 반점이 있다. 통꽃받침은 작고 입구가 급하게 좁아지는 특징이 있으며, 꽃받침조각은 삼각형으로 끝은 약간 뒤틀리나 뒤로 젖혀지지는 않는다.

금오족도리풀

한국특산식물로 중부 이남지역에 자생한다. 잎은 밝은 녹색을 띠는 심장형으로 폭과 길이가 비슷하며 잎맥이 뚜렷하다. 잎 양면에 털이 나며, 특히 아랫면의 맥 위에 많이 난다.

꽃은 녹색을 띤 자주색 또는 녹색으로 피며, 꽃받침조각은 폭보다 길이가 길다. 가장자리는 편평하고 끝은 뾰족해지지 않으며, 약간 뒤틀리면서 뒤쪽으로 조금 휘어지기도 하지만 전체가 젖혀지지는 않는다. 통꽃받침의 입구는 짙은 자주색을 띠지만 녹색으로 피는 개체는 밝은 자주색을 띤다.

잎맥이 뚜렷하고, 꽃받침조각의 길이가 폭보다 길며 꽃받침조각 전체가 뒤로 젖혀지지 않는 것이 특징이다. 경상북도 구미 금오산에서 처음 채집되어 금오족도리풀이라는 이름이 붙었다.

털족도리풀

주로 중부 이북지역에 분포하고, 숲속의 낙엽수림 밑에서 자란다. 잎줄기를 포함한 전체에 흰 털이 촘촘하게 나며, 통꽃받침은 짙은 자주색 또는 연한 갈색이나, 간혹 연녹색 개체도 발견되며, 족도리풀 종류 중 큰 편에 속하고, 포기 전체에 흰 털이 밀생하고 통꽃받침 입구는 흰색을 띠어 흰 고리가 있는 것처럼 보인다. 꽃받침조각은 편평하고 전체가 바깥쪽으로 젖혀지며 둥글게 반 정도로 말리거나 끝 쪽이 통꽃받침에 닿기도 한다. 포기 전체에 털이 촘촘하게 나 털족도리풀이라는 이름이 붙었다.

각시족도리풀

남한 전역에 분포하지만 주로 중·남부지방에 분포도가 높으며, 산지의 계곡 주위에 자란다. 잎줄기는 길며, 조금 연약해 보이고, 잎은 심장형으로 윗면과 맥 위에 털이 많지만 아랫면과 잎줄기에는 털이 나지 않는다.

꽃은 녹색을 띤 자주색으로 피며, 통꽃받침은 폭과 길이가 비슷하다. 반타원형인 꽃받침조각은 완전히 뒤로 젖혀져 통꽃받침에 밀착되고, 통꽃받침의 입구는 연한 녹색을 띤다. 통꽃받침이 작고 귀여워 각시족도리풀이란 이름이 붙었다.

TIP

족도리풀 종류는 꽃가루받이가 이루어져 열매가 익을 때까지도 꽃 모양을 그대로 유지해 꽃이 달려 있는 기간이 매우 긴 편이다. 열매는 6~7월 씨방 속에서 그대로 익어 결실하는 장과로, 씨앗이 익어도 벌어지지 않고, 껍질이 삭으면서 씨앗이 떨어진다.

쥐손이풀

꽃쥐손이　이질풀

둥근이질풀　선이질풀

쥐 손 이 과

모둠 32

쥐손이풀 · 꽃쥐손이 · 이질풀
둥근이질풀 · 선이질풀

쥐손이풀

꽃쥐손이

이질풀

둥근이질풀

선이질풀

쥐손이풀

산과 들에 흔히 자라며 굵은 뿌리가 1개 있고, 줄기는 비스듬하거나 옆으로 뻗으며 가지를 여러 개 친다. 이질풀에 비해 마디 사이가 길고 전체에 아래로 향한 털이 빽빽하게 난다.

잎은 이질풀보다 가늘게 손바닥 모양으로 3~5갈래로 갈라지며, 갈래조각의 끝은 뾰족하고 가장자리에는 결각 같은 깊고 불규칙한 톱니가 있다. 잎이 갈라지는 모양이 쥐의 손을 닮았다 해 쥐손이풀이란 이름이 붙었다.

6~8월에 꽃이 피며, 아래쪽 잎겨드랑이에서 나온 꽃줄기에 2송이가 달리고, 위쪽 잎겨드랑이에서 나온 긴 꽃줄기에는 1송이가 달린다. 꽃은 이질풀에 비해 작고, 연한 붉은색 또는 붉은색이 강한 자주색이나 흰색으로 피며, 꽃잎 안쪽에 선명한 허니가이드가 3줄 있다.

꽃쥐손이

덕유산 이북지역의 높은 산 정상 부근 능선 초원지대에 자생한다. 뿌리줄기는 굵고 짧으며 끝에서 원줄기가 나오며 풀 전체에 털이 촘촘히 나고, 세로로 홈이 졌으며 윗부분에는 선모가 있다.

줄기 밑 부분에 달리는 잎은 잎자루가 길고 5갈래로 깊게 갈라지며 끝이 뾰족하다. 잎 가장자리에 결각과 불규칙한 톱니가 있으며, 잎 윗면에는 굽은 털이 나고 아랫면에는 곧은 털이 있다. 줄기 위쪽 꽃대가 나오는 곳과 가지가 갈라지는 곳에 달리는 잎은 잎자루 없이 마주난다.

6~7월에 연보라색 꽃이 원줄기와 가지 끝에서 3~8송이씩 산방꽃차례를 이루며 핀다. 꽃받침조각 5개는 타원형이며 아랫면에 털이 나고, 꽃잎은 달걀을 거꾸로 세워놓은 모양이며 밑 부분 가장자리에 조금 긴 털이 난다. 흰색 허니가이드 5줄이 꽃잎 중앙까지 난다. 수술 10개는 붉은색을 띠며 고깔 모양 암술대에 돌려나고, 밑 부분에 긴 털이 난다.

수술의 꽃밥이 먼저 성숙해 꽃가루를 내고 나서 꽃밥이 떨어지면 암술이 자라며 끝이 5갈래로 갈라진다. 수술대 아래쪽에 나 있는 긴 털은 나비나 벌이 털을 잡고 꿀을 빨 때 뒷다리와 배가 수술과 암술 주위에 위치하게 되므로 꽃가루받이를 원활하게 한다.

열매는 삭과로 꽃받침 안에 들어 있으며 8~9월에 여물고, 둥근 씨앗 끝에 긴 암술대가 붙어 있다. 씨앗이 갈색으로 완전히 여물면 밑 부분부터 위쪽을 향해 5갈래로 갈라지며 중앙 기둥에서 쇠창살 모양처럼 위쪽으로 말렸다가 흩어진다. 전체에 유난히 털이 많아 털쥐손이라 부르기도 한다.

이질풀

전국의 산과 들에 흔히 자라며, 뿌리는 곧은 뿌리가 없이 여러 갈래로 갈라지고, 줄기는 비스듬히 땅을 기면서 가지를 많이 친다. 전체에 옆으로 퍼지는 짧은 털이 촘촘하게 난다. 줄기에 나는 잎은

꽃쥐손이

마주나고 잎자루가 길며 3~5갈래로 깊게 갈라지고, 위쪽 꽃대가 나오는 곳의 잎은 3갈래로 갈라지며 가장자리에 불규칙한 톱니가 있고, 뒷면 잎맥에는 곱슬곱슬한 털이 난다.

꽃은 6~8월에 연한 붉은색 또는 붉은 자주색, 흰색으로 피며 위쪽의 잎겨드랑이에서 꽃줄기가 나와 2개로 갈라진 뒤 한 송이씩 달린다. 꽃은 쥐손이풀에 비해 다소 큰 편이며, 꽃잎 안쪽에는 선명한 허니가이드가 5줄 있다. 꽃잎과 꽃받침조각은 각 5장씩이고 꽃자루와 꽃받침에는 짧은 털과 선모가 있다. 꽃은 작지만 모양새와 열매 맺는 형태는 둥근이질풀과 같다.

둥근이질풀

한국특산식물로 지리산 이북지역의 해발 1,000m 이상 높은 산 정상 부근 능선 초원지대에 무리지어 자란다. 한 포기에서 줄기 여러 개가 올라오기도 하고, 위쪽에서 가지를 치기도 한다. 원줄기는 사각형이며 털은 나지 않는다.

잎은 마주나며 줄기 아래쪽에 달리는 잎에는 잎자루가 길고, 줄기 위쪽 꽃대가 나오는 곳에 달리는 잎은 잎자루가 짧거나 거의 없으며, 잎자루와 잎 아랫면 맥 위에 흰 털이 난다. 줄기에 달리는 둥근 잎은 3~5갈래로 조금 깊게 갈라지고, 갈래조각은 끝이 뾰족하며 가장자리에는 결각

과 불규칙한 톱니가 있다. 위쪽 꽃대가 나오는 곳에 달린 잎은 3갈래로 갈라진다.

6~8월에 잎 사이에서 자라난 꽃대 끝에 연분홍색 꽃 2~5송이가 산형꽃차례로 달린다. 꽃받침조각은 5개이며 끝이 뾰족하고, 아랫면에는 털이 성글게 난다. 꽃잎은 5장이며 맥 6개가 붉고 선명하다. 한가운데 기둥을 중심으로 암술이 5개 돌려나고, 바깥에 수술 10개가 붙으며, 밑동에는 털이 있다. 삭과는 9~10월에 익으며, 꽃쥐손이와 같은 형태로 익는다.

선이질풀

산야에 드물게 자라며 밑 부분이 옆으로 자라다가 곧게 서고, 밑을 향하는 누운 털이 있다. 7~8월에 꽃줄기 끝에 엷은 홍자색 꽃이 2송이씩 달리며, 꽃잎 안쪽 밑에 짙은 자주색으로 긴 허니가이드 5줄이 있다. 꽃의 생김새와 열매 맺는 형태, 쓰임새는 둥근이질풀과 같다.

콩 과

헷갈리지 않아요

/

벌노랑이

전국에 분포하며, 바닷가 모래밭에서부터 조금 높은 지대의 물가 근처 모래땅이나 길 옆 풀밭, 밭 둑 등 조금 메마른 곳에 자란다. 제주도를 비롯해 남부지방에 많이 분포하나 중부지방에서는 그리 흔치 않다. 뿌리와 가까운 밑 부분으로부터 가지가 많이 갈라져 나오고, 줄기는 보통 땅을 기며 끝 부분이 위쪽으로 비스듬히 선다.

잎은 홀수깃꼴겹잎으로 줄기에 어긋나며, 잎 5개 중 2개는 크고 줄기에 가까이 붙어 있어 턱잎처럼 보인다. 나머지 3장은 잎자루 끝에 모여 달린다. 잎끝은 조금 뾰족하며 가장자리는 털이 없이 밋밋하다.

6~8월에 줄기와 가지 끝 쪽의 잎 사이에서 나온 긴 꽃줄기 끝에 노란색 꽃이 2~4개 모여 달린다. 꽃받침조각은 5개이며 창날 모양으로 깊게 갈라지고 길이는 통부보다 길다. 꽃부리는 기판이 유난히 크다.

열매는 협과로 줄 모양이며 씨앗이 익으면 꼬투리가 벌어져 뒤틀리며 작은 갈색 씨앗들을 팅겨낸다. 줄기와 잎에 영양이 많아 가축 사료로 이용하기도 한다.

TIP

근래에 서양벌노랑이가 전국으로 급속히 확산되고 있다. 도로 개설공사 절개지나 사방공사 절개지에 토사 방지용으로 시공하는 시드스프레이 공사 때 수입 초본류 씨앗과 함께 섞여 뿌려지는 일이 많기 때문이다. 산형꽃차례에 꽃 4~7송이(보통 6송이)로 많이 모여 달리는 개체는 대부분 서양벌노랑이로 보면 된다. 붉은 빛이 도는 노란색 꽃이 핀다.

현호색과

모둠 33

현호색 · 갈퀴현호색 · 왜현호색 · 점현호색
들현호색 · 조선현호색 · 각시현호색

현호색

갈퀴현호색   왜현호색

점현호색　　　　　　　　　　　　　들현호색

조선현호색

각시현호색

현호색

전국에 분포하며, 습기가 유지되는 산기슭의 낙엽수림 밑이나 숲 가장자리에 자란다. 현호색 종류들은 겨우내 얼었던 대지가 녹기 시작하는 3월 말경이면 새싹을 내며 자라나서 꽃을 피우며, 4월에 절정을 이루고 낙엽수의 잎들이 나와 우거지기 전에 서둘러 열매를 맺고 지상부는 흔적도 없이 사라지며 휴면에 들어간다.

줄기 밑 부분에 꽃턱잎 같은 잎이 하나 달리며 그곳에서 가지가 갈라진다. 줄기와 잎자루는 속이 비어 있고 연약해 작은 충격에도 쉽게 부러진다. 땅속에는 지름 1cm 정도 크기의 작은 감자 모양 덩이줄기가 있으며, 겉껍질은 황백색이고 속살은 노란색을 띤다.

잎은 어긋나며 잎줄기는 길고 3개씩 1~2회 갈라진다. 작은잎 윗부분은 깊게 또는 결각으로 몇 갈래 갈라지기도 하고, 가장자리는 밋밋하며 아랫면은 분을 바른 듯한 흰 빛이 돈다.

4월에 조금 긴 꽃대 끝에 이루어진 총상꽃차례에 꽃 5~15송이가 밑에서부터 피어 올라간다. 꽃 색깔은 연한 홍자색, 연한 하늘색, 청보라색 등으로 다양하다. 꽃은 얼핏 보면 하나의 통꽃으로 보이지만 꽃잎 4장으로 이루어져 있다. 입술 모양 꽃잎 안쪽에는 중간 꽃잎이 자리잡고 있어 오목하게 파이고, 위쪽 꽃잎의 뒷부분은 긴 꿀주머니로 변하며, 끝이 뭉툭해지고 아래로 약간 굽는다. 아래 꽃잎은 위 꽃잎의 꿀주머니 중간 부분(꽃자루가 붙어 있는 부분)에 붙으며, 위 꽃잎 순판에 비해 더 크고 넓다. 안쪽 꽃잎 2장은 수술과 암술을 공처럼 둥글게 감싸며, 중간에는 바깥으로 돌출된 굵은 맥이 있고, 꽃이 활짝 피면 윗부분이 아래쪽으로 약간 벌어지며 암술과 수술이 드러난다.

현호색(댓잎현호색)　　　　현호색(빗살현호색)　　　　현호색(애기현호색)

　꿀샘은 위쪽 꽃잎의 길쭉한 꿀주머니 속에 있어 벌이 꿀을 빨려면 안쪽 꽃잎을 밟고 머리를 깊숙이 넣어야 하며, 이때 안쪽에 있는 암술과 수술이 벌의 다리 위치에 오게 되어 꽃가루가 옮겨진다. 일반적으로 꽃의 수술은 하나하나 떨어져 있으나 현호색과의 식물은 수술 6개가 3개씩 2묶음으로 이루어져 있다. 꽃자루 밑에는 꽃턱잎이 하나씩 달리며, 끝이 빗살처럼 깊게 갈라지고 위쪽으로 갈수록 작아진다.
　열매는 5월 말에 긴 타원형 삭과로 맺으며, 양 끝은 좁고 한쪽으로 편평하며 끝에 암술머리가 달려 있다. 씨앗은 검고 윤기가 난다.

갈퀴현호색

한국특산식물로 주로 중부 이북지역의 부식질이 풍부하고 습기 있는 낙엽수림 밑에 다른 식물과 함께 무리지어 자란다. 잎은 어긋나며 잎줄기는 길고 1~2회 3개씩 갈라진다. 작은잎은 타원형으로

가장자리는 밋밋하고, 윗부분에서 둥글고 얕게 2~3갈래로 갈라지기도 한다.

꽃은 4월 중순부터 5월 중순 사이에 짙은 청색으로 피며, 아래 순판이 위쪽 순판에 비해 훨씬 크다. 꽃받침조각 2개가 특별히 크게 발달해 꿀주머니를 감싸며, 위쪽 가장자리가 깊고 가늘게 갈퀴 모양으로 갈라져 갈퀴현호색이라는 이름이 붙었다. 가끔 흰색 꽃이 피는 변이종도 발견되며, 이를 흰갈퀴현호색으로 구분한다.

왜현호색

중부 이북지역 산지의 습기 있는 낙엽수림 밑이나 그늘진 숲 가장자리에 무리지어 자란다. 현호색 만큼이나 흔하게 발견된다. 줄기에 잎 2장이 달리며, 첫째 잎 밑에 꽃턱잎 같은 잎이 있다. 여기에서 가지가 갈라지기도 한다. 잎줄기는 길며 3개씩 1~2회 갈라지고, 작은잎은 긴 타원형으로 가장자리는 밋밋하며 톱니는 없고 끝은 둔하다.

꽃은 4월에 하늘색이나 연한 자주색 또는 청보라색으로 피며, 잎의 생김새 외에는 현호색과 구분하기 어렵다. 꽃이 흰색으로 피는 종은 흰왜현호색으로 구분한다.

점현호색

한국특산식물로 중부 이북지역의 낙엽수림 밑이나 그늘진 숲 가장자리에 자란다. 잎줄기는 길며 3개씩 1~2회 갈라지고, 작은잎은 긴 타원형으로 변이가 심하며, 손바닥 모양으로 깊게 갈라진다. 잎 표면에 크고 작은 흰색 반점들이 뚜렷하게 흩어져 있는 것이 특징이다. 4월에 줄기 끝 총상꽃차례에 진한 청색 꽃 5~10송이가 달린다.

들현호색

한국특산식물로 남한 전역에 분포하며, 특히 경기도 광릉지역에 분포도가 높다. 주로 양지바른 들판의 논밭 둑이나 숲 가장자리에 자란다. 땅속줄기가 사방으로 뻗으며 곳곳에 둥근 덩이줄기를 만들어 포기를 늘려나가기 때문에 한 장소에 무리를 이루는 경우가 많다. 줄기는 하나이거나 밑동에서 여러 개가 모여 난다.

잎은 어긋나며 긴 잎줄기가 3개씩 1~2회 갈라지고 위로 갈수록 짧아진다. 작은잎은 타원형으로 표면은 녹색이나 아랫면은 회색빛이 도는 청색이고, 주맥은 붉은색을 띠며 가장자리에 거친 톱니가 있다. 꽃은 다른 현호색 종류에 비해 조금 늦은 4~5월에 피며, 현호색 종류 중 유일하게 홍자색으로 피어 쉽게 구별할 수 있다.

조선현호색

습한 숲 가장자리에 모여 자란다. 땅속에는 작은 감자 모양으로 둥근 덩이줄기가 있으며, 묵은 포기는 땅속에서 가지를 쳐서 한 곳에서 여러 개가 모여 나는 것처럼 보인다.

긴 잎줄기는 3갈래로 갈라지고 잎 2~3장이 어긋난다. 잎 아랫면은 흰 빛이 돈다. 작은잎은 잎자루가 짧으며, 윗면은 잎맥을 따라 흰색 줄이 흔히 생기며 선상 돌기가 나고, 가장자리는 빗살 모양으로 갈라진다.

꽃은 4~5월에 붉은 빛이 도는 엷은 자주색으로 피며, 순판 부위는 더 짙고 주름이 져 있어 가장자리에 톱니가 있는 것처럼 보인다. 꽃자루 밑에 달리는 꽃턱잎은 빗살 모양으로 깊게 갈라진다.

흔히 들현호색과 혼동하는 경우가 많으며, 완도현호색과도 닮았으나 덩이줄기가 조선현호색은 노란색이고, 완도현호색은 흰색인 점이 다르다.

각시현호색

중부 이북지역의 깊은 산속 계곡 주위에 무리지어 자란다. 높이 5~10cm로 현호색 종류 중에서 가장 작게 자란다. 잎 1~2장이 어긋나며, 긴 잎줄기는 3개씩 1~2회 갈라진다. 작은잎은 타원형으로 가장자리는 밋밋하며 톱니는 없고 끝은 둔하다. 꽃은 4월에 연한 하늘색 또는 흰색으로 핀다.

아래쪽에서 줄기가 3~4개로 갈라지며 자라므로 위에서 보면 각각의 포기로 보여 포기 전체를 캐어보기 전에는 확인하기가 어렵다. 이렇게 한 포기에서 줄기가 여러 대 올라오므로 몇 개체만 자라도 무리를 이룬 것처럼 보인다. 작고 귀엽다는 의미에서 각시현호색이라는 이름이 붙었다.

TIP

현호색 종류들은 꽃의 색깔과 생김새, 잎의 변이가 심해 구분하기가 대단히 어렵다. 2012년 현재 공식적으로 등록된 품종만도 25종이나 된다. 얼마 전까지만 해도 작은잎이 대나무 잎처럼 긴 타원형인 종을 댓잎현호색으로, 빗살 모양으로 갈라지는 종을 빗살현호색으로, 둥글게 생긴 종을 둥근잎현호색으로, 남산제비꽃처럼 여러 갈래로 잘게 갈라지는 종을 애기현호색으로 구분하기도 했으나 2003년 11월 30일 국가표준식물목록구축시스템은 이 종들을 단순한 잎의 변종으로 보아 현호색으로 통합했다.

현호색과

헷갈리지 않아요

금낭화

중부지방의 깊은 산속, 물 빠짐이 좋고 햇빛이 적당히 드는 비탈진 낙엽수림 밑에 자라며, 태백산맥을 따라 널리 분포한다. 예전에는 잘 알려진 산이나 사찰 주위에서 식물분포조사를 많이 해 사찰 주변에서 발견된 사례가 많아 오래 전 중국으로부터 불자들을 통해 도입된 식물로 여겼고, 도감이나 백과사전에 중국원산으로 표기되기도 했다. 그러다가 교통이 발달하고 식물에 관심 갖는 사람이 늘면서 중부지방의 광범위한 곳에서 자생지가 발견되어 오래 전부터 자생한 식물로 확인 된 종이다.

봄에 돋아나는 새싹은 포기 전체가 붉은색을 띠며 꽃대와 함께 올라오고, 자라나면서 붉은색이 점차 엷어진다. 잎은 연하고 줄기 끝에서 3갈래로 갈라지며 갈래마다 긴 잎자루가 있는 작은 잎이 1장씩 달린다. 작은잎은 깊게 결각이 지기도 하고 3갈래로 갈라지기도 한다. 결각의 가장자리는 둥글다.

남부지방에서는 3월 말부터 꽃이 피기 시작하고, 중부지방에서는 4~5월에 피며, 활처럼 휘어진 줄기에서 아래쪽으로 치우쳐 긴 꽃자루 끝에 주렁주렁 달린다. 꽃받침조각 2장은 꽃이 피기 시작하면 곧바로 떨어지고, 꽃잎은 진분홍색을 띤 하트 모양의 바깥 꽃잎 2장과 흰색을 띤 안쪽 꽃잎 2장으로 이루어져 있다. 꽃이 활짝 피면 바깥 꽃잎은 좌우대칭을 이루며 벌어지고, 끝 부분은 꽃잎 바깥쪽으로 휘어 올라간다. 그러면 속에 감추어져 있던 하얀 꽃잎이 나타난다.

꽃이 진 뒤 바로 완두콩 깍지를 닮은 작은 삭과가 달리며, 꼬투리가 누렇게 익으면 봉선이 터지며 안쪽 껍질이 대팻밥처럼 또르르 말리면서 반질거리는 둥근 씨앗이 봉선화 씨앗처럼 튕겨져 나간다. 씨앗에는 엘라이오솜이 붙어 있어 개미가 물어가기도 한다.

금낭화는 보통 6월 말이면 1년간의 생을 마감하며 지상부는 말라죽고 일찍 휴면에 들어가는데, 높은 지대에서 자라는 개체들은 8월까지 푸른 잎을 유지하기도 한다. 꽃 전체가 흰색으로 피는 흰금낭화도 드물게 발견된다.

금낭화는 비단주머니처럼 아름다운 꽃이라는 뜻이다. 모란처럼 아름다운 꽃을 피우지만 꽃줄기가 등처럼 휘어진다 해 등모란 또는 덩굴모란이라 부르기도 한다. 강원도 산촌에서는 꽃의 생김새가 예전에 여인네들이 치마 속에 차고 다니던 복주머니를 닮았다 해 며느리주머니라 부르기도 하고, 나물로 먹을 수 있다 해 며늘취라 부르기도 한다.

홀아비꽃대

옥녀꽃대

홀아비꽃대과

모둠 34

홀아비꽃대 · 옥녀꽃대

홀아비꽃대

옥녀꽃대

홀아비꽃대

제주도를 포함해 전국적으로 분포하나, 중부 이북지역의 산속 낙엽수림 밑 습기 있고 부식질이 풍부하며, 햇볕이 적당히 드는 곳에서 무리지어 자란다. 일찍 꽃이 피므로 생김새를 알면 이른 봄 숲 속에서 쉽게 찾을 수 있다.

뿌리로부터 줄기가 여러 대 올라오며 가지는 치지 않는다. 줄기에는 비늘 같은 작은잎 1~2쌍이 줄기를 감싸며 마주 달리고, 잎은 꽃대 바로 아래쪽에 2장씩 마주나서 4장이 달리며, 잎과 잎 사이의 간격이 좁아 돌려나는 것처럼 보인다. 잎자루가 짧으며, 잎 가장자리에 날카로운 톱니가 있고 끝은 뾰족하다. 싹이 터서 자라날 때에는 줄기 아래쪽은 붉은색을 띠고, 잎은 꽃대를 감싸며 동시에 올라온다.

4~5월에 꽃이 핀다. 꽃은 양성화로 꽃잎이 없고 씨방에 흰 막대풍선 모양으로 생긴 흰색 수술 3개가 뭉쳐 달리며, 이것이 꽃차례를 돌아가며 듬성듬성 달려 이삭꽃차례를 이룬다. 꽃이 진 다음 열매가 달리지만 씨앗을 잘 맺지 않는 경우가 많다.

남부지역에 자라며 꽃대가 2개씩 올라오는 품종을 꽃대라 하는데, 이 종은 개체수가 많지 않아 자라는 것을 만나기가 매우 어려운 희귀식물이다.

옥녀꽃대

남부지방 일부 지역에 분포하며, 습기 있는 숲속에 자란다. 땅속줄기는 짧으며 줄기가 여러 대 올라온다. 전체적으로 홀아비꽃대와 비슷하지만, 홀아비꽃대에 비해 꽃줄기가 짧아 잎 크기를 벗어나지 않고, 수술도 보다 가늘고 긴 편이며, 달리는 간격도 좁다. 홀아비꽃대에 비해 꽃밥이 밖으로 드러나 보이지 않는다. 잎 가장자리 톱니도 홀아비꽃대에 비해 부드럽고 잎자루는 조금 긴 편이다. 옥녀꽃대는 거제도의 옥녀봉에서 처음 발견되어 옥녀꽃대라는 이름이 붙었다.

통꽃

꽃잎의 밑동 부분이
붙어 있거나
전체가 붙어 있는 꽃
(합판화아강)

가지과

국화과

꿀풀과

마타리과

마편초과

앵초과

용담과

초롱꽃과

현삼과

미치광이풀

노랑미치광이풀

가 지 과

모둠 35

미치광이풀 · 노랑미치광이풀

미치광이풀

노랑미치광이풀

미치광이풀

전국에 분포하며, 특히 중부지역 태백산맥의 깊은 계곡에 무리지어 자란다. 골짜기가 잘 발달한 북사면의 낙엽수림 밑에 부엽이 두껍게 쌓이고, 돌이 많은 곳을 좋아한다. 서식지가 극히 제한적이고 자생지에서도 개체수가 많지 않아 산림청에서 희귀 및 멸종위기 식물로 지정·보호하고 있다.

줄기는 곧게 서고 윗부분에서 가지가 몇 개 갈라지며 털은 없다. 뿌리줄기는 굵고 옆으로 뻗으며 끝에서 매년 새로운 싹이 자라나오기 때문에 아래쪽이 굵어지며, 매년 자랐던 흔적이 혹처럼 남는다. 이것을 세어보면 자라온 세월을 짐작할 수 있다. 뿌리줄기의 밑 부분에는 조금 굵은 실뿌리가 길게 자란다. 6~7년 정도 지나면 굼벵이 같은 애벌레들이 굵은 덩이뿌리를 파먹으면서 포기가 쇠약해져 고사한다.

새싹이 돋을 때에는 어두운 갈색을 띠므로 주위의 낙엽과 잘 구분되지 않는 경우도 있으며, 엽록소가 없어 노란색을 띠는 개체도 나타난다. 자라나면서 잎은 엽록소가 생겨나 차츰 초록색으로 변하고, 줄기 위쪽 잎겨드랑이 사이에서 꽃자루가 긴 꽃이 1송이씩 아래를 향해 달린다. 길쭉한 달걀형으로 조금 큰 잎들이 어긋나며, 잎 가장자리는 밋밋하고 끝은 뾰족하며 잎자루가 있다.

미치광이풀

4월 중순에서 5월 초순에 줄기가 자라나올 때 이미 잎겨드랑이에서 짙은 갈색 꽃봉오리(짙다 못해 검게 보이기도 한다)가 함께 만들어진다. 꽃받침은 연녹색 깔때기 모양이며 끝이 5갈래로 불규칙하게 갈라진다. 꽃부리도 깔때기 모양이며, 끝에서 얕게 5갈래로 갈라지고, 수술은 5개, 암술은 1개다. 암술은 수술보다 길지만 꽃 밖으로 나오지는 않는다. 열매는 삭과로 꽃받침에 싸여 있고, 익으면 뚜껑이 열리듯이 갈라지며 그물무늬가 있는 콩팥 모양의 작은 씨앗들이 나온다.

지역과 고도에 따라 꽃이 짙은 갈색이나 연한 갈색으로 피는 종, 꽃 색이 조금 연한 갈색으로 피며 꽃부리의 끝 쪽이 나팔꽃 모양으로 벌어지는 개체 등 다양한 변이종들이 발견되고 있다. 이 풀에는 신경을 흥분시키는 성분이 있어 짐승들이 이 풀을 뜯어 먹으면 미친 듯이 날뛴다고 해 미치광이풀이라는 이름이 붙었다. 지역에 따라 광대작약, 미친풀, 미치광이라고도 부르며, 북한에서는 독뿌리풀이라고 부른다.

노랑미치광이풀
전체적으로는 미치광이풀과 같으나 꽃이 연한 노란색을 띤다. 최근에 강원도 화천 광덕산에서 발견된 종이다.

TIP
미치광이풀은 산림청 지정 희귀보호식물 목록에 올라 있는데, 1980~1990년대만 해도 약용시장에서 말린 뿌리줄기가 가마니로 거래되기도 했다. 이렇게 약재로 채취하다 보니 깊은 산골짜기에서도 보기 힘들 정도로 희귀식물이 되었으나, 근래 중국으로부터 값싼 한약재가 들어오면서 인건비에도 미치지 못하게 되자 무분별한 채취가 중단되었고, 자생지에서 급속하게 번식해 이제는 강원도의 어지간히 깊다하는 산골짜기에 가면 어렵지 않게 군락을 만날 수 있다.

민들레 종민들레 산민들레 흰민들레 서양민들레

국 화 과

모둠 36

민들레 · 좀민들레 · 산민들레
흰민들레 · 서양민들레

민들레

좀민들레

산민들레

흰민들레

서양민들레

민들레

전국에 분포하며, 낮은 곳에서부터 해발 1,000m 정도 지대까지 자란다. 햇빛이 잘 드는 곳에서는 어디서든 끈질기게 생을 이어가는 강인한 식물이다. 뿌리는 굵어지며 땅속 깊이 들어간다. 잎은 줄기가 없이 뿌리에서 모여 나며 자라날 때에는 비스듬히 퍼지지만 나중에는 지면에 방석 모양으로 퍼진다. 잎에는 불규칙하게 톱니가 나며, 자르면 흰 유액이 나온다.

4~5월에 땅위로 퍼진 잎 가운데로부터 속이 빈 꽃줄기가 5~6개 나와 그 끝에 밝고 노란 두상꽃차례로 하늘을 향해 1송이씩 핀다. 송이의 지름이 3.5cm 내외이지만 실제로는 혀꽃 수십 송이가 모여 하나의 꽃차례를 이룬 것이다.

혀꽃의 숫자는 서양민들레에 비해 적어 조금 엉성해 보이고, 꽃턱잎 조각은 3줄로 배열된다. 바깥쪽 꽃턱잎 조각 2줄은 창날 모양으로 짧고 곧게 서며, 안쪽에 있는 꽃턱잎 조각은 넓은 창날 모양으로 길쭉하다. 각 꽃턱잎의 끝 바깥쪽에 뿔 모양 돌기가 있어 산민들레와 구별된다. 민들레 종류들은 햇빛의 영향을 받아 아침에 해가 뜨면 벌어졌다가 해가 지거나 날씨가 흐리면 오그라든다.

꽃이 지고 나면 꽃받침이 변해 생긴 우산 모양의 흰 갓털에 씨앗들이 공처럼으로 붙어 있다가 완전히 익으면 바람을 타고 공중으로 날아간다. 멀게는 몇 십리까지 날아가기도 한다.

민들레는 상당히 강인한 식물로 뿌리의 길이가 꽃줄기의 10배 깊이까지 뻗기도 한다. 그래서 위쪽을 잘라내도 계속해서 뿌리에서 새싹이 돋아나 자라므로 잡초로 여기면 조금 지겨운 식물이기도 하다. 꽃줄기가 잎의 숫자만큼 올라오므로 잎의 숫자를 세어보면 꽃줄기가 몇 개 올라올지 미리 예측할 수 있다. 근래에 민들레와 흰민들레의 교잡종으로 보이는 흰노랑민들레가 발견되기도 한다.

TIP

국화과 식물은 꽃 구조에 따라 꽃잎이 혀꽃들로만 이루어진 민들레아과와 가장자리에 혀꽃을 배치하고 한가운데 술잔 모양의 대롱꽃을 배치하거나 긴 관 모양의 대롱꽃들로만 이루어진 국화아과로 분류할 수 있다. 민들레의 꽃은 다른 국화과 식물과는 달리 꽃잎 하나하나가 암술과 수술로 연결되어 있어 꽃잎 자체가 하나의 꽃이다.

좀민들레

제주도의 특산식물로 낮은 지대에서부터 한라산의 높은 지대까지 햇빛이 잘 드는 곳에 자란다. 서식지가 극히 제한적이고 자생지에서도 개체수가 많지 않아 산림청에서 희귀 및 멸종위기 식물로 지정·보호하고 있다. 원줄기는 없으며 뿌리로부터 많은 잎이 나와 비스듬하게 퍼진다.

잎은 민들레에 비해 작고 무 잎처럼 깊게 잎줄기까지 갈라져 있다. 갈래조각은 4~6쌍이고 잎을 자르면 흰 유액이 나온다. 어린잎에는 흰 털이 있으나 자라면서 차츰 없어진다.

5~6월에 잎의 길이와 비슷한 꽃줄기가 여러 개 나와 그 끝에 밝고 노란 두상꽃차례가 1송이씩 하늘을 향해 핀다. 꽃줄기는 처음에는 잎의 길이와 비슷하나 꽃이 핀 뒤 점차 길어진다. 꽃턱잎은 붉은색이 도는 녹색이며 3줄로 배열되고, 아래쪽 2줄은 작고 안쪽의 마지막 줄은 아래쪽 줄 보다 3배 정도 길며 뾰족하다. 꽃턱잎 조각은 뒤로 젖혀지지 않으며 뿔 같은 돌기가 없다.

열매는 수과로 6~7월에 익으며, 씨앗은 갈색으로 밑 부분이 울퉁불퉁하다. 우산 모양의 흰 갓털이 붙은 씨앗들이 공처럼으로 붙어 있다가 완전히 익으면 바람을 타고 공중으로 날아간다.

산민들레

노랑민들레라고도 부르며, 섬지역을 제외한 전국의 깊은 산속과 계곡가, 하천변의 적당하게 습기 있는 곳에서 자란다. 대개 산맥의 능선을 따라 분포하며 산속 마을의 논밭 둑에도 자란다.

원줄기는 없으며 잎은 뿌리에서 모여 나서 사방으로 비스듬히 퍼진다. 잎이 지면으로 낮게 퍼지지는 않으며 잎의 밑 부분은 좁다. 잎의 양면에는 털이 나며 가장자리가 아래를 향해 4~5쌍으로 결각이 지지만 민들레처럼 깊게 갈라지지는 않는다. 잎을 자르면 흰 유액이 나온다.

꽃은 4~5월에 꽃줄기 끝에 노란 두상꽃차례가 1송이씩 하늘을 향해 달린다. 꽃줄기는 꽃이 핀 다음 더욱 길어지며 꽃 밑에는 털이 빽빽하게 난다. 꽃턱잎 조각은 민들레와 같은 형태로 배열되나 뿔 같은 돌기는 없다.

TIP

민들레아과에 속하는 민들레와 사데풀, 이고들빼기, 고들빼기, 왕고들빼기, 뽀리뱅이, 조밥나물, 쇠서나물, 씀바귀와 같은 식물은 포기 전체에 젖샘이 발달되어 있어 상처가 생기면 흰색이나 연노랑 또는 노란색 액체를 분비한다.

열매는 수과로 갈색을 띤 타원형이며 줄이 많고 윗부분에 뾰족한 돌기가 있다. 갓털은 회색을 띠며 민들레에 비해 조금 긴 편이다.

흰민들레

섬지역을 제외한 전국의 낮은 산과 들, 도로변 등에 자라며, 뿌리는 굵고 땅속 깊이 들어간다. 원줄기는 없고 잎은 뿌리에서 모여나 비스듬히 자란다. 잎끝은 뭉툭하고 밑 부분은 점차 좁아지며 양면에는 털이 약간 난다. 잎 가장자리는 무 잎처럼 깊게 파인 것도 있고, 얕게 파인 것도 있어 잎 모양이 다양하다. 민들레에 비해 잎이 크게 자라고 비스듬하게 서며 파인 가장자리에 톱니가 있다.

꽃은 4~6월에 피며 처음에는 잎보다 짧은 속이 비어 있는 꽃줄기가 1개 또는 여러 개가 곧게 자라서 흰색 두상꽃차례가 하늘을 향해 피며, 꽃 밑에는 흰 털이 촘촘하게 난다. 꽃턱잎 조각은 3줄로 배열되며 곧게 서고, 각 꽃턱잎 조각 끝의 바깥에는 뿔 모양의 돌기와 더불어 털이 있으며 자주색이 돈다. 꽃이 진 다음 꽃줄기는 점점 나와 잎보다 훨씬 길어진다. 꽃이 지고 씨앗이 익을 무렵에는 밑 부분의 꽃턱잎 조각들이 서양민들레처럼 아래로 젖혀지기도 하므로 꽃이 진 다음에는 서양민들레와 혼동할 수도 있다. 씨앗의 앞부분에는 홈과 혹이 많으며 윗부분에는 석순 같은 돌기가 있고, 갓털은 흰색 또는 갈색을 띤다.

흰민들레도 잎을 자르면 흰 유액이 나오며, 예전에는 이것을 손등에 난 사마귀를 없애는데 바르기도 했다. 한방에서는 꽃이 피기 전 뿌리와 함께 채취해 말린 것을 포공영, 지정이라 해 민들레와 같은 용도의 약재로 이용하며, 민들레 종류 중 약성이 가장 뛰어난 것으로 알려져 있다.

서양민들레

유럽이 원산지로 대표적인 귀화식물이다. 사람이 거주하는 곳이면 어디서든 흔하게 자라며, 꽃은 봄부터 시작해 가을까지 피고 지기를 계속한다. 따뜻한 남부지방에서는 겨울에도 꽃이 핀다.

전체적으로 토종민들레와 비슷하게 생겼지만, 서양민들레는 토종민들레에 비해 잎의 수가 훨씬 많고, 꽃 색도 더 짙다. 꽃도 토종에 비해 크고 두상꽃차

서양민들레

레를 형성하는 혀꽃의 숫자도 훨씬 많아 빼곡하게 뭉쳐 핀다. 또 꽃봉오리일 때부터 꽃턱잎의 아래쪽 2줄이 아래쪽으로 완전히 젖혀지므로 구별할 수 있다.

TIP
토종 민들레와 서양민들레의 차이

토종 민들레는 싹이 터서 꽃을 피우기까지 여러 해가 걸리지만, 서양민들레는 싹이 트는 그 해에 꽃이 피고 씨앗을 맺는다. 또 토종 민들레는 이른 봄에 꽃이 피고 열매를 맺으면 더 이상 꽃을 피우지 않지만, 서양민들레는 봄부터 가을까지 계속해 꽃이 피고 씨앗을 맺는다.

토종 민들레는 주위에 다른 꽃이 없으면 꽃가루받이를 하지 못하고 빈껍데기 씨앗을 맺지만, 서양민들레는 주위에 다른 꽃이 없으면 스스로 자신의 꽃가루로 꽃가루받이를 해 씨앗을 맺고 번식한다.

서양민들레

국 화 과

모둠 37

뻐꾹채 · 엉겅퀴 · 큰엉겅퀴 · 바늘엉겅퀴
지느러미엉겅퀴 · 고려엉겅퀴

뻐꾹채

엉겅퀴

큰엉겅퀴

바늘엉겅퀴

지느러미엉겅퀴

고려엉겅퀴

뻐꾹채

전국에 분포하며, 야산의 햇볕이 잘 드는 메마른 풀밭과 절개지 등에 자란다. 깊은 산의 묘지 주위에 자라기도 하며, 특히 강원도 정선 · 영월 · 평창 · 태백 · 단양의 석회암지대에 분포도가 높다. 30~70cm 높이로 곧게 자라고 가지는 치지 않으며, 줄기 끝에 커다란 꽃이 1송이씩 달린다.

잎은 뿌리와 줄기에서 나며, 뿌리에서 나는 잎은 민들레나 엉겅퀴와 같이 깊이 갈라진다. 잎이 길며, 잎줄기와 잎 앞뒷면에 짧은 흰 털이 많다. 줄기에 달리는 잎은 어긋나며 긴 타원형으로 잎 중간 맥까지 깊이 파이고, 위쪽으로 갈수록 급격하게 작아진다. 뿌리는 대형으로 땅속 깊이 들어가는데, 어릴 때는 곧게 자라지만 오래 묵을수록 굵어지며 울퉁불퉁해지고, 껍질은 검고 속살은 하얗다.

꽃은 5~6월에 피며, 꽃 전체가 1송이로 보이지만 실제로는 수많은 긴 관 모양의 대롱꽃들이 모여 하나의 두상꽃차례를 이루며, 이들을 갈색 꽃턱잎 6겹이 감싸고 있다. 뻐꾹채의 두상꽃차례를 형성하는 대롱꽃들은 성전환을 하며, 모든 수술이 중앙 부분에 모여 붙어서 원통 모양을 이루고, 매 개체에 의해 무게가 전달되면 밑에서부터 암술이 꽃가루를 밀면서 올라오면 수술시기가 도래한다. 꽃가루를 모두 방출하고 나면 암술이 수술 밖으로 길게 올라오면서 끝이 2갈래로 갈라지며 암술시기가 도래한다. 이것은 수술과 암술의 시기를 달리해 한 꽃에서 꽃가루받이가 이루어지는 것을 피하고, 다른 꽃으로부터 우수한 유전자를 받기위한 전략이다. 꽃은 엉겅퀴 꽃을 닮았으나 더 크고 탐스러우며 꽃 주위에 가시가 전혀 없다. 엉겅퀴의 잎은 톱니 끝이 날카로운 가시로 되지만 뻐꾹채 잎의 톱니 끝은 둥글고 부드럽다.

열매는 수과로 타원형이며 6월 말에서 7월초에 익고, 위쪽에는 짧은 갓털이 여러 개 달려 있다. 갓털은 씨앗이 완전히 익어 부풀어 오르면 바람에 쉽게 날아가 자손을 멀리 보내는 역할을 한다.

엉겅퀴

전국의 들판이나 야산의 숲속, 산길 옆, 나무가 우거지지 않은 산비탈의 초원지대에서 다른 식물과 함께 자란다. 엉겅퀴는 형제식물이 29종이나 될 만큼 많은 종이 자라며, 대부분 잎에 결각이 많고 끝이 날카로운 가시로 되어 있어 험상궂지만, 꽃이 아름답고 약효와 영양을 함유하고 있어 나름 사랑받는 식물이다.

줄기는 곧게 자라고, 위쪽에서 짧은 가지를 여러 개 친다. 뿌리에서 자라나는 잎은 긴 타원형이며 깃털처럼 잎줄기까지 깊이 찢어지고, 줄기에 나는 잎은 잎줄기까지 깊이 갈라지며, 갈라진 가장자리가 다시 갈라져 깊게 파인다. 잎의 밑 부분은 줄기를 감싸고, 결각의 끝 부분은 모두 날카로운 가시로 변한다. 어린 싹일 때에는 흰 털이 많이 나지만 자라면서 차츰 없어진다.

6~7월에 원줄기와 가지 끝에 보랏빛 또는 붉은색 두상꽃차례가 1송이씩 달린다. 꽃송이는 얼핏 보면 1송이 같지만 긴 관 모양의 작은 꽃들이 모여 하나의 두상꽃차례를 이루고 있다. 두상꽃차례의 아래쪽을 감싸고 있는 꽃턱잎은 7~8열로 배열되고, 안쪽의 것일수록 길며 끈끈한 점액이 있어 만지면 끈적거린다.

열매는 꽃이 진 다음 수과로 익으며 씨앗은 타원형으로 위쪽에 흰 갓털이 붙어 있어 바람에 날려 흩어진다. 엉겅퀴 꽃의 색깔은 지역에 따라 보라색 또는 붉은색으로 조금씩 차이가 나는데, 이것은 토양액의 성질에 따른 것으로 여겨진다. 엉겅퀴 꽃의 주성분은 안토시아닌이라는 물질로 이 색소는 세포액 내의 pH농도에 따라 색깔이 변하는 성질이 있으며, 산성 농도에 따라 붉은색의 짙기가 변하기 때문이다.

엉겅퀴는 피를 엉키게 해 멈추게 하는 지혈작용, 즉 상처가 났을 때 잎을 짓찧어 붙이면 금방 피를 엉키게 한다는 의미에서 붙은 이름이다. 지역에 따라 가시나물, 엉그생이, 항가시, 항가새, 황가시나물, 야홍화, 홍남화, 소왕이, 소쌩이 등 다양한 이름으로 불린다.

큰엉겅퀴

주로 경상북도와 강원도에 분포하며, 강가의 습지나 임도를 따라 습기 있는 숲 가장자리에 자란다. 줄기는 곧게 서고 세로로 난 줄이 있으며, 높이 1~2m로 엉겅퀴 중 가장 크게 자란다. 가지를 많이 치며, 위쪽에 거미줄 같은 털이 많이 난다.

잎은 뿌리와 줄기에서 나며, 뿌리에서 나는 잎과 줄기 밑에 나는 잎은 꽃이 필 때쯤 모두 말라 없어진다. 줄기 중간에는 잎자루가 없는 잎들이 어긋나며 돌려나고 잎끝이 뒤로 젖혀지며 꼬리처럼 길고, 가운데 잎맥 가까이까지 깃털 모양으로 깊게 갈라진다. 갈라진 조각 가장자리에는 깊이 파인 톱니가 있으며, 끝이 날카로운 가시로 변한다.

8~9월에 잎겨드랑이에서 자라나는 가지와 줄기 끝에서 짧은 꽃대가 갈라지며 끝에 보라색 두상꽃차례들이 피며 전체적으로 많은 꽃이 달린다. 두상꽃차례들은 밑을 향해 숙여 핀다. 6줄로 배열된 꽃턱잎 조각들은 끝이 날카롭고 뒤로 젖혀지며, 위쪽으로 갈수록 좁아지고 끈끈한 거미줄 같은 털이 있다. 꽃턱잎이 위로 갈수록 좁아지므로 대롱꽃들은 끝 부분에서 넓게 펼쳐진다.

열매는 수과로 긴 타원형이고 모가 난 줄이 4개 있으며 긴 갈색 갓털이 달려 있다. 줄기가 마른

뒤에도 꽃턱잎의 위쪽이 좁아져 있어 씨앗들이 쉽게 흩어지지 못한다. 키가 크게 자라 큰엉겅퀴란 이름이 붙었으며, 도깨비엉겅퀴 또는 수그린엉겅퀴라고도 부른다.

바늘엉겅퀴

제주도와 전라남도 보길도에 자라는 한국특산식물로 자생지에서도 개체수가 적어 산림청에서 희귀 및 멸종위기 식물로 지정·보호하고 있다. 뿌리는 땅속 깊이 들어가고, 원줄기는 굵게 자라며 가지를 친다. 줄기에는 세로로 난 줄이 있으며 조금 강한 털이 난다.

잎은 뿌리와 줄기에서 나며, 뿌리에서 나는 잎은 끝이 꼬리처럼 길며 밑 부분이 좁고 깃털 모양으로 깊게 갈라진다. 갈래 조각은 삼각형으로 보통 3조각으로 갈라지며 아래쪽 조각은 위쪽으로 서고 끝 부분은 굳어 날카로운 가시로 변한다. 잎줄기 밑에는 강한 털이 난다. 줄기에 나는 잎은 어긋나고 뿌리에서 나는 잎과 같으나 훨씬 작고 잎자루가 없다.

7~8월에 줄기와 가지 끝에 보라색 또는 흰색 두상꽃차례가 1송이씩 달린다. 두상꽃차례는 꽃턱잎에 싸여 있고, 꽃턱잎 조각은 7줄로 배열되며 바깥쪽 조각은 바늘 모양이고 거미줄 같은 털이 촘촘하게 난다. 열매는 수과로 9~10월에 익고, 씨앗 윗부분은 노랗고 다른 부분은 보라색을 띠며 갓털은 희다.

제주도에서는 소들이 풀을 뜯다가 바늘엉겅퀴를 만나면 날카로운 가시 때문에 뒤로 물러서는 모양을 보고 소왕이라 부른다. 그러나 말들은 발굽으로 짓이겨 부드럽게 한 다음 먹는다고 한다. 잎의 결각 끝이 날카로운 바늘 모양으로 생겨 바늘엉겅퀴라는 이름이 붙었으며, 탐라엉겅퀴라 부르기도 한다. 흰색으로 피는 종은 흰바늘엉겅퀴로 구분한다.

지느러미엉겅퀴

유럽이 원산인 귀화식물로 전국에 분포하며, 다른 엉겅퀴 종류와 달리 두해살이식물이다. 아직 산속에서 발견되지는 않지만 산간지역의 농토 주위에서도 쉽게 발견될 정도로 광범위하게 서식하므로 머지않아 숲속까지 침범할 것으로 보인다.

줄기는 많은 가지를 치며 전체에 지느러미 모양의 좁은 날개가 있고, 날개의 가장자리는 가시로 끝나는 불규칙한 톱니가 촘촘하게 난다. 뿌리에서 나는 잎은 꽃이 필 때 말라 없어진다. 줄기에 달리는 잎은 어긋나며 깃털 모양이거나 얕게 갈라지고 가장자리에는 끝이 가시로 변하는 불규칙한 톱니가 있다. 밑 부분은 잎자루 없이 줄기의 날개로 이어지며, 아랫면에는 거미줄 같은 흰 털이 난다.

6~8월에 가지 끝에 보라색 또는 흰색 두상꽃차례가 1송이씩 달리며, 두상꽃차례는 엉겅퀴 종류 중에서 가장 작다. 꽃턱잎은 7~8줄로 배열되고, 끝이 가시처럼 뾰족하며 바깥쪽일수록 짧고 아래쪽에서 수평으로 젖혀진다. 열매는 수과로 타원형이고 흰 갓털이 있다. 꽃은 작지만 짙은 보라색으로 아름답게 피고, 가시가 많아 몹시 험상궂어 보인다. 꽃이 흰색으로 피는 종을 흰지느러미엉겅퀴로 구분한다.

고려엉겅퀴

고려엉겅퀴는 한국특산식물로 전국에 분포하며, 특히 백두대간을 따라 강원도지역의 높은 산간지대에 분포도가 높다. 조금 깊은 산골짜기 북향의 비탈진 낙엽수림 밑과 초원지대에서 다른 식물과

함께 자란다. 보통 4~5년 지나면 뿌리가 썩어 생을 마감하고, 씨앗이 떨어져 새로운 후손들이 자라난다.

뿌리는 곧게 뻗으며 마치 우엉뿌리와 비슷하게 생겼고, 줄기는 곧게 자라며 많은 가지가 사방으로 갈라지면서 퍼진다. 싹이 튼 해에는 뿌리에서 올라오는 긴 잎줄기가 있는 잎만 3~5장 올라오지만, 2~3년부터는 굵은 줄기가 자라나며 잎겨드랑이마다 가지가 나와 커다란 포기를 이룬다. 줄기와 잎자루는 속이 비어 있으며, 뿌리에서 난 잎과 줄기 밑에서 올라오는

고려엉겅퀴(흰고려엉겅퀴)

잎은 타원형으로 끝이 뾰족하고 기다란 잎자루가 있다. 잎 윗면은 녹색으로 흰 털이 조금 나며 아랫면은 흰 빛을 띠며 털은 없고, 가장자리에 미세한 톱니와 가시가 있다. 줄기에 달리는 잎은 길쭉한 달걀형으로 끝이 뾰족해지고 밑 부분은 잎자루를 타고 흐르며, 가장자리에는 겹톱니가 불규칙하게 난다. 잎은 줄기 위쪽으로 갈수록 잎자루가 짧아지며 긴 타원형으로 변하고, 줄기 아래쪽의 잎은 꽃이 필 무렵 모두 말라 없어진다.

8~10월에 갈라진 가지 끝마다 엉겅퀴 꽃을 닮은 작은 자주색 두상꽃차례가 1송이씩 핀다. 열매는 수과로 10~11월 익으며, 씨앗은 타원형으로 위쪽에 갓털이 있다. 늦게 피는 꽃은 결실율이 낮아 많은 꽃을 피워도 싹을 틔울 씨앗은 그리 많지 않다.

엉겅퀴하면 우선 잎에 날카로운 가시가 있어 험상궂은 모양부터 떠오르나 고려엉겅퀴는 잎에 가시가 전혀 없으며 넓고 부드럽다. 긴 잎줄기가 있는 넓은 잎이 바람에 흔들리면, 그 모양이 마치 술이나 잠에 취해 몸을 가누지 못하고 흐느적거리는 모양을 닮았다 해 강원도 산간지역에서는 곤드레라고 부른다. 곤드레나물밥의 재료로 유명하며, 다른 엉겅퀴들은 식·약용으로 이용하지만, 고려엉겅퀴는 식용으로만 이용한다.

곰취　미역취

참취

국 화 과

모둠 38

곰취 · 미역취 · 참취

곰취

미역취

참취

곰취

곰취는 제주도를 비롯한 전국의 해발 500m 이상 되는 깊은 산속에 자라며, 해발 700m 이상 지대에서는 햇볕이 잘 드는 초원지대에서, 낮은 지대에서는 북향의 비탈진 낙엽수림 밑 조금 그늘지고 습한 곳에서 자란다.

잎은 뿌리줄기에서 돋아나오며 50cm까지 자라는 긴 잎자루 끝에 연하고 큰 잎이 달린다. 잎에는 털이 없고 매끄러우며 잎 가장자리에 규칙적인 톱니가 있다. 잎자루는 곧게 서며 안쪽에 줄처럼 파인 홈이 있고, 연한 갈색 거미줄 같은 털이 있다. 줄기에는 작은잎이 3장 정도 달리며, 위쪽으로 갈수록 잎자루의 날개가 발달해 줄기를 감싼다.

7~9월에 1m 정도의 꽃대가 나와 두상꽃차례들이 총상꽃차례로 달리며, 각각의 두상꽃차례는 이삭잎에 싸여 있고 한 줄로 배열된 줄 모양의 꽃턱잎 조각들은 잔 모양을 이룬다. 두상꽃차례의 혀꽃은 짙은 노란색으로 7~8장이 돌려나고, 안쪽은 잔 모양의 노란색 대롱꽃들로 이루어졌으며, 각각의 대롱꽃들은 피어나면서 중간에서 5갈래로 갈라지며 뒤로 젖혀진다. 수술과 암술은 길어 꽃 밖으로 나오며, 모든 수술이 중앙으로 모여 하나의 기둥 모양을 이루고, 끝에서 노란색 꽃가루가 나오며 수술시기가 도래한다. 꽃가루를 모두 방출하고 나면 수술대 중간에서 암술이 올라와 끝이 2갈래로 갈라지며, 수정이 이루어지고 나면 끝이 뒤로 말리면서 8자 모양을 이룬다. 열매는 수과로 10월에 익으며, 씨앗에는 갈색 갓털이 붙어 있어 바람에 쉽게 흩어진다.

미역취

전국에 분포하며, 산지의 햇볕이 잘 드는 숲 가장자리나 초원에서 다른 식물과 함께 자란다. 줄기는 곧게 자라고 윗부분에서 가지를 치며, 밑 부분은 자주색을 띠고 잔털이 난다.

뿌리줄기에서 올라오는 잎은 넓은 타원형으로 양 끝이 뾰족해지고 가장자리에 톱니가 있으며, 꽃이 필 무렵 말라 없어진다. 긴 잎자루에는 날개가 있다. 줄기에 나는 잎은 어긋나고 줄기 위쪽으로 갈수록 잎은 작아지고 폭도 좁아지며 잎자루가 없어진다.

미역취

7~8월에 원줄기와 가지 위쪽이 꽃대로 변하며 짧은 가지를 치고, 두상꽃차례 3~5개가 산방상으로 달리며 전체적으로 수상꽃차례를 이룬다. 꽃은 가장자리에 암꽃인 노란색 혀꽃이 배열되고, 가운데에 양성화인 대롱꽃들이 여러 개 모여 있으며, 꽃턱잎은 좁은 잔 모양이고 4줄로 배열된다. 열매는 수과로 원통형이며 위쪽에 흰 갓털이 붙어 있어 씨앗이 익으면 갓털이 부풀며 바람에 날려 흩어진다.

참취

전국에 분포하며, 낮은 지대 숲속에서부터 해발 1,500m 내외의 산지 초원지대나 산기슭의 낙엽활엽수림 밑에서 다른 풀들과 함께 자라는 방향성식물이다. 줄기는 곧게 자라고, 위쪽에서 가지를 치며 뿌리줄기는 굵고 짧다.

　뿌리에서 나는 잎은 잎자루가 긴 심장형으로 아랫부분은 잎자루로 흐르고 꽃이 필 무렵 모두 말라 없어진다. 줄기에 달리는 잎은 어긋나며 위

쪽으로 갈수록 작아져서 달걀형으로 변하고, 가장자리에 톱니가 있으며, 윗면은 녹색, 아랫면은 엷은 흰색을 띤다. 줄기와 잎 아랫면에는 거친 털이 난다.

　8~10월에 원줄기와 가지 끝에 두상꽃차례들이 모여 산방꽃차례를 이루며, 흰 혀꽃이 조금 엉성하게 달린다. 밑 부분에는 암술이 하나 달리고, 가운데 노란 대롱꽃 여러 송이가 모여 달리며, 꽃부리는 위쪽에서 5갈래로 갈라져 뒤로 젖혀진다. 뭉쳐서 올라오는 수술 속에 암술이 위치하며, 수술이 노란 꽃가루를 내보내고 나면 흰 암술머리가 수술보다 길게 나온다. 꽃턱잎은 술잔 모양이고 3줄로 배열된다. 열매는 수과이며 창날 모양으로 작고 갓털은 회백색을 띤다.

　참취는 무성번식하는 식물로 뿌리에서 올라오는 잎 위에 간혹 새끼 포기가 만들어져 자라고, 잎이 땅에 닿으면 곧 뿌리를 내리고 한 포기의 독립된 개체를 이루기도 한다.

　참취는 취나물 중 맛과 향이 가장 뛰어나 곰취와 함께 산나물의 대명사로 불린다.

국 화 과

모둠 39

구절초 · 산구절초 · 바위구절초
포천구절초 · 마키노국화 · 해국

구절초

산구절초

바위구절초

포천구절초

마키노국화

해국

구절초

흰색 또는 연분홍색 꽃을 피우는 대표적인 가을꽃이다. 줄기는 가지를 치지 않으며, 땅속줄기가 옆으로 길게 뻗으면서 새싹을 내어 포기를 늘려간다.

잎은 깃털처럼 깊게 파이고 가장자리에 톱니가 있다. 9~10월에 줄기 끝마다 두상꽃차례가 1송이씩 피며, 가장자리에는 흰색 또는 연분홍색의 혀꽃들이 배치되고, 안쪽에는 노란색 대롱꽃들이 나선상으로 배치된다. 가장자리에 있는 혀꽃은 꽃잎 3장이 압축된 모양으로 밑 부분은 깔때기 모양이며, 중심에 암술 하나만이 배치된다. 안쪽의 대롱꽃들은 중간에서 5갈래로 갈라지며 벌어지고, 밖에서부터 안쪽을 향해 피어가는 무한꽃차례다.

먼저 꽃잎이 벌어지면 수술이 꽃 밖으로 돌출되며, 모든 수술이 중앙으로 모여 노란색 기둥 모양을 이루고, 밑에서부터 암술이 노란색 꽃가루를 밀고 올라오면 수술시기가 도래한다. 꽃가루를 모두 방출하고 나면 암술이 길게 올라와 끝이 2갈래로 갈라지며 암술시기가 도래한다. 꽃에서 좋은 향기가 난다.

이렇게 두상꽃차례 속의 꽃이 밖에서부터 안쪽으로 향해 피어가므로 바깥쪽이 안쪽보다 꽃가루받이 확률이 높아 결실율도 바깥쪽이 높다. 열매는 수과로 10월 말에서 11월 중순 사이 여물며, 작고 긴 갓털 밑에 붙어 있다. 갓털에서 좋은 향기가 난다.

구절초는 보통 음력 5월 단오가 되면 5마디가 되고, 9월 9일이면 9마디 즉 구절(九節)이 되며, 이때 꽃과 줄기를 잘라다가 약재로 사용한데서 유래된 이름이다. 지역에 따라 넓은잎구절초, 구일초, 선모초, 들국화, 고뽕이라 부른다.

산구절초

중부지방 태백산맥 높은 지대의 햇볕이 잘 드는 산지 메마른 바위 주위나 비탈 절개지에 주로 자란다. 특히 오대산과 설악산 주위에 분포도가 높다. 자생지에서도 개체수는 많지 않다. 높은 지대의 메마르고 열악한 환경에서 자라는 개체들은 10cm 정도로 낮게 외대로 자라지만, 환경이 좋은 곳에서 자라는 개체들은 60cm 정도까지 자라며 가지를 여러 개 치고 많은 꽃이 핀다.

봄에 뿌리줄기로부터 올라오는 잎은 꽃이 필 무렵이면 모두 말라 없어진다. 줄기에 나는 잎은 어긋나며 넓은 잎자루가 있고, 깃털 모양으로 2번 갈라지거나 깊게 찢어진다.

9~10월에 원줄기와 가지 끝에 구절초보다 조금 작은 두상꽃차례가 1송이씩 달린다. 처음 피어날 때에는 혀꽃이 연붉은색을 띠었다가 수정이 이루어지면 차츰 흰색으로 변해간다. 꽃턱잎은 공을

반으로 자른 모양이고, 3줄로 늘어서며 바깥 조각은 줄 모양이고 막질로 되어 있다. 전체적으로 구절초와 비슷하지만 잎이 보다 가늘게 갈라지고, 꽃대가 높이 자라며 가지가 갈라지는 점이 다르다.

깊은 산속에서 자라고 부인병의 치료에 쓰이는 풀이라 해 선모초라 부르기도 하며, 잎이 가늘게 찢어지므로 가는잎구절초라 부르기도 한다.

바위구절초

한국특산식물로 중부 이북지역 높은 산 정상 부근의 바위틈이나 암석지에 자란다. 태백산맥의 줄기를 따라 경상북도 주왕산과 강원도의 태백산·대관령·설악산 정상 부근 바위틈에 드물게 자생하며, 백두산의 높은 지대에 자생하는 구절초는 대부분 바위구절초다. 줄기는 낮게 자라고 가지는 치지 않으며, 회백색을 띤다. 땅속줄기가 옆으로 뻗으면서 포기를 늘려 간다.

잎은 깃털 모양으로 깊게 갈라지거나 전부 갈라지며, 갈래조각은 끝이 날카롭다. 아래쪽 잎에는 잎자루가 있으나 위쪽으로 갈수록 짧아지며 잎자루의 밑 부분이 넓어져 줄기를 절반 정도 감싼다.

꽃은 8-9월에 줄기 끝에 1송이씩 달리며 갓 피어나는 꽃의 혀꽃은 연붉은색을 띠었다가 수정이 이루어지고 나면 차츰 흰색으로 변한다.

언뜻 보면 산구절초와 비슷해 구분하기 어렵지만 그보다 키가 낮게 자라고, 원줄기와 잎에 흰 털이 덮여 있으며 잎도 더 가늘게 갈라지고, 꽃이 피어날 때에 혀꽃의 색도 더 붉고 크기도 더 크게 피는 점이 다르다.

포천구절초

경기도와 강원도 영서 북부지역의 습기가 많고 햇볕이 잘 드는 냇가 주위나 낮은 야산의 산등성이 서늘한 곳에 자란다. 줄기는 엉성하게 가지를 치고, 잎은 다른 구절초에 비해 가늘고 길게 갈라진다. 9~10월에 연붉은색 꽃이 줄기 끝에 1송이씩 달린다. 경기도 포천에서 처음 채집되어 포천구절초라는 이름이 붙었다.

마키노국화

중부 이북지역 석회암지대의 적당히 습기가 유지되는 산기슭 절개지 주위에서 자라며, 개체수가 많지 않다. 줄기 위쪽에서 짧은 가지를 여러 개 친다. 꽃이 피지 않는 시기에는 산국과 비슷하나 잎 아랫면에 짧은 솜털이 빽빽하게 나는 것이 다르다.

땅속줄기가 옆으로 뻗으면서 여러 갈래로 갈라지고, 중간에서 새싹을 내며 포기를 늘려간다. 잎은 어긋나며 가장자리는 얕게 파이며 굵은 톱니가 있다. 10월에 갈라진 가지 끝에 연분홍색이나 흰색 두상꽃차례가 1송이씩 달리며, 구절초에 비해 작고 전체적인 모양이 깨끗해 보인다. 열매는 수과로 11월 말에 익으며, 물에 젖으면 끈적거린다.

일본의 식물학자 마키노가 일본에서 처음 채집해 일본특산식물로 마키노란 이름을 붙였으나 우리나라에서도 발견되었다. 꽃에서 한약재인 용뇌와 비슷한 향기가 난다 해 뇌형국화 또는 용뇌국화라 부르기도 한다.

해국

바닷가 절개지나 해안 절벽에 붙어 자란다. 줄기 밑 부분이 나무줄기처럼 약간 단단하게 굳어지고, 아래쪽에서 많은 가지를 치며 비스듬히 자란다. 전체에 흰 털이 빽빽하게 난다.

그 해에 꽃이 피는 줄기와 이듬해 꽃이 필 짧은 줄기가 함께 자라며, 어릴 때에는 잎이 줄기에 다닥다닥 붙어 위에서 보면 뭉쳐나는 것처럼 보인다. 꽃대가 나오지 않는 줄기는 한겨울에도 줄기 위쪽의 잎이 말라 죽지 않고 반 상록 상태로 보낸다.

잎은 줄기에 어긋나고 아래쪽에서는 좁은 간격으로 붙고 두꺼우며, 양면에 털이 빽빽하게 나서 희게 보이고 만지면 끈끈한 느낌이다. 줄기 아래쪽 잎은 위쪽에 둔한 톱니가 몇 개 있고, 꽃이 피는 줄기의 위쪽과 가지에 달리는 잎은 가장자리가 밋밋한 주걱형이다.

9~11월에 줄기와 가지 끝에 연보라색 또는 흰색 두상꽃차례가 1송이씩 달린다. 꽃턱잎은 반구형으로 털이 있으며, 3줄로 배열되고, 점액질이 있어 만지면 끈적거린다. 혀꽃은 연보라색으로 많이 달리며, 대롱꽃은 노랗고 수정이 이루어지면 갈색으로 변한다. 열매는 11월에 익으며 씨앗의 갓털은 갈색이다.

TIP

국화과 식물의 씨앗을 채취해보면 두상꽃차례의 바깥쪽에 맺히는 씨앗들이 크고 충실한 것을 볼 수 있다. 이것은 혀꽃에는 암술만 있고, 대롱꽃들이 바깥쪽에서부터 피기 시작해 안쪽으로 향하므로 일찍 수정한 씨방들이 오랫동안 영양을 공급받기 때문이다.

구절초 종류들은 꽃에서 좋은 향기가 나고 독성이 없어 꽃차 재료로 많이 쓰인다.

금불초 산국

감국

국 화 과

모둠 40

금불초 · 산국 · 감국

금불초

산국

감국

금불초

전국에 분포하며 논둑과 밭둑, 야산의 가장자리 햇볕이 잘 들고 습기가 유지되는 곳에서 자란다. 경기도와 강원도 지역에 분포도가 높으며, 예전에는 인가 주변의 밭 주위에서 흔하게 자랐으나 경지정리와 농로의 포장, 과다한 제초제 사용 등으로 개체수가 많이 줄었다.

줄기는 곧게 자라 위쪽에서 짧은 가지를 치고, 뿌리줄기는 옆으로 뻗으면서 포기를 넓혀 간다. 버드나무 잎을 닮은 잎이 마주나며, 끝은 뾰족하고 밑 부분은 갑자기 좁아져서 잎자루가 없거나 원줄기를 감싼다. 잎 가장자리는 밋밋하고 군데군데 돌출된 점선이 있다. 줄기 밑 부분의 잎들은 꽃이 피기 시작하면 말라 없어진다.

7~9월에 원줄기와 가지 끝에 밝고 노란 두상꽃차례가 1송이씩 피며, 혀꽃이 촘촘하게 붙고, 밑 부분에는 암술대 하나가 길게 나와 2갈래로 깊게 갈라지며 뒤로 젖혀진다. 잔 모양의 대롱꽃은 많이 달리고 끝이 5갈래로 갈라지며 벌어진다. 모든 수술은 중앙으로 모여 기둥 모양을 이루고, 끝에서 노란색 꽃가루가 나오며 수술시기가 도래한다. 꽃가루를 모두 방출하고 나면 수술대 중간에서 암술이 올라오며 끝이 2갈래로 갈라지고, 수정이 이루어지고 나면 끝이 뒤로 말리며 8자 모양을 이룬다. 열매는 10월에 수과로 익으며, 씨앗은 먼지 같이 작고 씨앗에 비해 커다란 갓털이 붙어 있다.

생약명으로 금비초 또는 선복화라 한다. 금비초는 '황금이 부글부글 끓어오르는 듯한 풀'이란 뜻으로, 꽃이 한창 피어날 때 멀리서 바라보면 노란색 꽃이 높고 낮게 무리지어 피는 모양이 마치 황금이 끓어오르는 듯한 모양 같아 붙인 듯하다. 금불초(金佛草)의 한자표기 때문에 불교와 관련된 꽃으로 오해하기 쉬우나 실제로는 불교와 관련이 없으며, 끓일 '비(沸)' 자를 비슷하게 생긴 부처 '불(佛)'로 혼동해 잘못 표기한데서 비롯된 것으로 보인다. 여름에 피는 국화라 해 하국화 또는 하국, 음력 유월에 피는 꽃이라 해 유월국, 동그란 꽃 모양이 금화를 닮았다 해 금전화 또는 금전국이라 부르기도 한다.

산국

전국에 분포하며, 낮은 지대에서는 마을 주변의 밭둑과 산자락으로 이어지는 언덕 주위 비탈의 조금 거름기 있는 곳에 주로 자라며, 높은 산에서는 풀이 무성하지 않은 숲과 비탈, 산길 가장자리까지 널리 퍼져 자란다. 중부지방에 자라는 것들은 대부분 산국으로 보면 된다.

보통 1m 내외로 높이 자라며, 묵은 포기에서는 뿌리줄기로부터 줄기가 여러 대 올라오고, 줄기가 사방으로 많은 가지를 쳐서 무리지어 자라는 것처럼 보인다. 줄기와 잎 아랫면에는 아주 짧은 흰 털이 촘촘하게 나 뽀얗게 보인다. 잎은 어긋나며 국화잎처럼 3~7조각으로 깊이 갈라지고, 가장자리에 불규칙하고 둔한 톱니가 있다.

꽃은 보통 9~10월에 피지만 때로는 한여름부터 피기 시작해 늦가을까지 피므로 꽃 피는 기간이 상당히 길다. 꽃턱잎은 술잔 모양이고 3줄로 배열되며, 안쪽 것은 긴 타원형으로 크고 바깥쪽

은 창날 모양으로 작다. 꽃 중심에 작고 노란 잔 모양의 대롱꽃들이 모여 피며, 각각의 대롱꽃들은 윗부분에서 5갈래로 갈라져 벌어지고, 복판에 수술이 뭉쳐서 꽃 밖으로 나온다. 꽃이 피는 형태는 금불초와 같다. 두상꽃차례 가장자리에 짧고 노란 혀꽃들이 돌려나며, 타원형으로 꽃판보다 짧다. 꽃은 혀꽃이 먼저 피고 안쪽의 대롱꽃들이 밖에서부터 안쪽을 향해 피는 무한꽃차례다.

산국은 가지 끝마다 작은 두상꽃차례들이 다닥다닥 모여 우산꽃차례를 이루며 전체적으로 커다란 겹우산꽃차례를 이룬다. 열매는 달걀형 수과로 매우 작으며, 암술대가 길게 붙어 있다. 꽃에서는 좋은 향기가 난다. 꽃잎을 뜯어 맛을 보면 향기가 진하다 못해 쓴맛이 난다. 산자락에서 주로 자라 산국이란 이름이 붙었다.

감국

제주도를 비롯해 남쪽지방의 해안가에 분포하며, 중부지방에서는 만나기 어렵다. 줄기는 갈색을 띠며 가늘고 길어 비스듬히 누운 듯한 자세로 자란다. 뿌리줄기에서 올라오는 줄기 수는 산국에 비해 적고 가지도 많이 갈라지지 않는다.

잎은 어긋나며 3~5갈래로 깃털처럼 갈라지고, 갈래 조각은 간격이 넓고 가장자리에 날카롭고 불규칙하며 조금 깊은 톱니가 있다. 표면은 짙은 녹색으로 윤기가 난다.

10~11월에 줄기와 가지 끝에 우산꽃차례를 이루며 노란색 꽃이 조금 엉성하게 달리며, 꽃차례의 윗부분은 평편하다. 꽃은 전체적으로 산국 꽃과 비슷하나 크기가 2.5cm 정도로 산국에 비해 훨씬 크고, 혀꽃은 긴 타원형으로 꽃판보다 길다. 대롱꽃들도 많이 달리지 않는다.

제주도에 자라는 감국은 꽃 피는 시기가 11월경으로 늦다. 꽃에서는 좋은 향기가 나며, 간혹 흰색으로 피는 흰감국도 발견된다. 꽃잎을 씹어보면 그윽한 향과 단맛이 나므로 감국이라는 이름이 붙었으며, 단국화라 부르기도 한다.

국 화 과

모둠 41

벌개미취 · 개미취 · 좀개미취

벌개미취

개미취

좀개미취

벌개미취

한국특산식물로 제주도를 비롯한 중부 이남지역에 주로 분포한다. 특히 제주도와 남부지방의 햇볕이 잘 들고 습기가 충분한 풀밭이나 계곡 주위에서 많이 자라며, 일교차가 높은 산간지역에서 꽃 색도 짙고 생육도 왕성하다. 줄기는 곧게 자라고, 위쪽에서 가지를 치며 짧은 털이 나고 세로로 파인 홈과 줄이 있다.

잎은 버드나무 잎처럼 길고, 어긋나며, 양 끝은 뾰족하고 가장자리에 작은 톱니가 있다. 4월에 뿌리줄기에서 돋아나오는 잎은 방석처럼 돌려나며 지면에 낮게 퍼져 자라다가 7~8월에 포기 한가운데로부터 꽃대가 길게 나와 위쪽에서 가지를 치고, 가지 끝마다 연보라색 두상꽃차례가 1송이씩 핀다. 꽃이 필 무렵 뿌리에서 올라오는 잎은 모두 말라 없어진다.

두상꽃차례의 가장자리에는 연보라색 혀꽃들이 배치되고, 안쪽에는 노란색 대롱꽃들이 나선상으로 배치된다. 혀꽃은 꽃잎 3장이 압축된 모양으로 밑 부분은 깔때기 모양이며, 중심에 암술 하나만이 배치된다. 안쪽의 대롱꽃들은 중간에서 5갈래로 갈라지며 벌어지고, 밖에서부터 안쪽을 향해 피어가는 무한꽃차례다. 대롱꽃의 꽃잎이 벌어지면 먼저 수술이 꽃 밖으로 돌출되며, 모든 수술이 중앙으로 모여 붙어서 노란색 원통 모양을 이루고, 밑에서부터 암술이 노란색 꽃가루를 밀고 올라오며 수술시기가 도래한다. 이후 꽃가루를 모두 방출하고 나면 암술이 길게 올라와 2갈래로 갈라지며 암술시기가 도래한다. 한 포기에서 많게는 10송이까지 피며, 꽃턱잎은 술잔 모양이고 긴 타원형으로 가장자리에 털이 나며 4줄로 배열된다. 씨앗은 수과로 긴 타원형이며 갓털은 없다.

개미취

섬지역을 제외한 전국에 분포하며, 태백산맥의 주능선인 강원산간의 높고 깊은 산지 비탈에 많이 자란다. 뿌리줄기는 짧고 줄기 윗부분에서 가지가 많이 갈라지며 짧은 털이 촘촘하게 난다.

뿌리줄기에서 나는 잎은 잎자루가 길며, 양면에 짧은 털이 나고, 가장자리에 규칙적인 톱니가 있다. 밑 부분은 점점 좁아져 잎자루로 흐르며 꽃이 필 무렵이면 모두 말라 없어진다. 줄기에 나는 잎은 어긋나며 끝은 뾰족하고, 가장자리에 날카로운 톱니가 있으며 밑 부분은 좁아져 줄기에 붙는다.

꽃은 원줄기와 줄기 윗부분의 잎겨드랑이에서 나온 가지 끝에 산방꽃차례를 이루며 8~10월에 핀다. 중부지방에 자라는 개미취는 꽃이 많이 달리고 줄기가 억세어 잘 쓰러지지 않는다. 혀꽃은 가늘고 조금 엉성하게 달리며, 꽃 색은 짙은 하늘색으로 약간 꼬이듯 핀다. 꽃이 피는 모양은 벌개미취와 같으나 대롱꽃이 많이 달리지 않는다. 꽃턱잎은 술잔 모양이며 긴 타원형이고 3줄로 배열된

개미취

다. 자라는 지역의 고도와 기후에 따라 꽃 색의 짙고 엷음에 많은 차이가 난다.

개미취는 취자가 붙은 나물 중에서 유독 묵나물로 만들어 먹는 나물이다. 봄에 어린순을 채취해 약한 소금물에 데쳐서 우려낸 다음 말려 보관했다가 필요시 따뜻한 쌀뜨물에 불린 다음 기름에 볶거나 무치면 섬유질이 부드러워져서 맛이 한결 좋아진다. 꽃줄기에 개미가 붙은 듯한 털이 나고, 나물로 먹을 수 있어 개미취라는 이름이 붙었다.

좀개미취

중부 이북지역의 깊은 계곡이나 냇가 주위의 습기 있는 곳에 자라며, 분포지가 제한적인 희귀식물이다. 오대산과 설악산 주위에 분포도가 조금 높은 편이다. 줄기는 가늘고 연약해 보이며 자주색이 돌고 밑에서부터 많은 가지를 친다.

뿌리에서 올라오는 잎은 꽃이 필 무렵 말라 없어지고, 줄기에 달리는 잎은 간격이 좁게 어긋난다. 잎끝은 길게 뾰족해지며 밑 부분은 좁고 양면에 잔털이 나며 뒤로 약간 젖혀진다. 가장자리 끝부분에만 간격이 넓은 톱니가 있다.

9~10월에 가지 끝마다 엷은 하늘색 두상꽃차례들이 달리며, 혀꽃은 가늘고 길며 대롱꽃은 노란색으로 핀다. 꽃턱잎은 3줄로 배열되며 긴 타원형으로 끝이 둥글고 바깥 조각이 가장 짧다. 열매는 수과로 10월 말에서 11월 초순경 익으며 씨앗은 작고, 긴 갓털이 달려 있다.

개미취에 비해 작게 자라 좀개미취란 이름이 붙었다.

산비장이　한라산비장이

국 화 과

모둠 42

산비장이 · 한라산비장이

산비장이

한라산비장이

산비장이

전국에 분포하며, 깊은 산속의 햇볕이 잘 드는 산길 옆이나 나무가 적고 초원으로 이루어진 곳에서 다른 식물과 어울려 자란다. 낮은 지역에서는 발견되지 않는다. 줄기는 곧게 서며 세로로 난 줄이 있고, 뿌리줄기는 나무줄기처럼 단단하다.

잎은 홀수깃꼴겹잎으로 뿌리에서 나는 잎과 줄기에서 나는 잎이 있으며, 뿌리에서 나는 잎은 잎자루가 길며 깃털 모양으로 완전하게 갈라지고, 갈래조각 밑 부분은 좁아져 갈래조각의 자루처럼 변한다. 가장자리에는 일정하지 않은 거친 톱니가 있으며 꽃이 필 때 쯤 모두 말라 없어진다. 줄기에 나는 잎은 뿌리에서 난 잎과 닮았으며 위쪽으로 갈수록 작아지고, 갈래조각의 밑 부분은 중심축에 붙어 날개 모양으로 변한다.

7월 말경부터 9월 초순 사이 줄기 끝과 위쪽의 잎겨드랑이 사이에서 자라난 꽃대 끝에 두상꽃차례가 나와 엉겅퀴 꽃을 닮은 홍자색 꽃이 핀다. 꽃턱잎은 종 모양으로 녹황색을 띠고, 6줄로 늘어서며 끝이 날카롭고 겉에는 거미줄 같은 털이 약간 난다.

산비장이도 다른 국화과 식물처럼 성전환을 하며, 먼저 수술이 뭉쳐 발달하며 위쪽에서 꽃가루받이 매개체들에 의해 무게가 전달되면 아래쪽에서 암술이 하얀 꽃가루를 밀면서 올라온다. 꽃가루가 다 배출되어 수술시기가 끝나면 수술은 4개로 갈라져 젖혀지고, 암술이 길게 나와 2갈래로 갈라지며 암술시기가 도래한다. 꽃가루받이가 끝나면 수정이 이루어졌다는 표시로 암술 끝은 완전하게 뒤로 말리며 '∞' 형태를 이룬다. 열매는 수과로 타원형이고 씨앗이 익으면 갈색 갓털이 부풀면서 바람에 의해 흩어진다.

비장(裨將)은 조선시대 감사, 유수, 병사, 수사 등을 따라 다니던 수행원으로 무관이지만 지방 수령의 막료 격이어서 상당한 행사를 했다고 한다. 아마도 여름에서 가을로 넘어가는 때에 깊은 산속의 길 옆이나 초원지대에서 큰 키에 붉은색 꽃을 피워 눈에 쉽게 띄므로 계절을 지키는 식물이라 해 지방 수령을 경호하던 비장에 견주어 지은 이름으로 여겨진다.

한라산비장이

제주도의 한라산 해발 1,000~1,900m 사이에는 높이 30~50cm로 자라는 왜성종이 발견된다. 전체적인 모양과 특징은 산비장이를 닮았지만 키가 작고 위쪽의 잎겨드랑이마다 꽃대를 올리므로 많은 꽃이 달리는 점이 다르다. 키가 낮게 자라지만 토양이 비옥한 곳에서는 1m까지 자라기도 한다.

TIP

산비장이와 엉겅퀴를 혼동하는 사람이 많으나 잎과 줄기를 살펴보면 쉽게 구분이 가능하다. 엉겅퀴 잎은 뻣뻣하고 결각 끝이 날카로운 가시로 변하며 줄기가 굵은 반면, 산비장이의 잎은 깃털 모양으로 깊이 갈라지며 가시가 없고 부드럽다. 줄기는 가늘고 날씬하다. 꽃이 피는 시기도 엉겅퀴는 한여름인 7~8월에 피는 반면, 산비장이는 이보다 한 달 정도 늦은 8~9월에 피며, 엉겅퀴보다 높은 곳의 햇볕이 잘 드는 초원지대에 자란다. 씨앗에 붙은 갓털도 엉겅퀴에 비해 짧아 멀리 이동하지 못한다.

신비장이

한라산비장이

신솜방망이　솜방망이

물솜방망이　바위솜나물

국 화 과

모둠 43

산솜방망이 · 솜방망이 · 물솜방망이 · 바위솜나물

산솜방망이

솜방망이

물솜방망이

바위솜나물

산솜방망이

깊은 산속 습기 있고 햇볕이 적당히 드는 초원지나 숲 가장자리에 다른 식물과 함께 자란다. 지리산·태백산·대관령·점봉산지역에 분포도가 높으나 개체수가 적다. 줄기는 곧게 자라고 가지는 치지 않으며, 세로로 골이 졌고 거미줄 같은 흰 솜털이 많다.

봄에 뿌리줄기에서 올라오는 잎은 잎자루가 길며 털이 나 있어 희게 보이고, 꽃이 필 무렵 모두 말라 없어진다. 줄기에 달리는 잎은 어긋나며, 가장자리에 불규칙한 톱니가 있다.

8~9월에 원줄기 위쪽에서 여러 갈래로 짧게 가지가 갈라지며, 주황색 두상꽃차례 5~20개가 산방꽃차례를 이루며 모여 달리므로 멀리서 보면 마치 작은 꽃방망이처럼 보인다. 특히 위쪽 꽃대 주위의 잎과 꽃줄기, 꽃자루, 꽃턱잎 등에는 흰색 섬유질 같은 솜털이 거미줄처럼 뭉쳐난다. 꽃턱잎은 창날 모양으로 한 줄로 배열되고, 혀꽃들도 가장자리에 조금 엉성하게 배열되며 아래쪽에는 암술이 1개 있다. 암술 가장자리는 안쪽으로 약간 말린다. 혀꽃은 꽃이 피어날 때에는 위로 서지만, 활짝 피어나면 젖혀진 우산살처럼 아래쪽으로 길게 젖혀진다. 잔 모양의 대롱꽃은 위쪽에서 5갈래로 갈라져 벌어지고, 수술은 한가운데 기둥 모양으로 뭉쳐서 꽃 밖으로 나오며, 속에 암술이 있다. 먼저 수술이 올라와 꽃가루받이 매개체들에 의해 무게가 전달되면 아래쪽에서 암술이 노란색 꽃가루를 밀면서 올라와 수술시기가 도래하고, 꽃가루를 모두 배출하고 나면 수술 속에 있는 암술이 길게 나와 2갈래로 갈라지며 암술시기가 도래한다. 열매는 9~10월에 수과로 익으며, 씨앗은 매우 작고, 위쪽에 길고 흰 갓털이 달려 있어 바람에 쉽게 흩어진다.

깊은 산속에서 자라므로 두메솜방망이라 부르기도 하며, 뿌리에서 올라오는 잎의 생김새가 여름철 더위에 지친 개가 내밀고 있는 혀 모양을 닮았다 해 산구설초라 부르기도 한다. 산솜방망이 중에서 거미줄 같은 섬유질 잔털이 약간 나거나 나지 않는 종을 민솜방망이로 구분하며, 민산솜방망이라 부르기도 한다.

솜방망이

남한 전역에 분포하며, 천수답의 둑이나 나지막한 야산의 습기 있는 가장자리나 묘지 주위, 저수지 둑의 습기 있는 잔디밭에서 다른 식물과 어울려 자란다. 줄기는 곧게 자라며, 속은 비어 있고 세로로 난 줄이 있다. 잎을 포함한 포기 전체에 거미줄 같은 흰 털이 촘촘하게 난다.

잎은 뿌리와 줄기에서 나며, 뿌리에서 나는 잎은 긴 타원형으로 사방으로 퍼지며 밑 부분이 좁아져 잎자루처럼 변하고, 양면은 거미줄 같은 흰 털로 덮여 있으며 가장자리는 밋밋하거나 잔 톱니가 있다. 줄기에는 잎 몇 장이 넓은 간격으로 어긋나게 붙고, 아래쪽 잎은 뿌리에서 나는 잎과 비슷하며 끝 쪽은 조금 둔하고 가장자리에 둔한 톱니가 있으며, 위로 갈수록 가늘어져 줄 모양이 된다. 잎자루는 없어지며 밑 부분이 줄기를 감싼다.

줄기 위쪽에 꽃자루가 긴 노란 두상꽃차례들 3~9개가 모여 산방꽃차례를 이루며 조금 엉성하게 핀다. 꽃의 생김새는 산솜방망이와 비슷하나 혀꽃이 수평으로 퍼진다. 꽃은 4월 중순부터 시작해 5월 말까지 피므로 꽃이 피는 기간이 상당히 긴 편이다. 처음에는 낮은 상태에서 꽃봉오리가 맺히므로 잎도 줄기에 다닥다닥 달리지만, 꽃이 피면서 60cm 정도 높이까지 자라나며, 꽃자루도 길어지고 잎의 간격도 벌어진다. 열매는 6월에 수과로 익으며, 씨앗은 긴 타원형으로 매우 작고, 위쪽에는 긴 갓털이 달려 있어 바람에 쉽게 흩어진다.

포기 전체에 거미줄 같은 솜털이 촘촘하게 나고, 꽃이 뭉쳐 피므로 솜방망이라는 이름이 붙었다. 풀솜나물이라 부르기도 한다.

물솜방망이

조금 높은 지대의 습지나 물가 주위에서 자란다. 줄기는 곧게 서고 세로로 난 줄이 있으며, 가지는 치지 않고 전체에 거미줄 같은 솜털이 덮인다.

뿌리에서 나는 잎과 줄기 아래쪽에 나는 잎은 밑 부분이 좁아져서 잎자루의 날개가 되고, 양면에 거미줄 같은 털이 나며, 가장자리는 밋밋하거나 불규칙한 톱니가 있다. 톱니는 꽃이 필 때까지 남아 있다. 줄기에 달리는 잎은 어긋나며 밑 부분이 넓어 줄기를 절반 정도 감싸며 위쪽으로 갈수록 급격히 작아지고, 가장자리가 물결 모양이거나 불규칙한 톱니가 있다.

5~6월에 줄기 위쪽 꽃대에서 많은 꽃줄기들이 갈라지며 노란 두상꽃차례들이 1~5송이씩 달리며, 전체적으로 7~30송이가 산방꽃차례를 이룬다. 꽃턱잎은 한 줄로 배열되며 가장자리는 막질이다. 처음에는 낮은 상태에서 꽃봉오리가 맺히므로 잎과 꽃줄기가 좁은 간격으로 다닥다닥 달리지만 꽃이 피면서 계속 자라나서 꽃자루도 길어지고 잎의 간격도 멀어진다.

열매는 수과로 6월부터 계속해 익기 시작하며, 씨앗은 원뿔 모양으로 매우 작고 모가 난 줄이 10개 있으며, 윗부분에는 길고 흰 갓털이 달려 있어 바람에 쉽게 흩어진다.

물솜방망이

바위솜나물

백두대간 중부 이북지역 석회암지대의 높은 산 정상 부근 바위 주위에 자라는 희귀식물이다. 자생지에서도 개체수가 많지 않다. 줄기는 곧게 자라고 세로로 난 줄이 있으며, 전체가 거미줄 같은 흰 털로 덮인다.

뿌리에서 나는 잎은 3~4개로 적고 잎자루에 날개가 있으며 방사상으로 퍼진다. 잎끝은 둔하고 가장자리에는 돌기 모양의 불규칙한 톱니가 있으며 꽃이 필 때까지 남아 있다. 줄기에는 잎자루가 없는 잎 4~6장이 어긋나게 붙고, 가장자리에 불규칙한 돌기 모양 톱니가 있으며 밑 부분이 줄기를 절반 정도 감싼다.

6~8월에 줄기 끝에 꽃자루가 긴 노란 두상꽃차례 3~10송이가 모여 산방꽃차례를 이루며 핀다. 꽃은 솜방망이와 같은 형태로 피며, 꽃턱잎 끝이 짙은 밤색을 띠며 한 줄로 배열된다. 꽃이 지고 나면 꽃자루는 더 길게 자라나며 엉성하게 벌어진다. 열매는 수과로 익으며, 씨앗에 능선이 많고 길고 흰 갓털이 붙어 있어 바람에 멀리 흩어진다.

높은 산의 바위 주위에서 자라고, 포기 전체에 거미줄 같은 솜털이 촘촘해 바위솜나물이라는 이름이 붙었으며, 두메솜방망이라 부르기도 한다.

수리취　큰수리취

국 화 과

모둠 44

수리취 · 큰수리취

수리취

큰수리취

수리취

전국에 분포하며, 낮은 지대에서부터 해발 1,500m 안팎의 산 정상 초원지대에 이르기까지 자란다. 햇볕이 잘 드는 양지쪽보다는 숲이 우거지지 않은 반 그늘지고 습기가 유지되는 서늘한 곳에서 잘 자란다. 산이 헐벗었던 예전에는 깊은 산속에 많이 자생했으나 근래에는 숲이 우거져 깊은 산속에서도 만나기 쉽지 않다.

원줄기는 굵고 세로로 난 줄이 있으며 위쪽에서 가지가 몇 가닥 갈라지며 자주색이 돌고, 전체에 거미줄 같은 흰 털이 빽빽하게 난다.

잎은 뿌리와 줄기에서 나며, 뿌리에서 나는 잎과 줄기 아래쪽에 나는 잎에는 잎자루가 길며 달걀형 또는 긴 삼각형으로 끝이 뾰족하고, 밑 부분은 둥글거나 심장형이다. 표면에는 곱슬곱슬한 털이 있다. 아랫면에는 짧은 흰 털이 촘촘하게 나고 잎맥이 뚜렷하며, 가장자리에는 결각과 불규칙한 톱니가 있고, 잎자루에 날개가 있는 것도 있고 없는 것도 있다. 꽃이 필 때쯤 모두 말라 없어진다. 줄기에 나는 잎은 어긋나며 위쪽으로 갈수록 작아지고, 잎자루도 점차 짧아지다가 없어진다.

8~9월에 원줄기와 가지 끝에 두상꽃차례가 옆을 향해 핀다. 꽃턱잎은 처음에 둥근 녹색 공처럼 보이다가 끝이 뒤로 젖혀지며, 꽃턱잎 사이에 거미줄 같은 흰 털이 뭉쳐난다. 꽃이 피기 시작하면 꽃턱잎은 짙은 자주색으로 변하며 입구는 종 모양으로 벌어지면서 긴 대롱꽃들이 피어나기 시작한다. 대롱꽃은 자줏빛을 띤 붉은색이며, 5갈래로 갈라져 젖혀지고, 한가운데서 검은색을 띤 기둥 모양의 집합수술이 올라온다. 수술 속에 있는 암술이 흰 꽃가루를 밀고 올라오며 수술시기가 도래하고, 꽃가루를 모두 배출하고 나면 자주색이 도는 암술이 수술사이로 길게 올라와 끝이 2갈래로 갈라지면서 암술시기가 도래한다. 열매는 긴 타원형 수과로 10월 중순에 맺으며, 끝에 긴 갈색 갓털이 달려 있다. 열매는 줄기가 갈색으로 마를 때까지 오래 달려 있기도 한다.

수릿날(음력 5월 5일 단옷날을 수릿날이라고도 함) 수리취의 어린잎을 뜯어다가 쑥과 함께 절편을 만들어 먹은 데서 유래된 이름으로 떡취 또는 산우방(山牛蒡)이라 부르기도 하며, 강원도 지역에서는 수리취보다 떡취라고 많이 부른다.

큰수리취

중부 이북지역의 높은 산지 햇볕이 잘 들고 조금 메마른 곳에 자라며, 전체적인 생김새는 수리취와 비슷하지만 높이가 1~2m로 크게 자라는 것이 다르다. 키가 크게 자라므로 큰수리취라는 이름이 붙었으며, 고산우방, 산수리취, 왕수리취라 부르기도 한다.

쑥부쟁이 / 개쑥부쟁이
까실쑥부쟁이 / 눈개쑥부쟁이

국 화 과

모둠 45

쑥부쟁이 · 개쑥부쟁이 · 까실쑥부쟁이 · 눈개쑥부쟁이

쑥부쟁이

개쑥부쟁이

까실쑥부쟁이

눈개쑥부쟁이

쑥부쟁이

전국에 분포하며, 주로 산과 들의 습기 있는 축축한 곳에서 다른 식물과 함께 자라며, 메마른 곳에서는 자라지 않는다. 쑥부쟁이 종류들은 구절초나 산국처럼 향기가 강하지 않고 은은하게 옅은 향기가 난다.

줄기는 가지가 많이 갈라지며, 뿌리줄기는 옆으로 뻗는다. 원줄기는 처음 자라날 때에는 붉은 빛이 돌지만 점차 녹색 바탕에 자주색을 띤다.

잎은 뿌리와 줄기에서 난다. 뿌리에서 나는 잎은 앞뒷면에 거친 털이 빽빽하게 나며 가장자리에 둥그스름한 톱니가 있고, 꽃이 필 무렵 말라 없어진다. 줄기에 나는 잎은 어긋나며 아래쪽 잎은 긴 타원형으로 털이 없고, 표면은 녹색으로 윤이 나며 가장자리에 굵은 톱니가 있다. 줄기 위쪽으로 갈수록 잎은 창날 모양으로 변하며 급격하게 작아진다.

8~10월에 여러 갈래로 갈라진 가지 끝에 두상꽃차례가 1송이씩 핀다. 꽃은 일시에 피지 않고 엉성하게 띄엄띄엄 피어난다. 두상꽃차례 가장자리에는 흰색에 가까운 연보라색 혀꽃들이 배치되고, 안쪽에는 노란색 대롱꽃들이 나선상으로 배치된다. 가장자리에 있는 혀꽃은 밑 부분이 깔때기 모양이며, 중심에 암술 하나만이 배치된다. 안쪽의 대롱꽃들은 중간에서 5갈래로 갈라지며 벌어지고, 밖에서부터 안쪽을 향해 피어가는 무한꽃차례. 먼저 꽃잎이 벌어지면 수술이 꽃 밖으로 돌출되며, 모든 수술이 중심으로 모여 붙어서 노란색 원통 모양을 이루고, 밑에서부터 암술이 노란색 꽃가루를 밀고 올라오면서 수술시기가 도래한다. 꽃가루를 모두 방출하고 나면 암술이 길게 올라와 2갈래로 갈라지며 암술시기가 도래한다. 꽃턱잎은 녹색으로 술잔 모양이고, 3줄로 배열되며 뒤로 젖혀지지 않는다.

열매는 달걀형 수과로 10~11월에 익고, 갓털은 붉은 빛이 돌며 씨앗이 익으면 공처럼 부풀었다가 바람에 흩어진다. 씨앗은 작으며 갓털에서 은은한 향기가 난다.

개쑥부쟁이

전국적으로 분포하는 한국특산식물로, 낮은 들녘에서부터 높은 산 정상의 건조한 바위 위에까지 널리 퍼져 자란다. 줄기는 곧게 서며 잔가지를 많이 내고, 전체에 거친 털이 많이 난다.

잎은 어긋나며 아래쪽 잎은 넓은 타원형으로 가장자리는 밋밋하거나 물결 모양이고, 어릴 때에는 방석 모양으로 퍼진다. 줄기에 나는 잎은 좁은 타원형으로 촘촘하게 나며 가장자리는 밋밋하다. 잎 윗면은 녹색이고 아랫면은 옅은 녹색으로 양면이 모두 거칠어 가죽 같은 질감이다. 꽃이 필

무렵이면 뿌리에서 나는 잎과 줄기 아래쪽 잎은 말라 없어진다.

　잔가지와 줄기 끝에 두상꽃차례가 1송이씩 피며 8월부터 시작해 9월에 절정을 이룬다. 꽃은 동시에 피어나며 10월까지 피어 있기도 한다. 꽃잎은 엷은 보라색이며 쑥부쟁이에 비해 크고, 꽃턱잎은 꽃이 피면 혀꽃을 따라 뒤로 젖혀진다. 꽃에서 엷은 향기가 난다.

　열매는 달걀형 수과로 털이 나며 9~10월에 맺는다. 갓털은 희거나 갈색 또는 붉은색을 띠며, 대롱꽃의 갓털은 짧고 혀꽃의 갓털은 길다. 씨앗이 익으면 공처럼 부풀었다가 바람에 의해 흩어진다.

　어린잎과 순은 뜯다가 소금을 조금 넣은 물에 데쳐 나물로 무치거나 된장국에 넣어 먹고, 말려 두었다가 묵나물로 먹기도 한다. 꽃은 쑥부쟁이에 비해 크고 화려하지만 어린잎을 나물로 이용할 때에는 잎이 거칠어 맛이 쑥부쟁이만 못하므로 개쑥부쟁이라는 이름이 붙었으며, 구계쑥부장이 또는 큰털쑥부장이라고도 부른다.

까실쑥부쟁이

전국에 분포하며, 조금 높은 지역의 메마르고 반그늘 진 숲 가장자리나 임도 주위에서 개쑥부쟁이 등과 함께 자란다. 줄기는 곧게 자라며 거칠고, 윗부분에서 짧은 가지들이 갈라진다.

잎은 뿌리와 줄기에서 나며, 뿌리에서 나는 잎은 긴 잎자루가 있는 달걀형으로 가장자리에 불규칙하고 거친 톱니가 있고, 밑 부분이 잎자루로 흘러 날개가 된다. 줄기에 나는 잎은 줄기를 돌아가며 어긋나서 방사상으로 붙고, 넓은 창날 모양 또는 긴 타원형으로 끝이 뾰족하고 가장자리에 거친 톱니가 있으며, 밑 부분이 잎의 가운데에서 갑자기 좁아져 잎자루로 변하기도 한다. 줄기 위쪽으로 갈수록 크기가 급격하게 작아진다. 잎 앞뒷면에는 짧고 억센 털이 많이 나 있어 손으로 만지면 까칠한 느낌이 든다. 꽃이 필 무렵이면 뿌리에서 나는 잎과 줄기 아래쪽 잎은 모두 말라 없어진다.

꽃은 개쑥부쟁이와 같은 시기에 연보라색이나 흰색으로 피며, 지름 2cm 정도로 쑥부쟁이 종류 중에서 가장 작게 피지만 꽃이 깨끗하고 짧은 가지 끝에서 산방꽃차례를 이루며 동시에 많은 꽃이 피어나 대단히 아름답다. 꽃턱잎은 3줄로 배열되며 뒤로 젖혀지지 않는다. 열매는 수과로 10월 중순에 맺고, 갓털은 갈색을 띠며 씨앗이 익으면 공처럼 부풀었다가 바람에 흩어진다.

잎에 짧고 억센 털이 많아 까칠한 느낌이 들어 까실쑥부쟁이라는 이름이 붙었으며 껄끔취, 까실쑥부장이, 곰의수해, 산쑥부쟁이라고도 부른다.

눈개쑥부쟁이

제주도 한라산의 높은 지대에 자라는 한국특산식물로 자생지에서도 개체수가 많지 않은 희귀식물이다. 줄기 밑에서부터 많은 가지가 갈라져 옆으로 비스듬히 자라다가 꽃이 필 무렵 윗부분이 곧게 선다.

뿌리에서 나는 잎은 주걱형으로 양면에 털이 나지만 꽃이 필 때 없어지며 가장자리에 둔한 톱니가 있다. 줄기에 나는 잎은 줄 모양으로 촘촘하게 나며 양면에 털이 난다.

    8~10월에 산방꽃차례를 이루며 줄기와 가지 끝에 연보라색 두상꽃차례가 1송이씩 달린다. 가지가 많이 갈라지므로 일시에 꽃을 피우면 대단히 화려하며, 꽃에서 은은한 향기가 난다. 꽃턱잎은 3줄로 늘어선다. 열매는 수과이며 납작하고, 갓털은 붉고 씨앗에서 은은한 향기가 난다.

    줄기가 누워 자란다 해 누운쑥부쟁이라 부르던 것이 눈쑥부쟁이가 되었으며, 큰털쑥부장이 또는 눈개쑥부장이라고도 부른다.

왜솜다리

산솜다리

한라솜다리

국 화 과

모둠 46

왜솜다리 · 산솜다리 · 한라솜다리

왜솜다리

산솜다리

한라솜다리

왜솜다리

소백산 이북지역 석회암으로 이루어진 높은 산지의 험준한 지역 일부에서만 자라는 희귀식물이다. 고도가 높고 건조하며 햇볕이 잘 들고 작은 돌이나 바위로 이루어져 다른 식물이 잘 자라지 않는 척박지나 바위 주위에 자란다.

솜다리 중 가장 크게 자라며, 포기 전체가 명주실 같은 흰 솜털로 덮이고, 위쪽에서 짧은 가지가 갈라진다. 뿌리줄기로부터 줄기 여러 개가 모여 나며, 꽃이 피는 줄기와 꽃이 피지 않는 줄기가 함께 올라온다.

꽃이 피지 않는 줄기의 잎은 긴 타원형으로 밑 부분은 좁아져 주걱의 긴 자루처럼 변하고, 꽃이 피는 줄기의 잎은 긴 타원형으로 어긋나게 달린다. 뿌리에서 난 잎은 꽃이 필 때 말라 없어진다. 잎 가장자리는 밋밋하며, 끝 부분에는 뿔 같이 생긴 작은 돌기가 있고, 아랫면에는 흰 털이 촘촘하게 난다.

꽃은 7월 중순부터 피기 시작해 9월까지도 피며, 줄기 위쪽에서 갈라진 짧은 가지 끝에 흰 솜털로 뒤덮여 융단처럼 보이는 크고 작은 이삭잎들이 엉성하게 모여 달리고, 그 한가운데 두상꽃차례 3~8송이가 모여 달린다. 이삭잎 끝에는 뿔 모양 돌기가 뚜렷하게 있다. 꽃은 잡성으로 먼저 원줄기 끝의 한가운데 있는 수술로만 이루어진 두상꽃차례가 피기 시작하면 주위에 있는 작은 두상꽃차례의 가장자리에서 암꽃으로 이루어진 대롱꽃들이 핀다. 암술은 길게 나와 끝이 2갈래로 갈라진다. 수꽃차례의 두상꽃차례는 주위의 두상꽃차례와 크기가 서로 비슷하다. 한가운데 있는 수꽃 두상꽃차례가 먼저 피기 시작하면 주위의 두상꽃차례 가장자리에 있는 암꽃이 피기 시작한다. 수꽃차례와 가장자리의 암꽃이 지기 시작하면 안쪽의 대롱꽃에서 수술시기가 진행되고, 수술이 꽃가루를 모두 방출하고 나면 수술 한가운데서 암술이 나오며 암술시기가 도래하는 식으로 주위의 두상꽃차례들이 계속해 피어난다. 꽃이 지고 나면 가지들은 더 크게 자라나며 엉성하게 벌어진다. 열매는 수과로 9월 중순부터 맺으며, 씨앗은 매우 작고 돌기가 있으며, 갓털은 회백색을 띤다.

산솜다리

설악산 이북의 높은 지대 바위틈이나 주위의 메마른 곳에 자라는 희귀식물이다. 서식지가 극히 제한적이고 개체수가 많지 않아 산림청에서 희귀 및 멸종위기 식물로 지정·보호하고 있다.

줄기는 가지를 치지 않으며 곧게 자라고, 전체가 흰 솜털로 덮여 있으며, 밑 부분은 마른 묵은 잎으로 덮여 있다. 뿌리줄기로부터 줄기 여러 개가 모여 나며, 꽃이 피는 줄기와 꽃이 피지 않는 줄기가 함께 올라온다.

잎은 줄기에 어긋나며, 꽃이 피지 않는 짧은 줄기에 달리는 잎은 주걱형으로 아래쪽이 좁아져서 잎자루처럼 변한다. 꽃이 피는 줄기에 달리는 잎은 긴 타원형으로 잎자루가 없고 끝이 둥글며, 끝부분에 뿔 같이 생긴 작은 돌기가 있다. 가장자리는 밋밋하고 톱니는 없다. 뿌리에서 올라오는 잎은 꽃이 필 때까지 남아 있으며, 잎 윗면에 솜털이 조금 나 있으나 아랫면은 회백색 솜털로 뒤덮여 있다. 꽃이 피는 줄기의 끝 부분은 명주실 같은 회백색 솜털로 뒤덮인 작은 이삭잎들이 방석 모양으로 배열되어 마치 꽃처럼 보이고, 그 가운데에 커다란 두상꽃차례를 중심으로 작은 두상꽃차례들이 5-8개 돌려난다.

꽃은 5월 말부터 7월에 피며, 대롱꽃들이 피기 전의 두상꽃차례는 전체가 흰 솜털로 뒤덮여 있으며, 먼저 수술로만 이루어진 한가운데의 커다란 두상꽃차례가 피기 시작하면 주위에 있는 작은 두상꽃차례의 가장자리에서 암꽃으로 이루어진 대롱꽃들이 피며, 암술이 길게 나와 끝이 2갈래로 갈라진다. 한가운데 있는 수꽃 두상꽃차례의 안쪽에는 많은 대롱꽃들이 모여 있으며, 대롱꽃은 끝이 5갈래로 갈라져 벌어지며 중간에 주황색 수술이 올라온다. 모든 수술은 중앙으로 모여 기둥 모양을 이루고 끝에서 노란색 꽃가루가 나온다. 이렇게 꽃가루를 모두 방출하고 나면 두상꽃차례의 바깥쪽 암꽃과 함께 시들기 시작한다. 바깥쪽 두상꽃차례의 안쪽에 있는 대롱꽃들이 피기 시작하면 먼저 수술시기가 도래하고, 꽃가루를 모두 내고나면 수술의 안쪽에서 암술대가 길게 올라와 끝이 2갈래로 갈라지며 암술시기가 도래한다. 꽃턱잎은 검은색으로 3줄로 배열되는데, 크기가 서로 비슷하고 솜털에 뒤덮여 있어 구분하기가 어렵다. 열매는 수과로 달리며, 씨앗은 매우 작고 흰 돌기가 있다. 꽃이 지고나면 꽃차례는 더 이상 자라지 않고 그대로 시든다.

이름의 '다리'는 순 우리말로 예전에 여인네들이 머리숱이 많아 보이게 하기 위해 덧대던 땋은 머리를 뜻한다. 꽃차례가 다리를 넣은 것처럼 탐스럽다고 붙인 것이다.

한라솜다리

한국특산식물로 제주도 한라산에 자라며 전체에 잿빛 도는 솜털이 촘촘하다. 8월에 짙은 갈색 두상화서가 5-9송이 피며, 열매는 수과로 10월에 익는다. 환경부에서 멸종위기II급으로 지정·보호하고 있다.

우산나물　애기우산나물

국화과

모둠 47

우산나물 · 애기우산나물

우산나물

애기우산나물

우산나물

전국에 분포하며, 조금 깊은 산속 낙엽수림 밑의 반그늘지고 습한 곳에서 무리지어 자란다. 줄기는 가지를 치지 않고 곧게 자라며, 뿌리줄기는 굵고 짧다. 아래쪽에 조금 굵은 수염뿌리가 사방으로 뻗는다.

뿌리줄기에서 올라오는 잎은 잎자루가 길며, 빽빽하게 나는 솜털로 인해 회색빛이 돈다. 잎자루 중간 윗부분에서 줄기가 올라온다. 잎은 긴 잎줄기 끝에 갈래조각 7~9장이 둥글게 돌려나며, 이 갈래조각들은 다시 2갈래씩 깊게 갈라지며 조금 두껍고, 가장자리에 불규칙한 톱니가 있다. 잎 아랫면은 흰 빛이 돈다. 줄기에 달리는 잎은 잎자루가 짧거나 줄기에 붙고, 위쪽에는 3~4갈래로 갈라진 작은잎 3~4장이 어긋나며 달린다. 전체적으로 어릴 때에는 상당히 부드럽고 접힌 우산처럼 줄기 쪽으로 젖혀지며, 거미줄 같은 흰 털로 덮여 있으나 우산처럼 펼쳐지면서 털도 차츰 없어진다.

8~9월에 줄기 끝에서 꽃대가 길게 올라와 짧게 갈라지며 원추꽃차례를 이루고, 꽃자루가 조금 긴 두상꽃차례들이 모여 달린다. 두상꽃차례는 길쭉한 종 모양으로 긴 꽃턱잎에 싸여 있으며, 속에 엷은 자줏빛이 도는 작은 대롱꽃들이 7~13개 모여 있다. 작은 대롱꽃의 꽃부리는 중간에서 5갈래로 갈라져 젖혀지고, 검은색 수술들이 암술대를 감싸며 올라와 노란색 꽃가루를 내며 수술시기가 도래한다. 꽃가루를 모두 방출하고 나면 수술대 속에 있던 암술이 길게 올라오며 끝이 2갈래로 갈라지고 암술시기가 도래한다. 꽃턱잎은 흰색 또는 엷은 자주색을 띤 길쭉한 종 모양이고, 5개가 한 줄로 배열된다.

꽃이 지고 나면 열매는 길쭉한 타원형 수과로 익으며, 씨앗보다 긴 갓털은 회색빛이 도는 흰색으로 부푼다. 씨앗이 무거워 멀리 이동하지는 못한다.

애기우산나물

깊은 산속 낙엽수림 밑의 반그늘지고 조금 습한 곳에 자라며, 우산나물처럼 흔하게 발견되지는 않는다. 줄기는 곧게 자라고 가지는 치지 않으며, 자줏빛이 돌고 잎이 2장 달린다. 짧은 뿌리줄기는 옆으로 뻗는다.

줄기 끝의 잎은 2갈래로 깊게 갈라진 긴 갈래조각 7~9장이 둥글게 돌려나고, 이 갈래조각들은 다시 2갈래로 'Y'자 모양으로 갈라지는데, 첫 번째처럼 깊게 갈라지지는 않는다. 잎 아랫면은 흰 빛이 돌고 가장자리에 불규칙하고 거친 톱니가 몇 개 있다. 어릴 때에는 접힌 우산처럼 줄기 쪽으로 젖혀지며, 거미줄 같은 흰 털로 덮여 있으나 우산처럼 펼쳐지면서 털도 차츰 없어진다. 줄기 아래쪽 잎은 곧게 서며 줄기에 붙어 있으며 약간 작다.

  7~8월에 줄기 끝에서 꽃대가 나와 짧게 갈라지며 길쭉한 종 모양 두상꽃차례들이 겹산방꽃차례를 이루며 핀다. 각각의 두상꽃차례에는 붉은색을 띤 작은 대롱꽃이 8~10개 모여 있으며, 대롱꽃의 끝은 중간에서 5갈래로 갈라져 젖혀지고, 수술대가 올라와 꽃가루를 내고 나면 수술대 속에 있던 암술대가 길게 올라오며 끝이 2갈래로 갈라져 뒤로 말린다. 꽃턱잎은 5개이며 한 줄로 배열된다. 열매는 끝이 뾰족한 타원형 수과로 익으며, 씨앗보다 긴 갓털은 흰색 또는 붉은 빛을 띤다.

  우산나물에 비해 상대적으로 작고, 잎이 좁으며, 깊게 갈라지지 않는 점, 'Y'자 모양으로 2번씩 갈라지는 점으로 구별된다.

국 화 과

헷갈리지 않아요

/

절굿대

전국적으로 자생하나 그리 흔하게 발견되지는 않는다. 주로 석회암지대의 햇볕이 잘 들고 조금 메마른 숲 가장자리에서 한 두 포기씩 독립적으로 자란다. 줄기는 억세고 단단하며, 엉성하게 가지를 몇 개 치고, 짧은 흰 털로 덮여 있어 뽀얗게 보인다.

  뿌리에서 나는 잎은 잎자루가 길고 아랫면은 짧은 흰 털로 덮여 있다. 뿌리에서 난 잎과 줄기 밑 부분에 달리는 잎은 5~6쌍으로 깊게 중간 맥까지 갈라지고, 갈라진 조각들은 다시 깊게 깃 모양으로 갈라지기도 하며, 끝이 굳어져 가시로 변한다. 줄기에 달리는 잎은 어긋나며 위쪽으로 갈수록 급격하게 작아지고, 가장자리에 톱니가 있으며, 각 톱니의 끝은 날카로운 가시로 변하고, 밑 부분은 좁아지며 줄기를 감싼다.

  7월에 줄기와 가지 끝에 이루어진 두상꽃차례에 꽃봉오리들 수십 개가 마치 둥근 지압봉 같은 모양으로 돌려난다. 각각의 꽃봉오리는 날카로운 꽃턱잎에 싸여 있다. 8월 중순부터 9월 사이 연녹색 두상꽃차례가 자라 청보라색으로 변하며, 윗부분부터 꽃이 피기 시작한다. 꽃턱잎 속에서 올라오는 대롱꽃의 꽃부리는 꽃턱잎 끝 부분에서 5갈래로 갈라지며 뒤로 젖혀지고, 각 갈래조각들은 바람개비처럼 꼬이므로 두상꽃차례의 꽃이 모두 활짝 피면 둥근 공에 작은 바람개비들이 붙어 있는 듯한 모양이 된다. 길쭉한 꽃봉오리가 올라와 벌어지면서 꽃잎이 뒤로 말리면 한가운데 있는 길쭉한 방망이 같은 검은색 집합수술이 드러나며, 안쪽에 있는 암술대가 흰 꽃가루를 밀면서 올라오며 수술시기가 도래한다. 꽃가루를 모두 방출하고 나면 흰 암술대가 수술대 위로 올라와 끝이 2갈래로 갈라지면서 암술시기가 도래한다.

  수정이 이루어지고 나면 꽃턱잎이 갈색으로 변하며 속에 씨앗 하나를 맺는다. 열매는 수과로 10월 중순에서 11월 초순경에 씨앗이 완전하게 여물면 꽃턱잎에 싸인 그대로 두상꽃차례에서 하나씩 분리되며 떨어진다. 열매의 밑 부분에는 억센 꽃턱잎들이 붙어 있으며, 속에는 미색 씨앗이 하나씩 들어 있다.

  국어사전에는 절굿대를 '강원도와 경상북도 지방에서 사용하는 절구공이의 방언'이라고 나와 있다. 절구에 곡식을 넣고 빻던 공이를 절구공이라 불렀으며 절굿대의 두상꽃차례 모양이 이 절구공이와 닮아 절굿대란 이름이 붙었다. 지역에 따라 개수리취, 둥둥방망이, 절구대, 절굿때, 절구때라 부르기도 한다.

꿀풀　흰꿀풀
조개나물　붉은조개나물

꿀 풀 과

모둠 48

꿀풀 · 흰꿀풀 · 조개나물 · 붉은조개나물

꿀풀

흰꿀풀

조개나물

붉은조개나물

꿀풀

전국의 산과 들, 길 옆, 낮은 지대의 둑이나 들녘, 인가나 묘지 주위, 깊은 산지 초원지대의 햇볕이 잘 들고 조금 습기 있는 곳에 널리 자생한다. 보통 한 곳에 여러 포기가 모여 자라는 습성이 있다.

포기 전체에 흰 털이 나며 원줄기는 네모지고, 가지는 치지 않는다. 꽃이 진 다음에 기는 뿌리줄기가 발달해 곁가지를 여러 개 치며 뿌리를 내리고 포기를 넓혀간다. 잎은 긴 타원형으로 마주나고 짧은 잎자루가 있으나 위쪽으로 갈수록 잎자루는 더 짧아져 꽃차례 밑에 붙는 잎은 줄기를 감싼다.

5~7월에 보리이삭을 닮은 원통형 꽃차례에 짙은 보라색의 꽃이 둥글게 모여 밑에서부터 피어 올라간다. 꽃은 입술 모양 꽃잎 2장으로 이루어졌으며, 위쪽 갈래조각은 앞으로 굽으며 통부 앞부분을 덮고 중간 부분에는 돌출된 맥이 있다. 아래쪽 꽃잎은 3장으로 갈라지며, 양 옆의 갈래조각은 뒤쪽으로 약간 젖혀지고, 가운데 갈래조각은 혀 모양으로 아래쪽으로 젖혀져 안쪽으로 약간 말리며, 가장자리에 톱니가 있다. 수꽃은 퇴화되어 크기가 작고, 수술은 2강수술로 2개는 짧고 2개는 길어 위쪽 꽃잎에 붙는다. 암술은 위쪽 꽃잎에 있는 수술보다 조금 길어 밖으로 약간 돌출되며 끝이 2갈래로 갈라진다.

열매는 6월에 삭과로 익으며 황갈색을 띤다. 삭과 속에는 윤기 나는 갈색 씨앗들이 들어 있다. 씨앗이 익으면 줄기는 검게 말라죽고, 아래쪽에서 기는 뿌리줄기가 비스듬히 자라나며 새싹이 돋아 땅에 닿는 줄기 부위에서 뿌리를 내린다. 예전에는 꽃이 연분홍색으로 피는 붉은꿀풀을 다른 종으로 보았으나 지금은 같은 종으로 취급한다.

꿀풀(붉은꿀풀)

흰꿀풀

꿀풀보다 더 높은 지대에서 자라며, 개체 수가 많지 않다. 포기 전체가 꿀풀에 비해 연녹색을 띠며 흰색 꽃이 핀다. 꿀풀 종류 중에 북부지방에 자라며 줄기가 밑에서부터 곧추서며 기는 줄기는 없고, 줄기 밑에서 짧은 새순이 돋는 종을 두메꿀풀로 구분한다. 또 남쪽의 섬지역에는 꿀풀에 비해 줄기는 가늘며 조금 크게 자라고, 잎도 보다 길고 가늘며 가장자리가 2~3갈래로 조금 깊게 갈라지는 갈래꿀풀이 자라는데, 아직 공식적인 이름은 없다.

조개나물

전국에 분포하며, 양지바른 야트막한 산이나 들에서 자란다. 특히 햇볕이 적당히 드는 무덤 주위나 들의 습기 있는 잔디밭에 많다. 줄기는 곧게 서며 길고 흰 털이 포기 전체에 빼곡하게 난다.

잎은 뿌리와 줄기에서 나며, 뿌리에서 나는 잎은 잎자루가 길고 타원형이며 붉은색을 띤다. 줄기에 나는 잎은 마주나며 십자 모양으로 어긋나게 붙고, 달걀형으로 잎자루가 없으며, 가장자리에 물결 모양 톱니가 있다.

4~5월에 잎겨드랑이마다 꿀풀 꽃을 닮은 짙은 보라색 꽃 3~4송이가 밑에서부터 층을 이루며 차례로 피어 올라간다. 꽃부리는 긴 통처럼 생긴 입술 모양으로 4갈래로 갈라지며, 윗부분 갈래조각은 칼로 자른 듯 짧고 중간 갈래조각은 양 옆으로 비스듬히 갈라지며 뒤로 약간 젖혀진다. 아래쪽 갈래조각은 혀 모양으로 넓고 크며 밑 부분은 얕게 2갈래로 갈라져서 뒤로 약간 젖혀지고, 중간에는 굵고 긴 허니가이드가 2줄 있다. 꽃받침은 5갈래로 갈라지고, 아랫면에는 길고 흰 털이 빼곡하게 난다. 수술 2개는 길어 위 꽃잎 밖으로 나오며, 꽃밥은 노랗다.

열매는 6월경에 둥글납작한 분열과로 익으며 4갈래로 갈라진다. 씨앗에는 그물맥이 있으며 꽃받침에 싸여 있다. 열매가 익으면 꽃줄기는 검게 말라죽는다.

붉은조개나물

꽃이 연분홍색으로 피는 종으로 조개나물과 함께 자생하나 개체수가 많지 않아 만나기 어렵다. 흰색으로 피는 흰조개나물도 있으며, 전라남도 지방과 해운대지역에 자생한다.

벌깨덩굴　흰벌깨덩굴
용머리　벌깨풀　황금

꿀 풀 과

모둠 49

벌깨덩굴 · 흰벌깨덩굴 · 용머리 · 벌깨풀 · 황금

벌깨덩굴

흰벌깨덩굴

용머리

벌깨풀　　　　　　　　　　　　　　　　　　　　　황금

벌깨덩굴

전국에 분포하며, 습기 있는 낙엽수림 밑이나 계곡 가장자리에 자란다. 중부지방의 백두대간 깊은 산속 그늘진 숲속에서 흔하게 만날 수 있다. 줄기는 모가 졌으며, 비스듬히 땅을 기며 자라고, 전체에 털이 많이 난다.

잎은 2장씩 마주나며 5쌍 정도 달리고 흰 털이 드문드문 난다. 줄기 아래쪽에 달리는 잎의 잎자루는 길고 위쪽에 달리는 잎의 잎자루는 짧으며, 잎 가장자리에 톱니가 있다. 꽃이 피지 않는 줄기는 꽃이 지고 나면 옆으로 기며 길게 자라면서 마디에서 뿌리를 내리며 새로운 포기를 형성하는데, 이 포기에서 이듬해 피어날 꽃대가 형성된다. 기는 줄기에 나는 잎은 꽃이 피는 줄기에서 나는 잎보다 2배 정도로 크게 자란다.

꽃은 5월에 줄기 윗부분의 잎겨드랑이에서 1송이씩 피어나므로 한 마디에 큰 꽃 2송이가 한쪽으로 치우쳐 달린다. 꽃받침은 통 모양이며 끝이 5갈래로 얕게 갈라진다. 입술 모양 통꽃이 짙은 보라색으로 피며, 통부가 길고 갑자기 넓어져 깔때기 모양을 이룬다. 아래쪽은 통통하며 주름이 지고, 입술 모양으로 크게 2갈래로 갈라진다. 아래쪽 꽃잎은 3갈래로 갈라지며, 그중 가운데 갈래조각은 혀 모양으로 크고 중간에 접힌 듯 골이 지며, 아래쪽으로 굽고 끝이 2갈래로 얕게 갈라진다. 갈래조각은 희고 표면에 진한 자주색으로 짧고 굵은 선 모양 무늬가 불규칙하게 있으며, 길고 흰 털들이 고양이 수염처럼 많다. 통부 안쪽에 굵은 자주색 허니가이드가 길게 있다. 수술 중 2개는 길어 위쪽 꽃잎에 붙고, 암술 1개는 끝이 2갈래로 갈라진다.

열매는 견과로 종 모양 꽃받침 속에 들어 있으며, 안에 갈색 씨앗이 4개 들어 있다. 씨앗에 잔털이 많다.

흰벌깨덩굴

높은 지대의 숲속에 드물게 자생하지만 개체수가 적어 발견하기 매우 어렵다. 꽃이 연붉은색으로 피는 붉은벌깨덩굴도 마찬가지다.

용머리

경상북도 지방을 거쳐 강원도의 고원지대인 대관령 · 구룡령 · 한계령을 지나 백두산에도 자라며, 간혹 바닷가의 잔디밭 풀숲에서 발견되기도 한다. 보통 초원지대의 숲 가장자리 풀숲에 살지만 쉽게 발견되지 않는 희귀식물이다.

용머리

줄기는 비스듬히 자라며, 짧은 뿌리줄기에서 여러 대가 자라난다. 아래쪽의 잎겨드랑이에서 가지를 치며 줄기에는 밑으로 굽은 털이 나고, 잎은 선형으로 마주나며 끝은 둔하고 가장자리는 밋밋하다. 잎 윗면은 윤기가 나고 아랫면 맥 위에는 털이 난다. 줄기 밑 부분의 잎은 달걀형으로 잎자루가 짧고 여러 장이 돌려나기도 하며, 가장자리에 둔한 톱니가 몇 개 난다.

6~8월에 줄기 끝과 윗부분의 잎겨드랑이 사이에서 자라나온 짙은 보라색 꽃이 옆을 향해 피며, 밑에서부터 층을 이루며 피어 올라간다. 줄기에 비해 꽃이 비정상적으로 커 보인다. 꽃은 통꽃으로 아래쪽이 불룩하고 옆으로 꼬이듯이 주름이 졌다. 꽃 입구는 입술 모양으로 위쪽은 약간 오목하며 밑으로 굽었고, 아래쪽은 3갈래로 갈라진다. 그 중 양 옆 조각은 바깥으로 약간 젖혀지고, 가운데 조각은 넓고 길어 혀를 내민 모양이며 흰색 반점들이 있다. 수술 2개는 길어 암술과 함께 위쪽에 붙고, 암술 끝은 날카롭게 2갈래로 갈라진다. 꽃잎 바깥 면에는 작고 흰 솜털들이 많으며, 길쭉한 깔때기 모양 꽃받침은 꽃 밑 부분을 감싸며 끝이 날카롭게 5갈래로 갈라진다.

열매는 8월에 꽃받침에 싸여 수과로 달리며, 속에는 검고 윤기 나는 씨앗이 여러 개 들어 있다. 아주 드물게 흰색으로 피는 종도 발견되며, 이를 흰용머리로 구분한다.

벌깨풀

전형적인 북방계식물로 백두대간의 동쪽지역 석회암지대 높은 산 정상 부근 바위틈에서 자라는 희귀식물이다. 뿌리는 굵고 땅속 깊이 들어간다. 뿌리줄기로부터 많은 줄기가 뭉쳐나며 조금 붉은 빛이 돌고, 밑을 향한 흰 털이 난다.

뿌리에서 올라오는 잎은 잎자루가 길고, 줄기에 달리는 잎은 마주나며 잎자루는 짧고 위로 갈수록 작아져 이삭잎처럼 변한다. 잎은 두껍고 끝이 둔하며 가장자리에 둥그스름한 톱니가 있다. 그 물무늬 잎맥이 깊고 선명해 잎 전체가 주름이 진 듯한 느낌이다. 잎 윗면에는 짧은 털이 조금 나지만 아랫면 맥 위에는 길고 흰 털이 빽빽하게 난다.

7월 중순부터 8월 중순 사이에 짙은 보라색 꽃이 줄기 끝의 잎겨드랑이 사이에서 층층으로 모여 피며, 마디 사이의 간격이 좁아 뭉쳐 피는 것처럼 보인다. 꽃부리 밑 부분은 용머리에 비해 가늘고 길쭉하며, 꽃턱잎에 가시 모양 톱니가 있다. 길쭉한 깔때기 모양 꽃받침은 꽃의 밑 부분을 감싸며 5갈래로 갈라지고, 끝이 가시처럼 뾰족하며 흰 털이 난다.

씨앗은 달걀형으로 검고 납작하며, 씨눈에 흰 테두리가 있다. 꽃받침 속에 2~3개씩 들어 있다. 잎의 생김새가 벌깨덩굴과 닮아 벌깨풀이라는 이름이 붙었으며, 석회암 바위틈에서 자라고 꽃이 용머리 꽃을 닮아 바위용머리라 부르기도 한다.

황금

중부 이북지역의 석회암지대 산기슭 산지에 자라나 흔히 발견되지 않는다. 뿌리줄기에서 줄기가 여러 대 나와 포기를 이루며 가지가 많이 갈라진다. 원줄기는 네모지고 전체에 짧은 털이 나며, 노란색 뿌리는 더덕처럼 굵고 통통하다. 잎은 2장씩 마주나며 십자 형태로 어긋나고, 밑부분이 조금 넓으며 잎자루는 없다. 가장자리는 밋밋하다.

7-9월에 줄기 중간 부위부터 형성되는 총상꽃차례에 짙은 보라색 꽃이 한쪽으로 치우치며 핀다. 잎겨드랑이마다 꽃봉오리 1개가 생겨 마디마다 꽃이 2송이씩 달리며, 꽃부리는 밑 부분에서 꼬부라져 곧게 서고, 윗부분이 넓어지면서 2갈래로 벌어져 꽃잎이 입술 모양이 된다. 꽃받침은 작은 고깔 모양으로 겉에 털이 나며, 수술 4개 중 2개는 길어 위쪽 꽃잎 머리 부분에 붙고 암술은 1개다. 씨방은 납작한 조개 모양으로 꽃받침 위쪽에 붙어 있으며, 수정이 이루어지면 꽃잎은 떨어지고 꽃받침은 오그라들며 씨방에 붙는다. 씨방은 가리비 모양으로 자라며 10월 중순 수과가 익어서 누렇게 변하면 윗부분이 벌어지면서 검은 씨앗이 떨어진다.

황금이란 이름은 귀금속과는 관계가 없으며, '굵은 뿌리의 속살이 황색을 띠는 풀'이라는 중국이름 황금(黃芩)을 그대로 부르고 있다.

꿀 풀 과

헷갈리지 않아요

광대수염

산지의 습기 있는 숲 가장자리 적당하게 그늘진 곳에서 자란다. 산속 계곡 주위에서 무리지어 자라거나 몇 포기씩 옹기종기 모여 난 것을 볼 수 있다. 줄기는 네모지고 곧게 서며, 가지는 치지 않는다. 전체에 뽀송뽀송한 털이 난다.

들깨 잎을 닮은 달걀형 잎이 마주나고 잎자루가 길며 끝은 뾰족하다. 잎 가장자리에 톱니가 있으며 그물맥이 뚜렷해 잎 면이 우글쭈글하다.

꽃은 5월 중순에 붉은색을 띤 자주색 또는 황백색으로 줄기 중간 부분의 잎겨드랑이 사이에서 10여 송이씩 모여 층을 지어 핀다. 꽃받침은 깔때기 모양이고 끝은 길게 5갈래로 갈라지며, 가장자리에 털이 난다. 다른 꿀풀과 식물처럼 꽃잎은 좌우대칭인 입술 모양이며, 꽃부리는 밑동에서 휘어 바로 선다.

위 꽃잎은 2갈래로 갈라지는 부위에서 굽어 넓게 퍼지며 꽃 입구를 덮고, 아래 꽃잎은 가장자리에 가로로 주름이 지고, 안쪽에는 노란색 허니가이드가 3줄 있다. 수술 4개 중 2개는 길어 위쪽 꽃잎에 붙으며 이것은 2강수술로 꿀풀과에서 볼 수 있는 특징이다. 암술 끝은 날카롭게 2갈래로 갈라진다. 열매는 7~8월에 분열과로 익으며, 씨앗에는 능선이 3개 있다.

꽃이 피었을 때 아래쪽의 긴 꽃받침 갈래조각과 어우러진 꽃이 마치 우스꽝스럽게 분장한 광대의 수염 같아 보여 광대수염이라는 이름이 붙었으며, 꽃수염풀, 광대풀, 산광대라 부르기도 한다.

꿀 풀 과
헷갈리지 않아요

배초향

전국에 분포하며, 낮은 지대에서부터 높은 산 숲 가장자리까지 다른 식물과 함께 자라는 방향성 식물이다. 들깻잎과 비슷한 향기를 풍긴다. 봄에 새싹이 자라나올 때에는 짙은 자주색을 띠며 곧게 자라고, 줄기는 네모지며 위쪽에서 가지를 많이 친다.

잎은 2장씩 마주나고 잎자루가 있으며, 윗면에는 털이 없고, 아랫면에는 털이 약간 있으며, 흰빛이 돌기도 한다. 잎 가장자리에는 둔한 톱니가 있다. 간혹 포기 전체가 자주색을 띠는 개체도 발견된다.

7~8월에 줄기와 가지 끝에서 이삭꽃차례가 발달해 짙은 보라색 꽃들이 꽃차례를 돌아가며 피며, 꽃 한 송이는 1cm 미만으로 작지만 이삭모양꽃차례로 피어나 매우 아름답다. 숲 가장자리 풀숲에서 자라는 개체들은 포기가 웃자라 꽃차례에 꽃이 한꺼번에 피지 않고 드문드문 피며, 수술이 길게 나와 꽃이 피다 떨어진 것 같아 보이기도 한다.

작은 깔때기 모양 꽃받침은 끝이 5갈래로 갈라지고, 갈라진 조각은 삼각형으로 자주색을 띠어 꽃이 떨어진 자리도 작은 꽃 같아 보인다. 꽃부리 끝은 입술 모양으로 5갈래로 갈라지며, 위쪽 2개와 양쪽 2개는 얕게 갈라지고, 아래쪽에 있는 꽃잎은 혀를 내민 것처럼 크고 넓으며 끝이 얕게 2갈래로 갈라진다. 수술 4개 중 아래쪽 2개가 위쪽 2개보다 길어 꽃 밖으로 나온다. 열매는 분열과로 꽃받침에 싸여 있으며 가을에 익고, 씨앗은 검은색을 띤 타원형으로 작다.

꿀 풀 과
헷갈리지 않아요

참배암차즈기

한국특산식물로 중부 이북지역의 높은 산 정상 부근 낙엽수림 아래 부엽이 두껍고 습기가 유지되는 비탈이나 바위 주위에서 무리지어 자란다. 조금 낮은 지역에서는 반그늘 진 환경에서 자라고, 높은 곳에서는 햇볕이 잘 드는 양지에서 자라기도 한다. 고산식물로 서식지가 극히 제한적이고 자생지에서도 개체수가 많지 않다.

줄기는 네모지고 포기 전체에 흰 털이 많이 나며, 보통 높이 20~30cm로 자라지만 크게는 무릎 높이까지 자라기도 한다. 뿌리줄기가 옆으로 뻗으면서 마디마다 새싹을 내며 포기를 늘려가므로 한 곳에 무리지어 자라는 경우가 많다.

잎은 뿌리와 줄기에서 나며, 뿌리에서 나는 잎은 잎자루가 길고 넓은 타원형이며, 잎끝이 둔하거나 뾰족하고, 가장자리에 둔한 톱니가 있다. 줄기에 나는 잎은 마주나며 줄기 밑 부분의 잎은 잎자루가 길고 좁은 간격으로 2~3쌍이 붙으나, 위쪽에 붙는 잎은 잎자루가 짧다.

어린 포기는 가지를 치지 않으며 줄기 끝에서 꽃대가 나와 마디 사이가 긴 이삭꽃차례를 이루고, 노란색 입술 모양 꽃이 2~6송이씩 층을 지며 엉성하게 달린다. 묵은 포기는 위쪽의 잎겨드랑이 사이와 꽃대에서 가지를 치기도 하며 좁은 간격으로 층을 지며 많은 꽃이 모여 달린다.

꽃부리는 위쪽으로 갈수록 넓어지며 중간쯤에서 뱀이 입을 크게 벌린 모양으로 벌어진다. 위 꽃잎은 밑으로 굽고 가장자리는 안으로 모아지며 끝은 약간 갈라지고, 아래 꽃잎은 넓고 끝 부분이 3갈래로 얕게 갈라지는데, 양 옆의 갈래조각은 바깥으로 약간 말리고 중간 조각은 밑으로 약간 젖혀진다. 수술 4개 중 2개는 길어 위쪽 꽃잎에 붙고, 꽃밥이 붙지 않는 짧은 헛수술 2개는 아래 꽃잎 속에 위치하며, 암술 1개는 위 꽃잎의 갈라진 사이로 길게 나오며 끝이 2갈래로 갈라진다. 꽃부리와 꽃받침 겉에는 털이 많다. 열매는 10월 중순 맺으며 꽃받침 속에 씨앗이 2~4개 들어 있고, 씨앗은 편평하다.

꽃의 생김새가 마치 뱀이 입을 벌리고 혀를 날름거리는 것 같고, 잎은 차즈기의 잎을 닮아 붙여진 이름이다.

마타리　돌마타리
금마타리　뚝갈

마 타 리 과

모둠 50

마타리 · 돌마타리 · 금마타리 · 뚝갈

마타리

돌마타리

 금마타리
 뚝갈

마타리

전국에 분포하며, 낮은 들판에서부터 해발 1,500m 내외의 높은 산지에 이르기까지 햇볕이 잘 드는 곳에서 흔히 자란다. 뿌리줄기는 굵고 옆으로 뻗으며, 뿌리에서 된장이나 젓갈 등이 썩는 듯한 고약한 냄새를 풍긴다. 원줄기는 곧게 자라고 위쪽에서 여러 갈래로 가지를 치며, 위쪽에는 털이 없으나 밑 부분에는 약간 나기도 한다.

잎은 마주나며 깃털 모양으로 깊게 갈라지고, 양면에 굽은 털이 난다. 밑 부분의 잎에는 잎자루가 있으나 위로 올라갈수록 차츰 작아지며 없어진다.

초여름까지는 다른 풀들과 섞여 잘 보이지 않다가 7월에 더위가 시작되면 긴 꽃대를 쑥 내밀며 자라나 7~9월에 가녀리게 갈라진 역삼각형 꽃대 끝마다 산방꽃차례를 형성해 노란색 꽃송이들이 수평을 이루며 핀다. 꽃차례 곁가지 한쪽에는 튀어나온 듯한 흰 털이 나며, 꽃부리는 노란색으로 5갈래로 갈라지고, 수술은 4개 암술은 1개다.

열매는 타원형 견과로 10월 중순부터 익기 시작하며, 약간 편평하고 아랫면에는 튀어나온 능선이 있다. 가장자리에는 얇은 막으로 된 날개가 있어 바람에 흩어진다.

돌마타리

중부 이북지역 석회암지대의 햇볕이 잘 드는 절개지나 척박한 바위틈, 산비탈에서 주로 자란다. 줄기는 가지를 많이 친다. 뿌리에서 나는 잎은 긴 타원형으로 잎자루가 조금 길며 가장자리에는 결각 같은 불규칙한 톱니가 있다. 줄기에 나는 잎은 마주나며 잎자루는 올라갈수록 짧아지고, 홀수깃꼴의 길쭉한 작은잎이 1~2쌍 달리며 끝에 붙는 잎은 크다. 잎의 생김새와 크기는 일정하지가 않으며, 가장자리에 톱니가 있다.

8~9월에 원줄기와 가지 끝에서 자잘한 노란색 꽃이 산방꽃차례를 이루며 핀다. 한 여름 꽃이 피고 씨앗이 맺히기 시작하면 인분 냄새와 같은 고약한 냄새를 풍긴다. 꽃과 열매의 생김새는 마타리와 닮았다.

금마타리

한국특산식물로 중부 이북지역 높은 산 정상 부근의 바위틈, 햇볕이 잘 드는 능선의 바위 주위나 절개지에서 자란다. 서식지가 극히 제한적이고 자생지에서도 개체 수가 많지 않아 산림청에서 희귀 및 멸종위기 식물로 지정·보호하고 있다. 보통 한 뼘 정도 높이로 자라지만 30cm까지 곧게 자라기도 하며 가지는 치지 않는다.

보통 한 곳에 여러 포기가 무리지어 자라며, 얕게 뻗는 뿌리 끝에서 새싹을 내며 포기를 늘려간다. 뿌리에서 나오는 잎은 잎자루가 길고 생김새가 둥글며 가장자리가 5~7갈래로 조금 깊게 갈라진다. 줄기에 나는 잎은 마주나며 잎자루는 매우 짧고, 손바닥 모양 또는 깃털 모양으로 갈라지며 갈라진 조각에 결각 같은 톱니가 있다.

꽃은 돌마타리보다 두 달가량 이른 6~7월에 피며, 색이 좀 더 짙은 느낌이 든다. 열매는 타원형으로 녹색 또는 자주색이며, 아래쪽에 씨앗에 비해 조금 큰 꽃턱잎이 붙어 있어 마치 씨앗에 날개가 있는 것처럼 보인다.

뚝갈

전국에 분포하며 마타리보다 조금 낮은 곳에서 자란다. 마타리보다 낮게 자라고, 줄기는 더 굵고 튼튼하고, 마주나는 잎겨드랑이 사이에서 가지를 친다. 줄기에는 짧고 흰 털이 많이 나 있어 뽀얗게 보이고, 줄기 밑 부분에서 기는 줄기가 나와 땅 밑이나 위로 뻗으며 번식한다.

잎은 마주나며 밑 부분의 잎에는 잎자루가 있으나 위로 갈수록 짧아져 줄기에 붙는다. 작은잎은 깃털 모양으로 갈라지거나 타원형으로 불규칙하고 마타리처럼 깊게 갈라지지는 않으며, 윗면은 짙은 녹색이나 아랫면은 흰 빛이 돌고 가장자리에 톱니가 있다.

7~8월에 원줄기와 가지 끝에 자잘한 흰색 꽃이 산방꽃차례를 이루며 모여 달린다. 씨앗은 11월에 건과로 익으며 가장자리에 얇은 막으로 된 둥근 날개가 있어 바람에 쉽게 흩어진다.

몹시 무뚝뚝하거나 퉁명스러울 때 '뚜깔스럽다'라는 말을 쓴다. 꽃이 피기 전에 잎이 두껍고 줄기가 억센 것이 무뚝뚝해 보여 뚜깔이라 부르던 것이 뚝갈로 변한 것으로 보인다.

마 타 리 과

헷갈리지 않아요

쥐오줌풀

전국의 산지 비탈진 곳의 습한 지역에서 다른 풀들과 함께 자란다. 주로 중부지방에 집중적으로 분포하며, 태백산맥의 주요 능선을 따라 널리 분포한다. 조금 굵은 뿌리가 사방으로 퍼지고, 뿌리에서 쥐 오줌 냄새와 비슷한 향기가 진하게 난다. 줄기는 가지를 치지 않으며 모가 난 줄이 있고 속은 비어 있다. 마디 부근에는 길고 흰 털이 난다.

잎은 뿌리와 줄기에서 나며, 뿌리에서 나는 잎은 꽃이 필 때 말라 없어지고, 줄기에서 나는 잎은 작은잎 5~9장으로 구성된 홀수깃꼴겹잎으로 마주난다. 줄기에서 나는 잎 중 아래쪽에 나는 잎은 잎줄기가 길며 긴 타원형이고, 위쪽에 달리는 잎은 잎자루가 짧고 넓은 긴 타원형으로 양 끝이 좁아지며, 가장자리에 톱니가 있다.

5~6월에 원줄기와 위쪽 잎겨드랑이에서 자라난 꽃대에 자잘한 꽃이 우산꽃차례를 이루며 연붉은색으로 뭉쳐 핀다. 꽃턱잎은 줄 모양이고 꽃부리는 길쭉한 나팔 모양으로 끝 쪽이 약간 부풀며 5갈래로 갈라져 뒤로 젖혀진다. 암술 1개와 수술 3개가 꽃 밖으로 길게 나오고, 암술 끝은 3갈래로 갈라진다. 꽃가루받이가 이루어지면 붉은 꽃잎 안쪽의 흰색은 차츰 은색으로 변하며 꽃색도 점차 엷어진다. 꽃이 지고 나면 꽃대는 길게 자라나고 꽃차례도 자라나며 엉성해진다. 열매는 8월에 건과로 익으며 윗부분에 꽃받침이 갓털처럼 달려 있어 바람에 쉽게 흩어진다.

붉은 꽃잎 안쪽의 흰색이 시간이 지나면서 은색으로 변해 은댕가리 또는 은대가리라 부르기도 하며, 지역에 따라 쫙향(제주), 바구니나물(북한) 등으로도 부르기도 한다.

마 편 초 과

헷갈리지 않아요

/

층꽃나무

남부지방의 햇볕이 잘 드는 척박하고 건조한 산지나 바위 주위에서 자란다. 주로 제주도를 제외한 경상도와 전라도의 해안지역에서 자라며, 남부지방의 일부 섬에서도 자라는 것을 볼 수 있다. 아래쪽에서 가지가 많이 자라나며, 줄기에는 작고 흰 털이 촘촘하게 나 뽀얗게 보이고, 좋은 향기가 난다.

잎은 달걀형으로 마주나며 끝이 둔하고, 윗면은 짙은 녹색이지만 아랫면은 회백색을 띠며 밑부분은 둥글고 가장자리에 굵은 톱니가 있다. 잎 앞뒷면에는 짧은 털이 많이 나 있어 얼핏 보면 뽀얗게 보인다.

9~10월에 잎겨드랑이마다 짧은 꽃대가 나와 작고 짙은 보라색 꽃 20~30송이가 취산꽃차례를 이루고 층을 지며 피어난다. 꽃이 피는 첫 해에는 외줄기로 자라 보통 3~5층으로 피지만, 묵은 포기는 많은 가지를 치며 충실하게 자란 포기에서는 15층 정도까지 꽃이 달리기도 한다.

꽃은 통꽃으로 피어나면서 5갈래로 벌어지며, 위쪽 꽃잎 4장은 둥글게 갈라지고 아래쪽 꽃잎은 혀 모양으로 깊게 갈라지며 밑 부분이 위쪽으로 굽었고, 가장자리는 여러 갈래로 가늘게 술처럼 갈라진다. 암술 끝은 2개로 갈라지고, 수술 4개 중 2개는 길며 모두 꽃 밖으로 길게 나온다. 꽃에는 짧은 꽃자루가 있고, 꽃받침은 종 모양으로 끝이 5갈래로 갈라진다.

꽃이 지고 나면 꽃받침이 달걀형으로 모아지며 회갈색으로 변하고, 속에 검은색을 띤 회색 씨앗이 5개 정도 들어 있으며 가장자리에 날개가 있다.

풀들은 대부분 겨울철에 지상부가 말라죽는데, 층꽃나무는 줄기 윗부분은 말라 죽지만 중간 이하 부분은 목질화 되어 죽지 않고 싹눈을 형성한 채 겨울을 보낸다. 이 때문에 이름에 나무란 말이 붙었다. 비옥한 곳에서는 그 해에 꽃이 피고 죽기도 하므로 층꽃풀이라 부르기도 하고, 포기 전체에서 은은한 향기가 나서 난향초라 부르기도 한다.

앵초

큰앵초　설앵초

앵 초 과

모둠 51

앵초 · 큰앵초 · 설앵초

앵초

큰앵초

설앵초

앵초

전국에 분포하며, 깊은 숲속 낙엽수림 밑 반그늘지고 서늘하며 낙엽이 썩어 흙이 부드러운곳에 자란다. 뿌리줄기는 짧고 옆으로 비스듬히 서며 잔뿌리를 내린다. 잎은 뿌리줄기로부터 몇 장 자라나며 그 사이에서 한 뼘쯤 되는 꽃줄기가 올라온다. 잎 전체에 가늘고 긴 솜털이 나며 얕게 주름이 지고, 가장자리에 둔한 톱니가 있다. 잎자루는 잎의 길이보다 2~3배 길다.

5~6월에 잎 사이에서 꽃줄기가 나와 끝에 연분홍색 꽃 5~20송이가 산형꽃차례를 이루며 핀다. 꽃은 5갈래로 갈라진 통꽃으로 갈래마다 가운데가 파였으며, 안쪽으로 약간씩 접혀 있다. 수술대는 꽃부리에 붙어 있으며, 꽃밥은 인두 모양이고, 수술이 꽃밥을 내고나면 암술이 올라온다.

꽃이 지면 달걀형 작은 삭과가 맺히며, 씨앗이 익으면 삭과의 중간 부분이 위쪽으로 뚜껑이 열리듯 절개되며 모가 진 작은 씨앗들이 흩어진다. 흰 꽃이 피는 흰앵초도 있다.

큰앵초

우리나라 각 처의 깊은 산 숲속 북향의 습기 있는 낙엽수림 밑이나 그늘에서 다른 식물과 함께 자란다. 잎은 뿌리줄기에서 모여 나서 비스듬히 자라고, 뿌리줄기는 짧고 옆으로 뻗는다. 잎은 단풍잎 모양으로 생겼으며 짧은 털이 있고, 가장자리는 얕게 7~9갈래로 갈라지며, 날카롭고 불규칙한 톱니가 있다.

5~6월에 잎 사이에서 꽃줄기가 자라나 끝에서 1~4개 층을 이루며, 각 층마다 진분홍색 꽃이 5~6송이 핀다. 꽃은 5갈래로 갈라진 통꽃으로 꽃잎마다 가운데가 파였으며, 관 모양 꽃부리 끝에서 수

큰앵초

평으로 퍼지고 밑 부분에는 혹 모양 돌기가 2개씩 있다. 수술 5개는 앵초와 같은 형태로 붙고, 꽃밥을 내고 나면 암술이 올라온다. 암술은 꽃부리보다 조금 길어 암술머리만 밖으로 나온다. 열매는 달걀형 삭과로 꽃받침에 싸여 있고, 속에 능선이 3줄 있는 달걀형 씨앗이 들어 있으며, 8월 말에 여문다.

꽃대의 길이와 잎의 크기가 앵초 종류 중 가장 크게 자라므로 큰앵초라는 이름이 붙었으며, 특별히 꽃자루와 잎자루에 긴 털이 많이 난 종을 털큰앵초로 구분한다.

설앵초

제주도와 남부지방 해발 800m 이상 고산지대의 습기 있는 바위 위나 초원지대에서 자란다. 서식지가 극히 제한적이고 개체수가 많지 않아 산림청에서 희귀 및 멸종위기 식물로 지정·보호하고 있다. 높이 15cm 정도로 자라고, 잎은 뿌리줄기에서 모여 나며 잎자루가 길다. 잎 가장자리에는 둔한 톱니가 있으며, 아랫면은 은빛 나는 노란색 가루로 덮여 있다.

5~6월에 꽃줄기가 나와 연보라색 작은 꽃 3~20송이가 산형꽃차례로 핀다. 통꽃으로 윗부분에서 5갈래로 갈라져 수평으로 퍼지며, 꽃잎 가운데가 반쯤 파였다. 꽃이 진 뒤 원추형 삭과가 꽃받침에 싸여 달리며 끝이 5갈래로 갈라진다.

까치수염　큰까치수염

앵초과

모둠 52

까치수염 · 큰까치수염

까치수염

큰까치수염

까치수염

전국에 분포하며, 주로 낮은 지역의 습한 풀밭이나 숲 가장자리에서 몇 포기씩 무리를 이루며 자라지만 쉽게 눈에 띄지 않는다. 뿌리줄기가 옆으로 뻗으면서 새싹을 내며 포기를 넓혀간다. 원줄기는 둥글며 위쪽의 잎겨드랑이 사이에서 작은 꽃줄기가 자라나기도 한다. 포기 전체에 잔털이 많이 나 있어 뽀얗게 보인다.

잎은 어긋나지만 어떤 포기는 잎의 간격이 좁아 모여 나는 것처럼 보이기도 한다. 잎 가장자리는 밋밋하고 양 끝이 점차 좁아져서 밑 부분이 잎자루처럼 되지만 잎자루는 없고, 끝은 둔하며 안쪽에 점선이 있다. 잎은 줄기에 많이 달리는 편이며, 가을이 깊어져 일교차가 커지고 서리가 내릴 즈음이면 붉은색 또는 노란색으로 물든다.

꽃은 6-8월에 흰색으로 피며, 휘어진 꼬리 모양 총상꽃차례에 많은 꽃이 위쪽으로 모여 달리며, 아래에서부터 피어 올라간다. 처음 꽃이 피기 시작할 때에는 꽃봉오리 무게로 인해 아래쪽으로 휘어지지만 점차 피어나면서 꽃차례의 길이도 길어지고 꽃이 핀 부분이 바로 선다. 밑 부분에서 열매가 맺힐 즈음이면 꽃차례는 30cm 높이까지 자라고, 꽃이 지고 나면 곧추선다. 꽃잎 5장은 긴 타원형으로 끝이 둥글며 꽃받침보다 4배 정도 길고, 수술은 5개, 암술은 1개이며 은은한 향기가 난다.

열매는 삭과로 8월경부터 여물기 시작하며, 꽃받침에 싸여 붉은 빛이 도는 갈색으로 익는다. 씨앗이 익으면 열매의 위쪽이 크게 3갈래로 벌어지고, 속에 작고 검은 씨앗이 여러 개 들어 있다.

큰까치수염

전국에 분포하며, 조금 깊은 산속의 햇볕이 잘 드는 숲 가장자리에서 무리지어 자라며, 숲에서 보는 대부분은 큰까치수염이다. 전체적인 모양이 까치수염과 매우 비슷하고 꽃도 같은 시기에 피어나므로 자세하게 살펴보지 않으면 구별하기가 어렵다.

몇 가지 차이점을 살펴보면 줄기가 까치수염에 비해 크게 자라며 털은 나지 않아 매끈하고, 줄기 위쪽의 잎겨드랑이에서 짧은 꽃대가 나오기도 하며, 줄기 밑 부분과 짧은 잎자루가 붙는 부분은 붉은색을 띤다. 잎은 까치수염에 비해 폭이 2cm 이상으로 넓고 크며 끝 부분이 뾰족하고, 윗면에 털이 약간 나기도 하지만 윤기가 돌며, 아랫면에는 털이 전혀 나지 않는다. 꽃차례도 까치수염에 비해 길게 자란다.

좁쌀풀　참좁쌀풀

앵 초 과

모둠 53

좁쌀풀 · 참좁쌀풀

좁쌀풀

참좁쌀풀

좁쌀풀

전국에 분포하며 산과 들의 습지 주위에 많이 자라고, 깊은 산 골짜기 도랑가나 습기 있는 곳에서 다른 식물과 함께 자라기도 한다. 주로 중부지방에 분포도가 높으며 키가 유난히 커서 다른 풀 사이에서도 쉽게 눈에 띈다.

줄기는 중간 위쪽 잎겨드랑이에서 가지를 친다. 잎은 마주나거나 3~4장씩 돌려나며 검은색 점이 드문드문 나고, 아랫면 밑 부분에 작은 선모가 있으며 양 끝이 좁아지고 가장자리는 밋밋하다.

6~8월에 원줄기와 가지 끝이 꽃차례로 변하면서 노란색 꽃이 원추꽃차례를 이루며 밑에서부터 피어 올라간다. 꽃은 참좁쌀풀 꽃에 비해 작고 꽃자루가 있으며, 안쪽에 붉은 무늬가 없다. 꽃은 많이 피나 조금 엉성하게 달린다.

열매는 10월에 둥근 삭과로 익으며 꽃받침에 반 정도 덮여 있다. 꽃이 피기 직전 노란색 꽃봉오리들이 마치 좁쌀을 흩어 놓은 것 같다고 좁쌀풀이란 이름이 붙었다.

참좁쌀풀

한국특산식물로, 경상북도와 강원도를 연결하는 백두대간의 깊은 산속 햇볕이 적당히 드는 습지나 계곡가의 습기 있는 곳에서 다른 풀들과 함께 자란다. 산림청에서 희귀 및 멸종위기 식물로 지정·보호하고 있다. 줄기는 곧게 자라며, 짧은 가지를 여러 개 친다. 잎은 달걀형으로 잎자루가 짧으며 줄기에 마주나거나 3~4장이 돌려나고, 가장자리에 미세한 가시 모양 톱니가 있으며 끝은 뾰족하다.

6~7월에 원줄기와 가지 윗부분의 잎 사이마다 노란색 꽃이 1~2송이 피고, 전체적으로 원추꽃차례를 이루며 밑에서부터 피어 올라간다. 꽃은 타원형 꽃잎 5장으로 이루어졌으며 끝이 길쭉하게 가늘어지고, 꽃잎 전체에 작고 노란 선모들이 나 있어 마치 꽃가루가 묻어 있는 것처럼 보인다. 수술대는 원통으

로 올라와 5갈래로 갈라져 왕관 모양으로 젖혀지고, 중심에 암술이 있다. 수술대 밑 부분 꽃잎 주위에 붉은색 무늬가 있어, 전체적으로 노란 바탕에 붉은 고리 모양을 이루어 꽃 모양이 선명하게 드러난다. 꽃받침조각은 5개이며 끝이 뾰족하다.

열매는 구슬 모양 삭과로 꽃받침에 싸여 10월에 여물며, 끝 부분에 암술대가 붙어 있고, 속에 짙은 갈색 씨앗이 몇 개 들어 있다.

용담   과남풀

옛용담

용 담 과

모둠 54

/

용담 · 과남풀 · 멧용담

용담

과남풀

멧용담

용담

제주도를 포함한 전국에 널리 분포하며, 낮은 곳에서부터 높은 산의 습기 있는 풀밭에서 다른 식물과 함께 자란다. 줄기는 곧게 자라고, 가느다란 줄이 4개 있으며, 뿌리줄기는 짧고, 굵은 뿌리 여러 개가 길게 자란다.

잎은 마주나며 길쭉한 달걀형이다. 잎끝이 뾰족해지며 잎자루는 없고, 가장자리는 밋밋하며 긴 맥이 3개 있다. 윗면은 녹색이나 아랫면은 연녹색을 띠며 표면은 조금 거칠다.

9~10월에 위쪽의 잎겨드랑이 사이와 줄기 끝에서 종 모양 청보라색 꽃이 여러 송이 모여 달리며, 묵은 포기는 밑에서부터 잎겨드랑이 마다 피어나므로 많은 꽃이 달린다. 꽃받침은 잔 모양이며 끝이 5갈래로 뾰족하게 갈라지고 뒤로 젖혀진다. 꽃부리 겉에는 밑에서부터 갈래조각의 끝 부분을 향해 자주색이 섞인 녹색 무늬가 5갈래로 갈라지며 있다. 꽃잎 안쪽에는 흰 반점이 흩어지며, 수술 5개와 암술 1개가 꽃부리 한가운데 붙어 있다. 늦가을이 되어 서리가 내리면 잎은 붉은 갈색으로 물들고, 늦게까지 피어나는 꽃과 함께 대조를 이뤄 묘한 아름다움을 발한다.

꽃이 지면 시들은 꽃잎이 붙은 채로 삭과가 익으며, 씨앗이 여물면 끝이 2갈래로 약간 벌어지며 먼지처럼 작은 씨앗들이 흩어진다. 씨앗에는 날개가 있다.

한약재로 이용하는 뿌리의 쓴 맛이 곰의 쓸개인 웅담보다도 더해 용의 쓸개만큼 쓰다는 의미에서 용담이라는 이름이 붙었다.

과남풀

중부 이북지역에 분포하며 깊은 산속 계곡 주변의 적당히 그늘지고 습기 있는 곳에서 다른 식물과 함께 자란다. 줄기는 곧게 자라고 가지는 치지 않으며, 뿌리줄기는 짧고 굵은 뿌리 여러 개가 길게 자란다.

묵은 포기는 뿌리줄기에서 줄기가 여러 대 올라오며 마디 사이의 간격은 일정하다. 줄기 아래 부분의 잎은 작으며 위쪽으로 갈수록 커지고, 잎에는 뚜렷하지 않은 맥이 3개 있으며 가장자리는 밋밋하고 톱니는 없다. 잎은 잎자루 없이 마주나며, 좁고 길며 끝이 뾰족하다.

8~10월에 원줄기 끝과 위쪽 3~4마디 잎겨드랑이 사이에서 짙은 하늘색 꽃 3~4송이가 꽃자루 없이 하늘을 향해 모여 핀다. 한낮에도 활짝 피지 않고 피다가 만 듯하다.

과남(過濫)이란 말은 분수에 지나치다는 뜻

용담

이므로 뿌리의 쓴맛이 지나쳐서 붙은 이름으로 보인다. 용담보다 키가 크게 자라므로 큰용담이라 부르기도 하고, 잎이 칼처럼 길쭉하게 생겼다고 해 칼잎용담이라 부르기도 한다.

멧용담
제주도 한라산의 조금 습한 지역에 자생한다. 줄기는 연약하며 15cm 정도로 땅을 기듯이 비스듬히 누워 자라고, 잎은 마주나며 마디 사이가 짧다. 뿌리줄기에서 줄기가 여러 대 올라와 사방으로 퍼져 자라며, 9~10월에 원줄기 끝과 잎겨드랑이 사이에서 자라난 가지 끝에 짙은 하늘색 꽃이 위쪽을 향해 1송이씩 달린다. 꽃이 지고 나면 긴 타원형 삭과가 달리며, 11월에 씨앗이 여물면 끝 부분이 2갈래로 갈라지며 먼지 같이 미세한 씨앗이 나온다.

TIP
얼마 전까지 큰용담과 칼잎용담을 별도의 품종으로 구분했으나 산림청과 국립수목원, 식물분류학회가 공동으로 국가식물목록구축시스템을 구축해 우리나라에 자생하는 식물 이름의 통일화 및 표준화작업을 하며 큰용담과 칼잎용담을 과남풀로 통합했다. 현재 국가식물목록구축시스템에 4,900여 종이 등록되어 있다.

초 롱 꽃 과

모둠 55

초롱꽃 · 섬초롱꽃 · 금강초롱꽃

초롱꽃

섬초롱꽃　　　　　　　　　　　　　금강초롱꽃

초롱꽃

우리나라 섬지역을 제외한 전국의 낮은 산지에서부터 해발 1,500m 내외의 산 정상 부근 초원에까지 분포한다. 특히 태백산맥 등줄기를 타고 백두산까지 퍼져 자란다. 줄기 전체에 털이 나며, 옆으로 기는 뿌리줄기가 포기를 늘려가므로 보통 한 곳에서 무리지어 자란다.

잎은 뿌리와 줄기에서 나며, 뿌리에서 나는 잎은 잎자루가 길다. 줄기에 나는 잎은 날개 달린 잎자루가 있는 것도 있고 없는 것도 있으며, 끝은 뾰족하고 둔하다. 잎의 밑 부분은 둥글거나 좁은 편이며, 가장자리에 불규칙하고 둔한 톱니가 있다.

6-8월에 줄기 끝에 가까운 잎겨드랑이에서 꽃대가 여러 개 나와 긴 종 모양 꽃송이가 밑을 향해 여러 송이 달리며, 끝 쪽은 약간 좁아지고 5갈래로 얕게 갈라진다. 꽃은 상아색이나 담자색이고 안쪽에는 작고 연한 자주색 반점들이 있으며, 암술 1개와 이를 둘러싼 수술이 5개 있다. 꽃받침은 녹색이며 5개로 갈라지고, 겉에는 털이 난다.

꽃잎은 시들어도 오랫동안 꽃받침에 매달려 있으며, 씨앗은 삭과로 꽃받침 속에 들어 있다. 9월 중순에 씨앗이 익으면 꽃받침 아래쪽이 터지면서 작은 씨앗이 흩어진다.

섬초롱꽃

울릉도의 햇볕이 잘 드는 비탈진 풀밭이나 절개지에서 자라는 한국특산식물로, 자생지가 울릉도로 한정되어 있고 개체수가 많지 않아 산림청에서 희귀 및 멸종위기 식물로 지정·보호하고 있다. 줄기에 털이 적고 잎자루와 꽃대는 자줏빛이 돈다.

잎은 뿌리에서 올라오는 잎과 줄기에 나는 잎이 있다. 뿌리에서 올라오는 잎은 가장자리에 불규칙한 톱니가 있으며 잎자루가 길

고, 줄기에 나는 잎은 어긋나며 윗면은 윤기가 나고, 위로 올라갈수록 잎자루가 짧아지며 긴 타원형으로 변한다. 잎자루의 밑 부분은 날개가 있어 줄기를 감싼다.

6~8월에 짙은 자주색 반점이 있는 흰색 또는 엷은 자주색 꽃이 가지와 원줄기에서 밑을 향해 총상꽃차례를 이루며 달린다. 보통 초롱꽃에 비해 자주색 반점이 꽃 전체에 촘촘하게 나 있어 자주색으로 보이기도 하며, 초롱꽃에 비해 꽃 끝이 더 넓게 벌어진다.

꽃잎은 시들어도 오랫동안 꽃받침에 매달려 있으며, 열매는 삭과로 달리고, 씨앗이 여물면 꽃받침 밑 부분이 삭으면서 납작한 씨앗들이 떨어진다. 씨앗 주위에 날개가 있다.

금강초롱꽃

중·북부 지방 해발 1,000m 이상 높은 산지의 햇빛이 적당히 들고 물 빠짐이 좋은 낙엽수림 밑이나 바위틈에서 자라며, 주로 강원도 태백산 이북지역의 높은 산지에서 발견되고, 경기도 포천의 광덕산과 가평의 명지산에서도 자생한다. 한국특산식물로서 서식지가 극히 제한적이고 자생지에서도 개체수가 많지 않아 산림청에서 희귀 및 멸종위기 식물로 지정·보호하고 있다.

뿌리는 더덕처럼 굵으며 아래쪽에서 몇 가닥으로 갈라진다. 줄기는 굵은 뿌리로부터 올라오며 가지를 치지 않는다. 뿌리에서 올라오는 잎은 끝이 뾰족하고, 잎자루가 길며 가장자리에 톱니가 있다. 줄기에 달리는 잎은 중간 부위에서 4~6매가 서로 어긋나며, 마디 사이가 좁아 한 곳에 모여 나는 것처럼 보인다.

8월 중순에서 9월 중순 사이에 긴 종 모양으로 생긴 짙은 청보라색 꽃이 밑을 향해 1송이씩 피며, 오래 묵은 포기에서는 5~10송이가 피어나기도 한다. 색은 일교차가 클수록 짙으며, 꽃잎 표면이 윤기가 난다. 꽃받침은 잔 모양이며, 끝이 송곳 모양으로 5갈래로 갈라지고, 수평으로 퍼진다.

열매는 삭과이며 다른 초롱꽃과 열매에 비해 큰 편이고, 속에 작은 씨앗이 많이 들어 있다. 씨앗이 익으면 삭과의 밑 부분이 터지면서 씨앗들이 떨어진다. 오대산에는 흰금강초롱이 자생한다.

TIP

금강초롱의 속명은 하나부사야(Hanabusaya)다. 보통 학명을 부여할 때에는 그 식물을 처음 발견한 사람이 이름을 붙이게 되는데, 이 종을 금강산에서 처음 발견한 일본의 식물학자 나카이가 자신에게 조선의 식물을 조사할 수 있도록 지원해준 한일합병의 주역이자 조선총독부의 초대공사인 하나부사에게 은혜를 갚는다는 뜻으로 그의 이름을 따 한국특산식물에 엉뚱한 속명이 붙게 된 것이다.

금강초롱꽃

초 롱 꽃 과

모둠 56

모시대 · 도라지모시대 · 잔대 · 층층잔대
당잔대 · 두메잔대 · 진퍼리잔대 · 섬잔대

모시대

도라지모시대 　　　　　　　　　　　잔대

층층잔대　　　　　　　　　　　　　　당잔대

두메잔대

진퍼리잔대

섬잔대

모시대

전국에 분포하며, 깊은 산속 낙엽수림 밑이나 계곡 주위, 산기슭 등 조금 그늘지고 습한 곳에 다른 식물과 함께 자란다. 뿌리는 약간 굵고 육질이며, 가늘어지다가 뭉툭하게 굵어지고, 밑부분에서 가느다랗게 몇 가닥으로 갈라진다. 줄기는 곧게 자라고, 묵은 포기는 위쪽에서 가지가 여러 개 갈라진다.

어린 싹은 연한 갈색을 띠며 줄기 속은 비어 있고, 줄기를 꺾으면 우윳빛 즙이 나온다. 잎은 뿌리와 줄기에서 나며, 뿌리에서 나는 잎은 잎자루가 길고 꽃이 필 무렵 말라 없어지며, 줄기에서 나는 잎은 어긋나고 위쪽으로 갈수록 작아지며 잎자루도 짧아진다. 잎 가장자리에는 날카롭고 불규칙한 톱니가 있다.

8~9월에 줄기와 가지 윗부분이 꽃대로 변하며 짧은 꽃자루 끝에 하늘색 꽃이 총상꽃차례를 이루며 전체적으로 원추꽃차례를 형성하고, 엉성하게 밑에서부터 피어 올라간다. 꽃받침은 5갈래로 갈라져 약간 벌어지고, 꽃부리 끝도 5갈래로 얕게 갈라져 뒤로 약간 젖혀진다. 수술은 5개로 수술대 아래쪽이 넓어져 가운데까지 붙어 있으며 윗부분은 젖혀지고, 암술은 1개로 꽃부리와 비슷하거나 길어서 꽃 밖으로 나오거나 같으며 끝이 3갈래로 갈라져 뒤로 말린다.

꽃이 진 뒤 열매는 타원형 삭과로 맺으며 꽃받침 속에 들어 있고, 씨앗이 익으면 꽃받침의 밑 부분이 벌어지면서 작은 씨앗들이 흩어진다.

모시대의 꽃 색은 자라는 환경에 따라 많은 변화를 보이는데 햇볕이 드는 곳에 자라는 것들은 색이 짙고, 그늘진 곳에서 자라는 것들은 색이 엷어 흰색에 가깝게 피는 것들도 있다. 모시대 중에는 꽃이 흰색으로 피는 개체가 있으며, 이 종은 흰모시대로 구분한다.

도라지모시대

중부 이북지역의 깊은 산속 낙엽수림 밑에 드물게 자라는 희귀식물로 자생지에서도 개체수가 많지 않아 산림청에서 희귀 및 멸종위기 식물로 지정·보호하고 있다.

줄기는 곧게 자라고 가지를 치지 않는다. 뿌리는 약간 굵고 육질이며 조금 굵은 뿌리가 몇 가닥으로 갈라진다. 포기의 생김새는 모시대와 비슷하나 꽃의 생김

도라지모시대

새와 꽃차례에서 차이가 난다.
 꽃은 8월에 총상꽃차례에 엉성하게 달리고, 꽃부리는 모시대와 같이 종 모양이나 밑 부분이 좁고 중간 부분부터 넓어져 갈때기 모양이며, 꽃의 크기가 훨씬 크다. 흰색으로 피는 개체를 흰도라지모시대로 구분한다.

잔대

전국에 분포하며, 낮은 곳의 야산에서부터 해발 1,500m 내외의 산 정상 초원지대까지 널리 분포한다. 보통 무리지어 자라지는 않고 햇볕이 잘 드는 낙엽수림 밑에 몇 포기씩 자란다. 줄기는 외대로 곧게 자라지만 묵은 포기에서는 2~3개가 올라오기도 한다. 줄기를 꺾으면 흰 유액이 나온다.
 뿌리는 굵고, 통통하며 몇 가닥으로 갈라지기도 하고, 묵은 뿌리는 더덕처럼 가로로 주름이 많이 생기며 육질은 푸석하다. 오래 묵은 뿌리는 밑 부분이 굵고 윗부분은 가늘며, 산삼처럼 오래 묵으면 뇌두가 생겨 나이를 짐작할 수 있다
 잎은 뿌리와 줄기에서 나며, 뿌리에서 나는 잎은 잎자루가 길고, 가장자리에 이빨 모양 톱니가 있으며 꽃이 필 무렵 모두 말라 없

어진다. 줄기에 나는 잎은 층을 지며 3~5장이 돌려나고, 잎자루가 짧다. 작은잎은 양 끝이 좁아지며 가장자리에 잔 톱니가 있다.

꽃은 7~8월에 원줄기와 위쪽의 잎겨드랑이에서 자라난 원추꽃차례에 엉성하게 아래를 향해 핀다. 하늘색 종 모양으로 끝이 5조각으로 갈라지며 뒤로 약간 젖혀진다. 꽃받침은 잔 모양이고 끝이 5갈래로 갈라지며 수평으로 퍼진다. 수술은 5개이고 암술은 꽃 밖으로 나오며 끝이 3갈래로 갈라진다.

열매는 삭과로 잔 모양 꽃받침 속에 들어 있으며, 10월 말 씨앗이 익으면 삭과의 아랫부분이 터지면서 씨앗이 흩어진다.

잔대(盞臺)는 술잔받침으로 제례 때 술잔을 받쳐서 상에 올리는 제기를 말한다. 꽃 모양이 잔대에 술잔을 올려놓은 모양을 닮았다 해 잔대라는 이름이 붙었다.

층층잔대

전국에 분포하며, 특히 백두대간의 중부 이북지역에 분포도가 높다. 낮은 지대에서부터 1,000m 내외의 고산지대까지 광범위하게 분포하며, 뿌리는 도라지나 더덕처럼 생겼으나 좀 더 길고 가늘다.

뿌리에서 나는 잎은 잎자루가 길고 꽃이 필 무렵 말라 없어지며, 줄기에 나는 잎은 3~5장이 돌려나며 잎자루는 없고 버드나무 잎처럼 길다. 잎 가장자리에는 작고 날카로운 톱니가 있다.

7~8월에 줄기 끝과 위쪽의 잎겨드랑이에서 꽃대가 만들어져 가지를 치며 층을 지고 자라나 전체적으로 원추꽃차례를 이루며 종 모양의 작은 연보라색 꽃이 엉성하게 많이 핀다.

당잔대

중부 이남지역 깊은 산속 햇볕이 잘 드는 비탈면의 조금 메마른 곳에서 다른 식물과 어울려 자란다. 뿌리는 도라지처럼 굵고, 줄기는 곧게 서며 흰 털이 약간 있다. 뿌리에서 나는 잎은 둥근 콩팥 모양으로 잎자루가 길고, 줄기에 나는 잎은 어긋나며 잎자루는 없고 끝이 뾰족하며 가장자리에 톱니가 있다.

7~9월에 총상꽃차례에 넓은 종 모양 청보라색 꽃이 아래에서부터 피어 올라간다. 꽃자루는 짧고, 꽃받침 겉에는 흰 털이 빽빽하게 나며 끝은 5갈래로 갈라져 수평으로 퍼진다. 꽃부리는 입구가 넓은 종 모양으로 가장자리가 5갈래로 갈라지며 약간 벌어지고, 암술은 꽃부리의 길이와 같거나 조금 길어 꽃 밖으로 나오지는 않으며 끝이 3갈래로 갈라진다.

두메잔대

중부 이북지역의 높은 산 정상 부근 능선에 자생한다. 줄기는 곧게 자라며 가지는 치지 않고 전체에 털이 없다. 뿌리줄기는 밑으로 뻗으며 매우 굵다.

잎은 3~4장이 돌려나거나 어긋나며 잎자루는 없고, 작은잎은 끝이 뾰족하고 아래쪽은 좁아져서 줄기에 달리며 양면에 털이 있다. 잎 가장자리에 굵은 톱니가 드문드문 나고 끝에는 돌기가 있으며 뒤로 약간 말린다.

8월에 줄기 끝에 발달한 꽃대에 종 모양으로 생긴 연한 하늘색 꽃이 달린다. 야구 방망이 모양으로 생긴 암술대는 꽃부리 밖으로 길게 나오며, 끝이 3갈래로 갈라져 뒤로 말린다. 암술대에는 돌기 같은 털이 조금 빽빽하게 난다.

진퍼리잔대

깊은 산속의 햇볕이 드는 습지 주위에서 자라며, 주로 강원도 이남지역에서 발견되지만 개체수가 많지 않은 희귀식물이다. 줄기는 곧게 자라며, 자주색이고 가지는 치지 않는다.

잎은 얇고 줄기에 나선 모양으로 돌려나며 잎자루는 없고, 끝이 약간 뾰족하고 밑 부분이 둥글다. 잎 아랫면 맥 위에 털이 나고 가장자리에 작은 톱니가 있다. 꽃이 없는 시기에 도라지로 착각할 정도로 비슷하다.

꽃은 7~8월에 노란색이 도는 연보라색으로 피며, 줄기 끝에 총상꽃차례를 이루며 위에서부터 밑을 향해 피어나는 유한꽃차례다. 꽃받침은 잔 모양이고 끝은 5갈래로 갈라지며 꽃부리 밑 부분을 감싼다. 꽃부리는 깔때기 모양이고, 끝이 5갈래로 깊게 갈라지며 넓게 퍼진다. 암술대는 꽃부리의 길이와 같거나 약간 길며 꽃 밖으로 나오지 않고 끝이 3갈래로 갈라져 뒤로 젖혀진다. 열매는 9~10월에 갈색으로 익고, 속에 작은 씨앗들이 들어 있다.

진퍼리란 습지 또는 물기 있는 땅을 가리키는 말로, 습지 주위에서 주로 자라 진퍼리잔대라는 이름이 붙었다.

섬잔대

한국특산식물로 한라산 정상 부근에 자생한다. 줄기의 잎이 달린 자리에 능선이 발달하며, 자라날 때에는 줄기가 땅을 기듯 누워 자라다가 꽃이 필 때 쯤 꽃대가 바로 선다. 잎은 어긋나고 잎자루는 없으며, 가장자리에는 드문드문 톱니가 있다.

꽃은 7~8월에 청보라색으로 줄기 끝에 하나 또는 여러 송이가 총상꽃차례로 엉성하게 달린다. 꽃받침은 좁은 술잔 모양으로 끝이 5갈래로 갈라져 뒤로 젖혀지고, 꽃부리는 입구가 넓은 길쭉한 종 모양으로 끝이 5갈래로 얕게 갈라져 뒤로 약간 젖혀진다. 암술은 꽃 밖으로 나오지 않으며 끝이 3갈래로 갈라진다. 열매는 삭과로 꽃받침 속에 들어 있으며, 끝에 꽃받침조각이 붙은 채로 익는다.

초 롱 꽃 과

헷갈리지 않아요

/

자주꽃방망이

　섬지역과 남해안지역을 제외한 전국의 해발 500m 이상 되는 산지의 햇볕이 잘 드는 초원지대에 자란다. 주로 중부 이북지역의 태백산맥을 따라 널리 분포하나 만나기는 어렵다. 뿌리에서 좋은 향기가 나는 방향성식물이다.
　줄기는 곧게 자라며 밑으로 굽은 털이 나고, 뿌리줄기는 짧고 옆으로 자란다. 뿌리에서 나는 잎은 잎자루가 길다. 줄기에 나는 잎은 어긋나고, 밑에 달리는 잎은 날개가 달린 잎자루가 있으나 위쪽으로 갈수록 작아지며 잎자루 없다. 잎끝은 뾰족해지고 밑 부분은 둥글거나 좁으며 가장자리에 불규칙한 톱니가 있다.
　7~8월에 원줄기 끝과 줄기 중간 윗부분의 잎겨드랑이 사이마다 작은 도라지꽃을 닮은 짙은 보라색 꽃송이들이 뭉쳐서 하늘을 향해 핀다. 특히 줄기 끝에는 많은 꽃송이들이 뭉쳐서 여러 방향으로 피어난다. 꽃송이 밑에는 잎을 닮은 꽃턱잎이 달리고, 꽃받침은 5갈래로 갈라지며, 꽃부리도 5갈래로 깊게 갈라진다. 수술은 5개이고 암술머리는 흰색이며 3갈래로 갈라지고 꽃 밖으로 나온다. 한창 꽃이 피어나면 뭉쳐 피는 꽃의 무게로 인해 줄기가 옆으로 쓰러지는 경우가 많다.
　열매는 9월 중순에서 10월 초순경 삭과로 익으며, 삭과의 밑 부분이 삭으면서 작은 갈색 씨앗들이 흩어진다.

현 삼 과

모둠 57

냉초 · 산꼬리풀 · 큰산꼬리풀
긴산꼬리풀 · 구와꼬리풀

냉초

산꼬리풀

큰산꼬리풀

긴산꼬리풀 구와꼬리풀

냉초

제주도와 섬지역을 제외한 전국에 분포하며, 특히 중부 이북지역의 해발 600m 이상 되는 깊은 산지 습기 있는 지역의 초원지대에서 다른 식물과 함께 자란다. 그리 쉽게 발견되지는 아니다.

줄기는 곧게 자라고 가지는 치지 않으며, 홀로 나거나 줄기가 여러 대 모여 나기도 하고, 포기 전체에 보드라운 털이 빽빽하게 난다.

잎은 3~8매(보통 5매)가 둥글게 배열되며 여러 층으로 나고, 작은잎은 잎자루가 없으며, 긴 타원형으로 끝이 뾰족하고 가장자리에 잔 톱니가 있다.

7~8월에 줄기 끝에 긴 꼬리 모양 꽃대가 나와 총상꽃차례를 이루며 보라색 꽃이 밑에서부터 위를 향해 무한꽃차례로 피어 올라간다. 묵은 포기는 줄기 윗부분의 돌려나는 잎 사이에서도 작은 꽃대들이 나와 꽃을 피우므로 많은 꽃대들이 중심꽃대를 돌아가며 무리지어 핀다.

열매는 삭과로 9~10월에 익으며, 아래쪽이 꽃받침에 덮여 있다. 위쪽이 갈라지면 작은 씨앗들이 흩어진다.

늘 몸이 차서 불편한 증상이 있다. 이를 두고 한방에서는 냉증이라고 하며, 이 풀의 뿌리를 달여 먹으면 냉증과 관련된 질병을 치료할 수 있다고 해 냉초라는 이름이 붙었다.

산꼬리풀

전국에 분포하며, 높은 산지 정상 부위의 물 빠짐이 좋고 나무가 적어 햇볕이 적당히 드는 비탈에서 다른 식물과 함께 자란다. 줄기는 곧게 자라며, 포기 전체에 짧은 털이 나고, 뿌리줄기로부터 줄기가 여러 대 올라와 포기를 이룬다. 잎은 마주나고 잎자루는 없으며 양 끝이 뾰족하고, 가장자리에 작고 날카로운 톱니가 불규칙하게 있다.

7~8월에 줄기 끝과 위쪽의 잎겨드랑이 사이에서 꽃대가 나와 보랏빛을 띤 하늘색 자잘한 꽃이 총상꽃차례를 이루며 밑에서부터 위를 향해 무한꽃차례로 핀다. 꽃받침과 꽃잎은 4갈래로 갈라지고, 갈래조각은 달걀형으로 끝이 뾰족하다. 수술이 2개 암술이 1개이며, 암술은 길어 꽃 밖으로 나오고, 꽃밥은 짙은 자주색을 띤다. 열매는 9월에 삭과로 여물며, 둥글납작하고 윗부분이 약간 파여 있다.

큰산꼬리풀

지리산을 기점으로 중부 이북지역에 자라며, 해발 600m 이상 높은 산지의 물 빠짐이 좋고 햇볕이 잘 드는 건조하고 조금 척박한 풀밭에 드물게 자란다. 전체적으로 산꼬리풀과 비슷하나 높이 1m 정도로 곧게 자라며 줄기는 조금 억세어 보이고, 뿌리줄기로부터 올라오는 줄기도 2~3개로 적으며 털은 나지 않는다. 잎과 꽃차례가 더 크게 자라는 점도 다르다.

7~8월에 줄기 끝과 위쪽의 잎겨드랑이 사이에서 긴 꽃대가 나와 산꼬리풀과 같은 모양의 꽃이 총상꽃차례로 피고, 열매는 삭과로 9~10월에 여물며 꽃받침에 싸여 있다. 열매 겉에 갈색 털이 있다.

긴산꼬리풀

전국에 분포하며 조금 깊은 산속의 습기 있는 비탈에서 다른 식물과 함께 자란다. 줄기는 1m 이상 높이로 곧게 자라고, 포기 전체에 짧은 털이 나는 것도 있고 나지 않는 것도 있다. 잎은 마주나거나 3~4장씩 돌려나며 잎자루가 짧고, 작은잎은 긴 편이며 끝이 뾰족해진다. 잎이 돌려나기도 하므로 냉초와 혼동하기 쉬우나 냉초는 잎자루가 없으므로 구별할 수 있다.

7~8월에 원줄기와 위쪽의 잎겨드랑이 사이에서 긴 꽃대가 나와 보랏빛을 띤 하늘색 자잘한 꽃이 총상꽃차례를 이루며 밑에서부터 위를 향해 차례로 핀다. 꽃받침과 꽃잎은 4장으로 갈라지고, 갈래조각은 끝이 뾰족하고 수평으로 퍼진다. 수술은 2개이고 암술은 1개로 꽃잎보다 길어 꽃 밖으로 길게 나오고, 꽃밥은 짙은 자주색을 띤다.

구와꼬리풀

전국적으로 분포하나 경상북도와 경기도 지역에 자라는 개체수가 많다. 줄기 전체에 꼬부라진 털이 촘촘하게 난다. 잎은 마주나고 위쪽으로 갈수록 커져서 중간에 달리는 잎이 가장 크고, 위쪽은 차츰 작아진다. 작은잎은 잎자루가 짧으며 길이와 폭이 비슷하고 끝은 뾰족하다. 잎 가장자리가 깃털 모양으로 파이며 톱니가 약간 있다.

8~9월에 원줄기와 위쪽의 잎겨드랑이 사이에서 자라난 꽃대에 연보라색 자잘한 꽃이 촘촘하게 총상꽃차례를 이루며 차례로 피어 올라간다. 꽃턱잎은 줄 모양으로 톱니와 털이 있고, 꽃자루보다 길다. 꽃받침은 밑 부분까지 길게 4갈래로 갈라지고, 꽃부리도 4갈래로 갈라져서 끝이 뒤로 젖혀지며, 수술 2개는 길어 꽃 밖으로 나온다.

열매는 삭과로 꽃받침에 싸인 채 갈색으로 익고, 먼지 같이 작은 씨앗들이 들어 있다. 구와는 국화를 뜻하는 말로 잎이 국화의 잎을 닮아 구와꼬리풀이라는 이름이 붙었다.

외떡잎식물

처음 나오는 떡잎이 1장인 식물(단자엽식물)

백합과

모둠 58

둥글레 · 각시둥글레 · 퉁둥굴레
종둥글레 · 층층둥글레 · 진황정

둥글레

각시둥굴레　　　　　　　　　　　　　　　　퉁둥굴레

종둥굴레

층층둥굴레

진황정

둥굴레

전국에 분포하며, 낮은 지역의 평지에서부터 높고 깊은 산의 산기슭이나 낙엽수림 밑 등 습기 있고 비옥한 곳에서 무리지어 자란다. 옆으로 꾸불꾸불 뻗어나가는 뿌리줄기에 굵고 살찐 마디가 있으며, 마디 주변에서 가느다란 수염뿌리가 돋는다. 뿌리줄기는 황백색을 띠며 단맛이 나고, 묵은 줄기 자리에서 매년 한 마디씩 자라 대나무 뿌리와 비슷하다. 이른 봄 뿌리줄기 끝에서 막질의 이삭잎에 싸인 줄기가 한 대씩 자라나오며, 가지는 치지 않고 줄기 끝이 휘어 구부러진다. 줄기에는 세로 줄이 있어 진황정과 구별된다.

잎은 긴 타원형으로 10여 장이 서로 어긋나고 잎자루가 매우 짧다. 잎들은 모두 위쪽을 향해 자라고, 평행맥이 여러 줄 있으며 가장자리는 밋밋하고 아랫면은 흰 빛을 띤다.

4~6월에 잎겨드랑이마다 가운데가 불룩한 단지 모양 꽃이 핀다. 꽃은 꽃자루 끝에 1~2송이씩 밑을 향해 늘어지며, 꽃부리의 끝 부분이 녹색을 띤 흰 꽃이다. 꽃이 지고 나면 구슬처럼 생긴 둥근 장과를 맺으며 9~10월에 검게 익는다.

각시둥굴레

전국에 분포하며 깊은 산속 햇볕이 잘 드는 비탈이나 낙엽수림 아래 부식질이 풍부한 곳에서 무리지어 자란다. 동해안 바닷가의 오래된 공동묘지 주위에서도 군락을 이루며 자라는 곳을 볼 수 있는데, 영양의 문제인지 산속에서 자라는 개체들보다 키가 낮게 자란다. 희고 가느다란 뿌리줄기가 옆으로 뻗으면서 끝 쪽에서 줄기가 나와 곧게 자라며 가지는 치지 않는다.

잎은 타원형으로 줄기에 어긋나고, 평행맥이 뚜렷하다. 아래쪽의 잎은 줄기를 감싸고 끝이 둥글며 바깥으로 휘어진다. 5~6월에 잎겨드랑이마다 길쭉한 대롱 모양 꽃이 1~2송이씩 피며, 끝이 6갈래로 얕게 갈라져 뒤로 젖혀진다. 열매는 가을에 둥근 장과로 검게 익는다.

키가 작고 아담하게 자라 각시둥굴레라는 이름이 붙었으며, 애기둥굴레라 부르기도 한다.

퉁둥굴레

조금 깊은 산지 숲속에 자라며, 원줄기 윗부분이 옆으로 처지면서 전체가 비스듬히 서며 세로줄이 없다. 잎은 긴 타원형으로 줄기 윗부분에서 약간 어긋나며 두 줄로 배열되고, 잎맥이 뚜렷하며 윗면은 녹색으로 윤기가 나고 아랫면은 흰 빛이 돈다.

꽃은 잎겨드랑이 사이에서 자라난 긴 꽃줄기 끝에 2~6송이가 산형꽃차례를 이루며 땅 쪽을 향해 핀다. 꽃자루 밑에 꽃턱잎이 하나씩 달리고 맥이 1개 있다. 어린 꽃봉오리일 때에는 크기가 작아 꽃턱잎에 싸여 있지만 차츰 자라나 6~7월에 꽃이 필 때에는 용둥굴레 꽃만큼 커진다. 꽃턱잎은 꽃이 피면 시들기 시작한다. 꽃은 통 모양으로 위아래의 넓이가 비슷하고 끝이 얕게 6갈래로 갈라지며, 갈래조각은 뒤로 젖혀져 꽃부리의 바깥쪽으로 붙는다. 열매는 짙은 남색 장과로 익는다.

용둥굴레는 줄기에 세로줄이 있으며 꽃이 커다란 꽃턱잎 2개에 싸여 있지만, 퉁둥굴레는 줄기에 세로줄이 없으며 작은 꽃턱잎이 꽃의 숫자만큼 달리는 점이 다르다.

종둥굴레

중부 이북지역 깊은 산지 능선 주위의 낙엽수림 밑이나 오래된 묘지 주위에 자란다. 뿌리줄기는 길게 뻗는다. 원줄기 윗부분이 옆으로 처지면서 전체가 비스듬히 선다. 줄기에 세로줄이 없고, 타원형 잎 4~5장이 어긋나며 2줄로 붙는다.

꽃은 5~6월에 잎겨드랑이 사이에서 긴 꽃줄기가 나와 끝에 짧은 꽃자루가 있는 꽃이 밑으로 처지며 2~3송이씩 달린다. 꽃턱잎은 막질이며 매우 작고, 꽃이 피기 전에 일찍 떨어지므로 꽃

이 핀 포기에는 꽃턱잎이 없다. 꽃봉오리일 때에는 매우 작으나 차츰 자라나서 꽃이 피면 길이 1.5~2.5cm가 되고, 끝 부분이 좁아지며 6갈래로 갈라져 뒤로 젖혀진다.

층층둥굴레

중부 이북지역에 아주 드물게 분포하며, 서식지가 매우 제한적이고 자생지에서도 개체수가 많지 않아 환경부에서 멸종위기II급으로 지정·보호하고 있다. 낮은 지역의 풀밭이나 밭 가장자리 또는 냇가의 가장자리 풀숲에 무리지어 자란다.

줄기는 가늘고 곧게 자라며, 굵게 살찐 뿌리줄기가 길게 뻗으면서 중간에서 싹을 내며 포기를 늘려간다. 마디마다 잎 3~5장이 층을 지며 돌려 달린다. 잎 표면은 짙은 녹색이나 아랫면은 분을 바른 듯한 흰 빛이 돌며, 끝이 뾰족하고 밑 부분은 좁아져서 줄기에 달린다.

6~7월에 줄기 중간 위쪽의 잎겨드랑이 사이마다 조금 긴 꽃줄기가 나와 아래쪽에서 2갈래로 갈라지며 짧은 꽃자루 끝에 연한 노란색 꽃이 1송이씩 2개 달리며, 끝 부분이 6갈래로 얕게 갈라져 뒤로 젖혀진다. 열매는 장과로 9월경에 검게 익는다.

잎이 3~5장씩 층을 지며 달려 층층둥굴레라는 이름이 붙었으며, 수레둥굴레라 부르기도 한다. 어린순은 그대로 튀겨먹거나 데쳐서 나물로 무쳐 먹으며, 달콤한 맛이 난다. 굵은 뿌리줄기는 생으로 된장이나 고추장에 박아 장아찌로 만들어 먹으면 아삭한 맛이 뛰어나며, 둥굴레 차의 재료로도 사용된다. 층층둥굴레와 같은 지역에 자라며 전체적으로 비슷하지만 잎의 끝 부분이 아래쪽으로 갈고리처럼 휘어지는 종을 층층갈고리둥굴레로 구분한다.

진황정

전국에 분포하나 주로 제주도와 울릉도를 포함한 남부지방에 많으며, 산지의 숲 가장자리에 자란다. 굵은 뿌리줄기가 옆으로 뻗으며, 군데군데 줄기가 자라나온다. 줄기는 약간 기울어져 자라고 윗부분이 옆으로 비스듬하게 휘어진다. 줄기 아래 부분에는 어린 싹을 감쌌던 마른 비늘잎 2장이 남아 있으며, 비늘잎 아래쪽은 대나무처럼 마디가 진다.

잎은 어긋나며 짧은 간격으로 두 줄로 배열되고, 양 끝이 좁아지는 넓은 타원형으로 대나무 잎처럼 생겼다. 잎 아랫면은 분을 바른 듯 흰 빛이 돌며, 줄기 쪽 맥 위에는 관절 같이 돌출된 돌기가 약간 있다.

5~6월에 잎겨드랑이에서 꽃대가 나와 연녹색 꽃 3~5송이가 밑을 향해 달린다. 꽃에 꽃턱잎은 없으며 중간이 약간 잘록한 긴 대롱 모양이고, 끝이 6갈래로 얕게 갈라져 뒤로 젖혀진다. 수술은 9개이고 암술은 1개다. 열매는 장과로 둥글며 검은 빛이 도는 자주색으로 익는다.

어린순은 나물로 무쳐 먹으며 달고 맛이 좋다. 뿌리줄기에 녹말을 많이 함유하고 있어 식량이 부족하던 시절에는 말려두었다가 구황식량으로 썼다. 한방에서는 둥굴레의 뿌리와 함께 황정(黃精)이라 해 약재로 사용하는데, 진짜 황정은 이 진황정의 뿌리를 말하는 것이다. 진짜 황정이란 의미에서 진황정이라는 이름이 붙었으며, 잎이 대나무 잎을 닮아 댓잎둥굴레라 부르기도 한다.

삿갓나물 검은삿갓나물

백합과

모둠 59

삿갓나물 · 검은삿갓나물

삿갓나물

검은삿갓나물

삿갓나물

섬지역을 제외한 전국에 분포하며, 깊은 산속 낙엽수림이 우거져 부식질이 풍부하고, 햇빛이 적당히 드는 습지 주위와 계곡 주위에 무리지어 자라는 유독성식물이다.

땅속줄기가 옆으로 길게 뻗으면서 가지를 치고, 끝에서 원줄기가 나와 자란다. 줄기 끝에 잎자루 없는 잎 6-8장이 둥글게 모여 달리며, 7장으로 나는 경우가 많다. 잎끝은 뾰족하고, 잎맥이 3~4개 있으며 가장자리는 밋밋하다.

5-6월에 돌려난 잎 가운데에서 자라나온 꽃대 끝에 녹색 꽃 1송이가 위를 향해 달린다. 4~5개로 이루어진 꽃받침은 옆으로 퍼지고, 끝은 뾰족하다. 실 모양으로 생긴 녹황색 꽃잎은 꽃받침보다 짧고, 처음에는 꽃받침 사이에 붙어 있다가 수정이 이루어지고 나면 밑으로 처진다. 수술은 8-10개이고, 꽃밥은 수술의 양 가장자리에 길게 황금색으로 붙으며 끝이 뾰족하다. 씨방은 자주색이 도는 짙은 갈색으로 단호박을 축소해 놓은 것처럼 둥글납작하고, 끝에 암술이 4갈래로 갈라진다. 꽃이 볼품없어 보이지만 갖출 것은 다 갖춘 완전한 꽃이다.

열매는 장과로 9월경에 익으며 푹신한 과육 속에 갈색 씨앗이 여러 개 들어 있다. 꽃들은 대부분 수정이 이루어지고 나면 꽃잎이 모두 지는 편인데, 삿갓나물만은 열매가 익어도 꽃잎과 수술, 암술이 끝까지 달려 있다.

줄기에 돌려나는 잎이 삿갓을 닮았고, 어린잎은 독성이 있지만 삶아 우렸다가 나물로 먹기도 하므로 삿갓나물이라는 이름이 붙었으며, 삿갓풀이라 부르기도 한다.

검은삿갓나물

우리나라 전역 고산지대에 분포하지만 매우 제한된 범위에서 자라고 개체수도 적어 만나기 어려운 희귀식물이다. 게다가 연약해 꽃이 핀 개체를 만나기도 어렵다. 전체적으로 삿갓나물과 비슷하나 돌려붙는 잎의 색이 검은색에 가까운 자주색이며, 꽃은 삿갓나물과 같은 형태로 피는 개체와 잎과 꽃 모두 짙은 자주색인 것도 있다. 이북지역에 자라는 희귀식물로 돌려나는 잎이 4장인 것이 특징인 네잎삿갓나물도 있다.

얼레지

흰얼레지

백 합 과

모둠 60

얼레지 · 흰얼레지

얼레지

흰얼레지

얼레지

전국에 분포하며 해발 400m 이상 깊은 산속 구릉지나 낙엽수림이 우거진 능선 비탈에 자란다. 활엽수들이 잎을 피우기 전 해가 들고 부엽이 풍부한 부드러운 땅에 무리를 이룬다. 뿌리줄기는 보통 꽃대 길이와 비슷하게 깊게 들어간다. 해가 거듭될수록 땅속 깊이 뿌리줄기가 들어가므로 쉽게 뽑을 수 없다.

4월경에 꽃대를 감싸듯 긴 타원형 잎 2장이 돋아나며, 잎은 조금 두꺼운 육질로 부드러우며 잎 표면은 약간 주름진다. 잎자루가 있으며 녹색 바탕에 흰색과 자주색 반점이 얼룩져 있다. 꽃을 피우지 못하는 어린 것들은 잎이 1장밖에 나오지 않는다.

잎 사이로 꽃대가 자라나와 백합꽃을 닮은 자주색 꽃이 수줍은 듯 아래를 보며 핀다. 그러다가 기온이 올라 따뜻해지면 꽃잎 6장이 서로 맞닿을 정도로 젖혀진다. 그래서 긴 보랏빛 암술과 이를 둘러싼 수술 6개가 드러난다. 꽃잎은 붉은 빛이 도는 자주색으로 안쪽 밑부분에 W자 모양의 무늬가 있다.

꽃이 피는 시기는 4월 중순에서 5월 중순이지만, 일찍 개화한 것들은 5월 말경이면 삭과를 맺기 시작하며 6월경에 익는다. 씨앗 끝 부분에 새의 부리처럼 생긴 하얀 엘라이오솜이 붙어 있어 개미가 물어가기도 한다. 봄에 올라오는 잎은 나물로 먹을 수 있다.

흰얼레지

간혹 잎에 얼룩무늬가 없고 연한 초록색을 띠며 희미한 흰색 반점이 있고, 꽃도 흰색으로 피는 개체가 발견되며 이 종을 흰얼레지로 구분한다. 얼레지는 잎에 어두운 자주색 무늬가 어루러기 같다 해 붙은 이름이다. 지역에 따라 산우두, 가재무릇, 얼러지, 얼레기 등으로 부르기도 한다.

연령초

큰연령초

백 합 과

모둠 61

연령초 · 큰연령초

연령초

큰연령초

연령초

중부 이북지역 깊은 산지의 적당하게 햇볕이 드는 계곡 주위 낙엽수림 아래 부엽이 두껍고 습기가 유지되는 비탈이나 바위 주위에 자란다. 자생지에서도 개체수가 많지 않은 희귀식물이다. 산림청에서 희귀 및 멸종위기 식물로 지정·보호하고 있다.

작은 토란처럼 생긴 굵고 짧은 뿌리줄기는 비늘조각으로 덮이며 땅속 깊이 들어가고, 뿌리줄기 밑에서 조금 굵고 긴 수염뿌리가 사방으로 자란다. 4월에 뿌리줄기로부터 원기둥 모양의 줄기가 1~3개 나오고, 그 끝에 잎자루가 없는 커다란 잎 3장이 돌려난다. 잎은 넓은 달걀형으로 생김새가 일정하지 않아 사각형 비슷하다. 잎맥과 그물맥 3~5개가 뚜렷하고, 가장자리는 밋밋해 잎 전체가 물결 모양이 된다.

4~5월 중순이면 돌려난 잎 한가운데서 짧은 꽃자루가 나와 끝에 흰색 꽃이 줄기와 같은 방향으로 기울며 1송이 달린다. 꽃잎은 3장이며 자라는 지역에 따라 크기와 모양이 일정하지 않다. 꽃받침조각은 3장으로 꽃잎과 교차로 배열되며, 꽃잎보다 작지만 때로는 꽃잎과 같은 크기의 개체들도 발견된다. 수술은 6개이며 꽃밥은 수술대보다 2배 정도 길다. 암술은 1개

이며 끝이 3갈래로 갈라지고 수술이 붙었던 자리는 움푹 파여 들어간다. 암술이 갈라지는 부위에 검붉은 반점이 있으나 없는 개체들도 있다.

열매는 조금 큰 장과로 8월 말경에 갈색으로 익고, 아래쪽에 꽃잎이 남아 있으며 열매 겉에 날개 모양 능선이 6줄 있다. 하얀 우무질 속에 작은 갈색 씨앗들이 많이 들어 있다.

큰연령초

남한에서는 울릉도에만 자라는 희귀식물이다. 전체적으로 연령초와 비슷하며, 조금 낮게 자란다. 연령초에 비해 잎은 더 크고 꽃은 조금 작게 피는 것이 특징이다. 꽃잎은 처음에는 흰색으로 피었다가 수정이 이루어지면 연한 자주색으로 변하고, 꽃밥은 수술대의 길이와 같거나 조금 길며 씨방은 처음부터 짙은 자주색을 띤다.

TIP

연령초의 특징은 다양한 구성 요소들이 3 또는 3의 배수와 관련 있다는 점이다. 잎 3장, 꽃잎 3장, 꽃받침조각 3장이며, 암술이 3갈로 갈라지고, 줄기도 3개로 나온다. 수술은 6개이며, 열매에 있는 날개 모양 능선도 6개다. 연령초 줄기는 보통 1~2개가 나오지만 오래 자란 포기에서는 3개가 나온다.

백합과

모둠 62

울릉산마늘 · 산마늘 · 두메부추
산부추 · 참산부추 · 한라부추

울릉산마늘

산마늘

두메부추

산부추

참산부추

한라부추

울릉산마늘

울릉도 산간의 부엽이 두껍게 쌓인 낙엽수림 밑에 무리지어 자라지만, 서식지가 매우 제한적이고 자생지에서도 멸종위기에 놓여 있어, 산림청에서 희귀 및 멸종위기 식물로 지정·보호하고 있다. 마늘이나 달래처럼 독특한 냄새와 매운맛을 지녔으나 이들처럼 향이 강하지는 않고 잎이 넓은 것이 특징이다.

파 같이 생긴 뿌리줄기는 그물눈처럼 갈색 섬유질로 덮여 있고, 뿌리는 파처럼 실뿌리로 되어 있다.

잎은 잎자루가 길며 다 자란 어미포기는 보통 잎 2~3장이 나온다. 넓고 큰 타원형 잎 양 끝은 좁아지며 밑 부분은 원줄기를 감싼다. 잎의 질은 부드럽고 연한 녹색을 띤다.

5~6월에 포기 한가운데로부터 30~50cm 높이로 꽃대가 나와 황백색 작은 꽃들이 둥근 공처럼 산형꽃차례에 모여 달린다.

꽃이 진 후 열매는 삭과로 익는다. 씨앗은 검고 둥글며 윤기가 난다. 7월 말경 열매가 익고 나면 잎은 누렇게 마르면서 한해의 생을 마감하고 휴면에 들어간다.

울릉도에서 자생하므로 울릉산마늘이라는 이름이 붙었으며, 울릉도에서는 명이나물이란 이름으로 더 잘 알려져 있다.

산마늘

백두대간 중부 이북지역의 태백산·오대산·설악산과 그 주변의 해발고도 700m 이상 되는 높은 산지의 낙엽수림 밑에 자생한다. 개체수가 많지 않고 그간 남획으로 인해 만나기가 쉽지 않다. 서식지가 매우 제한적이고 자생지에서도 개체수가 많지 않아 산림청에서 희귀 및 멸종위기 식물로 지정·보호하고 있다.

전체적인 생태는 울릉산마늘과 비슷하지만 외관상으로는 차이가 크다. 울릉산마늘은 잎이 넓고 두꺼우며 섬유질이 강해 조금 뻣뻣한 느낌을 주는 반면에 산마늘은 잎이 좁고 작으며 연하고 부드럽다.

강원도 산간에서는 깊은 산속에 자생하므로 신선들이 먹었다고 해 신선초라 부르기도 하고, 명우나물이라 부르기도 한다. 부추나 달래처럼 독특한 냄새와 매운맛을 지녔으며, 전체에서 마늘냄새가 난다. 싹이 튼 지 3~4년이 지나면 인경이 2갈래로 갈라지기 시작하며, 매년 배수로 늘어난다.

두메부추

중부지방의 동해안 바닷가나 그 주변의 잔디가 자라는 묘지 주위, 울릉도의 바닷가 절사면의 햇볕이 잘 드는 바위틈에 붙어서 자생한다. 서식지가 매우 제한적이고 자생지에서도 개체수가 많지 않아 산림청에서 희귀 및 멸종위기 식물로 지정·보호하고 있다.

잎은 비늘줄기에서 모여 나며 일반 부추보다 잎이 두껍고 넓어 마치 살찐 부추 잎 같다. 8-9월에 포기 옆에서 양쪽에 좁은 날개가 있는 꽃대가 하나 나와 산형꽃차례를 이루고 연한 홍자색 꽃이 공처럼 둥글게 모여 달린다. 작은 꽃송이는 꽃잎 6장으로 이루어졌으며, 수술은 꽃잎보다 길어 꽃 밖으로 나온다. 열매는 삭과로 둥글고, 씨앗은 꽃받침에 싸여 있으며 검고 납작하다. 구근이 갈라지며 번식하므로 일반 부추와는 번식방법 자체가 다르다.

산부추

전국에 분포하며 조금 깊은 산속의 햇빛이 잘 들고 물 빠짐이 좋은 사질토양에서 다른 식물과 함께 자란다. 잎은 긴 송곳 모양으로 생겼으며 단면은 삼각형이고 2~3장이 위쪽으로 비스듬히 퍼지며 자란다. 잎이 기다랗고 소나무 잎처럼 생겨 솔나물 또는 산솔나물이라 부르기도 한다.

8-10월에 포기 한가운데로부터 긴 꽃대가 나와 산형꽃차례에 홍자색 꽃이 모여 피며, 꽃송이 수가 적어 조금 엉성해 보인다. 꽃은 늦은 가을까지 피기도 한다. 꽃잎조각은 6개로 타원형이고 꽃잎 아랫면의 한가운데에 돌출된 맥이 있다. 수술은 6개로 꽃잎보다 길게 나오고 밑 부분이 넓어져서

두메부추

가장자리가 날개처럼 되며, 암술머리는 보다 길게 나온다. 10월 말경 열매는 삭과로 익으며, 씨앗은 검고 납작하다.

참산부추

산부추와 비슷하나 어릴 때 잎으로 구별 가능하다. 어릴 때 잎이 자줏빛이 돌며 편평하고 넓으면 참산부추이고, 세모지고 둥글며 녹색으로 보이면 산부추로 구별하면 된다. 두 종 모두 식용 가능하며 강원도 산간지방에서는 산마늘이라 부르기도 한다. 비늘줄기와 잎을 양념으로 사용하기도 한다.

한라부추

한라산 및 덕유산·지리산·가야산의 1,000m 이상 고산지대 정상 부근의 햇볕이 잘 드는 양지쪽 돌 틈에서 자란다. 비늘줄기 밑 부분에서 여러 포기가 모여 덩어리를 이루며 자라므로 많은 잎이 올라오는 것처럼 보이며, 비늘줄기의 겉은 묵은 섬유로 덮여 있다.

잎은 3~4장이 위쪽으로 비스듬히 퍼지며 15~20cm로 자라고, 좁은 줄 모양이며, 끝이 송곳처럼 날카롭고 단면은 반원형이다.

8~9월에 꽃대가 나와 끝에 작은 홍자색 꽃 10~20송이가 산형꽃차례를 이루며 둥글게 핀다. 꽃잎 조각은 6개로 타원형이고, 꽃잎 아랫면 한가운데에 돌출된 맥이 있다. 수술은 6개로 꽃잎보다 길게 나오고, 밑 부분은 넓어져서 가장자리가 날개처럼 되며 암술머리는 보다 길게 나온다. 열매는 삭과로 10월 익으며 꽃받침에 싸여 있고, 씨앗은 검고 납작하다.

한라부추

한라부추

윤판나물

애기나리　큰애기나리

백합과

모둠 63

윤판나물 · 애기나리 · 큰애기나리

윤판나물

애기나리

큰애기나리

윤판나물

전국에 분포하며, 주로 경기도와 강원도 지방에 분포도가 높은 편이다. 깊은 계곡 햇볕이 적당히 드는 낙엽수림 밑의 습기 있고 부식질이 풍부한 곳에서 다른 식물과 함께 자란다. 원줄기는 윗부분에서 가지가 크게 갈라진다. 뿌리줄기는 짧고, 흰색으로 가늘며 사방으로 길게 뻗는다. 뿌리줄기 끝에서 새끼 구근이 만들어져 이듬해 새로운 포기가 돋아나오며 포기를 늘려간다. 원줄기 윗부분에서 가지가 크게 갈라지며, 줄기를 꺾으며 독특한 냄새가 난다.

잎은 잎자루 없는 긴 타원형으로 줄기에 어긋나며 끝이 뾰족하고 밑 부분은 둥글다. 잎에는 평행맥이 3~5개 있으며, 가장자리는 밋밋하고 윗면에 윤기가 난다.

꽃은 4~5월에 휘어진 가지 끝에서 잎에 싸인 채 꽃대 끝에 1~4송이가 모여 핀다. 수술은 6개이고, 암술은 1개로 꽃잎 길이와 같거나 길어 꽃 밖으로 약간 나오며 끝이 3갈래로 갈라진다. 꽃이 지고 나면 숙였던 줄기 끝이 바로 서며 넓게 자란다.

열매는 타원형 장과로 보통 2개씩 쌍으로 달리며 녹색에서 점차 검게 익는다. 속에는 녹두를 닮은 씨앗이 1~5개 들어 있으며, 껍질이 매우 단단하다.

애기나리

전국에 분포하며, 조금 깊은 숲속의 낙엽수림 밑 습기 있는 곳에서 무리지어 자란다. 뿌리줄기가 길게 뻗고 끝에 새로운 자구가 생기며 번식하고, 어미포기는 말라 죽는다. 그래서 매년 자구가 형성되는 거리만큼 이동한다.

줄기는 비스듬히 외대로 자라지만 간혹 위쪽에 가지를 1~2(보통 1개)개 치기도 하며, 밑 부분은 잎집 모양의 막질 잎 3~4개로 둘러싸인다. 잎은 어긋나며, 끝이 뾰족하고 밑 부분은 둥글다. 잎에는 잎맥 4~6개가 뚜렷하고, 가장자리는 밋밋하며 미세한 돌기가 있고 잎자루와 털은 없다.

5~6월에 줄기 끝에서 꽃자루 1~2개가 나와 흰색 꽃이 1송이씩 밑을 향해 핀다. 꽃잎 6장은 비스듬히 퍼지고 끝이 뾰족하다. 수술은 6개로 수술대가 꽃밥 길이보다 2배 정도 길고, 씨방은 암술대보다 길며 암술대는 흰색으로 끝이 3갈래로 갈라진다. 씨방과 암술대를 포함한 길이는 수술보다 2배 정도 길다. 열매는 장과로 8~9월에 녹색에서 검게 익으며, 암술대가 오랫동안 열매에 붙어 있다.

큰애기나리

전체적인 모양과 생태는 애기나리를 닮았으나 높이가 어른 무릎 정도로 크게 자라고, 잎도 크다. 위쪽에서 가지를 여러 개 치고, 끝에 애기나리의 꽃을 닮은 황백색 꽃 1~3송이(보통 2송이)가 밑을 향해 비스듬히 벌어진다. 씨방과 암술대를 포함한 길이는 수술의 길이와 비슷하다.

봄에 올라오는 굵은 싹은 마치 둥굴레와 비슷하고, 꽃이 진 다음 포기는 더 크게 자라 이때에는 윤판나물과의 구별이 어려워진다.

큰애기나리

풀솜대

자주솜대

백합과

모둠 64

풀솜대 · 자주솜대

풀솜대

자주솜대

풀솜대

전국의 깊은 산속 햇빛이 적당히 드는 낙엽수림 밑의 부엽이 풍부하고 습기가 유지되는 곳이나 초원지대에서 다른 식물과 함께 살아간다.

뿌리줄기는 둥굴레처럼 육질이고, 줄기의 밑 부분은 꼿꼿이 서지만 윗부분은 비스듬히 기울면서 자라고, 끝에서 꽃대가 나와 비스듬히 선다. 뿌리줄기는 매년 한 마디씩 자라므로 대나무의 뿌리처럼 불룩하게 마디가 지고, 마디에서 새로운 뿌리줄기를 이루며 포기를 늘려간다. 마디 아래쪽에는 잔뿌리가 많이 돋는다. 줄기 밑 부분에는 투명한 잎집 3개가 줄기를 완전히 감싸고, 위쪽으로 갈수록 털이 많아진다.

잎은 5~7장이 어긋나며 두 줄로 배열되고, 세로 맥이 있다. 잎끝은 뾰족하고 아래쪽은 둥글며 잎자루가 짧다. 잎 가장자리는 밋밋한 물결 모양이고, 앞

뒷면에 짧고 흰 털이 나며 아랫면에 더 촘촘하게 난다. 뿌리가 대나무를 닮았고 털이 많아 풀솜대란 이름이 붙었으며, 지장보살이라 부르기도 한다.

꽃은 5월 초순에 줄기 끝에서 꽃대가 만들어져 중순부터 6월까지 피며, 꽃대는 가지를 여러 개 치고 각 가지마다 총상꽃차례를 이루어 전체적으로 겹총상꽃차례가 된다. 긴 타원형 꽃잎은 6장이며 끝은 둔하고 뒤로 약간 젖혀진다. 수술은 6개로 호리병 모양 암술 주위에 돌려난다. 열매는 둥근 장과로 9~10월에 붉게 익는다.

자주솜대

중부 이북지역의 깊은 숲속에 자라며, 전체에 털이 없으며 생김새는 풀솜대와 비슷하다. 5월 초순경 줄기 위쪽에서 꽃대가 만들어져 중순부터 7월까지 꽃이 피며, 꽃차례는 간혹 가지를 치기도 하지만 대부분 꽃대 하나에 총상꽃차례를 이루며 연녹색으로 피었다가 수정이 이루어지고 나면 자줏빛이 도는 흑색으로 변한다. 열매는 장과로 넓적하고 9~10월에 다갈색으로 익는다. 산림청에서 희귀식물로 지정·보호하고 있다.

원추리　왕원추리

각시원추리　애기원추리　노랑원추리

백합과

모둠 65

원추리 · 왕원추리 · 각시원추리
애기원추리 · 노랑원추리

원추리

왕원추리

각시원추리

애기원추리

노랑원추리

원추리

전국에 분포하며, 인가 주위의 밭둑과 낮은 산 가장자리 비탈의 햇볕이 잘 드는 곳에서 다른 풀들과 함께 자란다. 뿌리는 가늘며 황갈색이고 끝에 가서 부푼 덩이뿌리가 생긴다. 줄기는 없으며 뿌리로부터 자라나온 잎 4~5장이 아래쪽에서 서로 겹치고, 윗부분은 좌우로 갈라져 휘어진다. 잎은 반으로 접힌 듯 골이 지고, 끝 쪽으로 갈수록 가늘어져 뾰족해진다.

7~8월에 1m 안팎의 긴 꽃대가 잎 사이에서 나와 끝에서 여러 갈래로 짧게 가지를 치며, 그 끝에 노란 빛이 도는 주황색 꽃이 1송이씩 핀다. 꽃송이의 수명은 하루뿐이며, 아침에 피었다가 저녁에 시들지만 계속해서 다음 꽃 10여 송이가 피어난다. 꽃잎 6장 중 바깥쪽 꽃잎 3장은 좁고, 안쪽에 있는 3장은 넓다. 이것은 백합과 식물의 특징으로 바깥 꽃잎 3장은 꽃받침조각이 꽃잎 모양으로 변한 것이다. 꽃잎 가장자리는 물결 모양이고, 안쪽 밑 부분은 노란색이다. 꽃이 활짝 피면 수술 6개와 암술 1개가 꽃 밖으로 길게 나오며, 수술은 위쪽으로 휘어 올라가고 암술은 곧게 뻗는다.

원추리는 씨앗을 잘 맺지 않는 성질이 있는 반면, 뿌리줄기가 사방으로 뻗으면서 왕성하게 번식한다. 집 근처와 들에서 흔하게 자라므로 들원추리라 부르기도 하며, 꽃이 커서 홑왕원추리라 부르기도 한다.

왕원추리

중국 원산으로 사찰에서 관상용으로 심어 기르던 것이 퍼져나갔다. 전체적으로 원추리와 비슷한데 꽃이 하늘을 향해 겹으로 피는 점이 다르다. 꽃은 많은 꽃잎으로 이루어졌으며, 안쪽에 위치한 꽃잎들은 수술의 일부가 변한 것이다. 원추리와 같이 씨앗을 맺지 못해 뿌리줄기가 사방으로 뻗으면서 새싹을 내어 번식한다.

각시원추리

전국에 분포하며 산기슭의 비탈진 풀숲에 자란다. 각시원추리의 특징은 보통 꽃대가 잎보다 크게 자라지 않고, 한 꽃대 끝에 꽃 2송이가 피며, 다른 원추리에 비해 한 달 정도 일찍 꽃이 핀다는 점이다.

뿌리는 황갈색이며 가늘고, 사방으로 퍼지며, 중간에 군데군데 살찐 덩이뿌리들이 생긴다. 줄기는 없으며 뿌리로부터 자라 나온 잎이 아래쪽에서 서로 겹치며 마주나고, 윗부분은 활처럼 뒤로 젖혀진다. 잎은 노란색이 도는 녹색이며, 중간의 잎맥을 따라 얕게 골이 져서 접히고, 끝 쪽으로 갈수록 가늘어지다 뾰족해진다.

5~6월에 잎 사이에서 꽃대가 비스듬히 자라나며, 꽃대 끝에 갈색을 띤 노란색 꽃봉오리 1~3송이(보통 2송이)가 이삭잎에 싸인 채 맺힌다. 꽃은 아침에 피었다가 저녁에 시들며 향기는 없다. 꽃잎조각은 6개이며, 바깥 꽃잎 아랫면은 갈색을 띠고, 원추리 종류 중 가장 두껍다. 통부는 가늘고 짧으며 끝 쪽이 뒤로 약간 젖혀진다. 수술은 6개로 꽃잎보다 짧고, 암술대는 길어서 꽃 밖으로 나온다.

열매는 넓은 타원형 삭과로 능선이 3개 있으며, 익으면 능선 쪽이 갈라지며 검고 윤기 나는 둥근 씨앗들이 떨어진다.

애기원추리

전국에 분포하며 산지 가장자리 풀밭에 다른 식물과 함께 자란다. 동해안에서는 해발 200m 정도에서 많이 자라고, 그 외 지역에서는 800m 높이까지 널리 퍼져 자란다. 뿌리는 사방으로 퍼지며 군데군데 타원형 덩이뿌리들이 생기나 점차 굵어지고, 아래쪽에 잔뿌리가 길게 뻗는다.

줄기는 없으며 뿌리로부터 자라 나온 잎이 아래쪽에서 서로 겹치며 마주나고, 윗부분은 활처럼 뒤로 젖혀진다. 잎은 노란색을 띤 녹색이고 중간의 잎맥을 따라 깊게 골이 지며 끝 쪽으로 갈수록 가늘어지다가 뾰족해진다.

6~7월에 잎 사이에서 꽃대가 나와 윗부분에서 가지를 치며, 연한 노란색 꽃(간혹 붉은 빛이 도는 꽃이 피기도 함) 5~10송이가 피고 지기를 반복한다. 꽃에서는 은은한 향기가 나며 오후에 피었다가 이튿날 오전 중에 시든다.

열매는 삭과로 8~9월에 익으며 끝 쪽이 약간 파이고 밑 부분은 갑자기 좁아진다. 씨앗은 검고 둥글며 윤기가 난다.

애기원추리

노랑원추리

전국에 분포하며 산지의 가장자리 풀밭에 다른 식물과 함께 자란다. 끈 같은 굵은 뿌리가 뿌리줄기에서 사방으로 뻗는다. 줄기는 없으며 뿌리로부터 자라나온 잎이 아래쪽에서 서로 겹치며 마주나서 부채처럼 퍼지지만 거의 곧게 서고, 윗부분은 활처럼 휘어져서 뒤로 젖혀진다. 잎은 잎맥을 따라 얕게 골이 지며 끝 쪽으로 갈수록 점차 가늘어지다가 뾰족해진다.

7~8월에 잎 가운데로부터 꽃대가 나와 위쪽에서 가지가 여러 개 갈라지며, 가지마다 꽃 2~4송이가 총상꽃차례로 달린다. 꽃은 녹색을 띤 연한 노란색으로 오후 4시경부터 피기 시작해 이튿날 오전 중에 시든다. 수술은 6개로 꽃잎보다 짧고, 암술은 수술보다 길어 꽃 밖으로 나오며 꽃밥은 흑갈색을 띤다. 열매는 삭과로 끝 쪽이 약간 파이며 밑 부분은 갑자기 좁아진다. 씨앗은 검은 타원형으로 윤기가 난다.

꽃이 오후에 피어 저녁원추리라 부르기도 하고, 꽃대 끝에서 가지가 여러 갈래로 갈라지며 꽃이 많이 달려 가지원추리 또는 꽃대원추리라 부르기도 한다.

백합과

모둠 66

참나리 · 중나리 · 털중나리 · 하늘나리 · 큰하늘나리 · 날개하늘나리
솔나리 · 땅나리 · 말나리 · 하늘말나리 · 섬말나리

땅나리　말나리
하늘말나리　섬말나리

참나리   중나리

털중리 　　　　　　　　　　　　　하늘나리

큰하늘나리

날개하늘나리

솔나리　　　　　　　　　　　　　　　땅나리

말나리

하늘말나리

섬말나리

참나리

전국에 걸쳐 널리 분포하며, 산지의 햇볕이 잘 들고 비옥하며 물 빠짐이 좋은 토양의 풀밭이나 계곡 주변, 하천주변 등에서 다른 식물과 함께 자란다. 특히 남해와 서해를 포함한 섬 지역의 물빠짐이 좋은 바위 주위에 무리지어 자란다. 줄기는 외대로 굵고 튼튼하다. 알뿌리 위쪽 원줄기에서 줄기를 지탱하는 지지뿌리가 나오고, 알뿌리 아래쪽에도 수염뿌리가 돋는다. 줄기는 검은 자주색을 띠고 반점이 있으며, 위쪽 부분에 흰 솜털이 촘촘하게 난다.

180~200장이나 되는 많은 잎들이 좁은 간격으로 줄기를 돌아가면서 어긋난다. 잎겨드랑이에는 완두콩알 만한 흑갈색 주아가 하나씩 달린다. 이 주아들은 꽃이 피기 시작하면 대부분 땅위로 떨어져 새로운 포기를 만든다.

7~8월에 줄기 위쪽에 꽃대가 만들어져 붉은 빛이 도는 주황색 꽃 3~15송이가 긴 꽃자루 끝에 달린다. 꽃잎 안쪽 전체에는 점 같이 검붉은 반점이 흩어지듯 나고, 꽃잎이 뒤로 깊게 말리며 옆을 향해 비스듬히 핀다. 수술 6개와 암술 1개가 꽃 밖으로 길게 나오고, 암술대는 약간 위쪽으로 휘어 올라가며 꽃밥은 어두운 붉은 갈색을 띤다.

육지에서 자라는 참나리는 3배체로 씨앗이 결실되지 않기 때문에 주아나 비늘잎으로만 번식하지만, 서해안 일부 섬지역에 자라는 개체 중에는 2배체로 씨앗 결실이 가능한 종이 있어 종자로도 번식한다. 나리 중에서 알뿌리가 가장 크고 식·약용으로 가치가 높아 참나리란 이름이 붙었다.

중나리

전국에 분포하며, 주로 경기도 북부지역을 비롯해 강원도 일원과 경상북도의 동부지역에 분포도가 높은 편이나 자라는 개체수가 많지 않다. 햇볕이 잘 들고 물 빠짐이 좋은 하천변이나 비탈의 풀숲에서 다른 식물과 어울려 살아간다.

높이 1.5m까지 자라며 알뿌리 위쪽의 원줄기에서 줄기를 지탱하는 지지뿌리가 자란다. 줄기의 아랫부분은 검은 자주색을 띠지만 전체적으로 녹색이다.

잎은 줄기를 돌아가며 어긋나지만 참나리처럼 간격이 조밀하지 않으며, 털이 없거나 흰 털이 약간 있고, 잎 가장자리와 원줄기에 작은 젖꼭지 같은 돌기가 있다.

참나리

7~8월에 줄기 위쪽에 꽃대가 만들어져 황적색 꽃 1~10송이가 긴 꽃자루 끝에 달리며, 아래쪽을 향해 옆으로 비스듬히 핀다. 꽃잎은 뒤로 말리며(참나리처럼 완전히 말리지는 않음) 안쪽 전체에 자주색 반점이 흩어지듯 나고, 암술과 수술의 모양은 참나리와 같으며 꽃 밖으로 완전히 나온다.

얼핏 보면 참나리와 구분하기 힘드나 줄기가 조금 연약하고 녹색을 띠며, 잎 간격이 넓고 주아가 달리지 않는다. 또, 털중나리와도 닮았으나 보다 키가 크고 줄기 밑 부분이 자주색을 띠며 몸체에 털이 없고, 꽃잎 전체에 검은색 반점이 뚜렷한 점이 다르다. 꽃이 하늘도 땅도 아닌 중간(옆)을 향해 핀다고 중나리란 이름이 붙었으며, 단나리라고도 부른다.

털중나리

전국에 분포한다. 주로 해발 1,000m 이하 산과 들의 주위에 나무가 없고 햇볕이 잘 드는 비탈이나 도로변의 절개지, 묘지 주위의 조금 메마른 곳 등에서 자란다.

줄기는 조금 왜소해 보이며 전체에 잔털이 빽빽하게 난다. 봄에 싹이 올라올 때 전체가 잔털로 하얗게 뒤덮인 개체들도 있다. 잎은 줄기를 돌아가며 어긋나고, 잎 가장자리는 밋밋하며 양면에 잔털이 많이 난다.

꽃은 6~7월에 줄기 끝이 꽃대로 변하면서 긴 꽃자루 끝에 1송이씩 달리며, 전체적으로 1~7송이가 아래쪽을 향해 비스듬히 핀다. 묵은 포기에서는 10송이 이상 피기도 한다. 꽃은 황적색이며 뒤로 말리고, 중간 안쪽 부위에 자주색 반점이 흩어지듯 있고, 꽃잎이 윤기가 난다. 나리 종류 중 가장 일찍 꽃이 핀다.

열매는 삭과이며 익으면 3갈래로 갈라지고, 속에 납작한 진갈색 씨앗이 많이 들어 있다. 씨앗 주위에는 얇은 막으로 된 날개가 있다.

하늘나리

경기도, 강원도, 충청북도, 경상남도 등지에 분포하며, 깊은 산속의 햇볕이 잘 드는 풀숲에서 자란

다. 해발 500m 이상 되는 산속의 햇볕이 잘 드는 초원의 비탈이나 길 옆의 풀숲, 양지바른 묘지의 가장자리 주위에서 다른 식물과 함께 어울려 자라기도 한다. 잎은 어긋나게 줄기를 돌아가며 다닥다닥 달린다. 잎 가장자리에 잔 돌기가 있다.

　꽃은 6~7월에 줄기 끝이 꽃대로 변하면서 꽃자루 끝에 하늘을 향해 1~5송이가 피며, 꽃잎 안쪽 밑 부분에 희미한 자주색 반점이 있다. 꽃은 작고 산뜻한 느낌을 주며 우리나라 자생 나리 중 가장 붉은색으로 핀다.

　열매는 위쪽을 자른 듯한 넓은 타원형으로 익으면 3갈래로 벌어지고, 둥글납작한 씨앗들이 많이 들어 있으며, 씨앗 주위에는 얇은 막으로 된 날개가 있다.

큰하늘나리

지리산의 고산습지 풀밭에서 자라는 희귀식물이다. 하늘나리에 비해 높이, 꽃, 잎의 크기가 더 크고, 자주색 반점이 꽃잎 전체에 흩어지며, 꽃 색이 진한 붉은색으로 핀다.

　꽃은 하늘나리보다 한 달 정도 늦게 피며 줄기 끝에 1~5 송이씩 달린다. 꽃잎은 하늘나리처럼 활짝 벌어지지 않고 깔때기 모양으로 벌어지며 꽃잎도 보다 넓다.

날개하늘나리

남한에서는 태백산 이북지역의 고산지대 풀밭에 다른 식물과 함께 어울려 자라며, 아주 드물게 발견된다. 서식지가 매우 제한적이고 자생지에서도 개체수가 많지 않아 환경부에서 멸종위기Ⅱ급으로 지정·보호하고 있다. 고산성 나리로 꽃자루와 잎 아랫면, 꽃봉오리에 흰색 솜털이 뭉쳐난다.

　알뿌리 위의 원줄기에서 줄기를 지탱하는 지지뿌리가 돋고, 아래쪽에도 수염뿌리가 여러 개 돋는다. 잎은 줄기를 돌아가며 어긋나다가 위쪽에서 돌려나며 잎자루는 없다. 잎 아랫면 가운데에 줄기 밑으로 흐르는 좁은 날개가 생긴다.

　7~8월에 돌려난 잎 위쪽에 긴 꽃줄기가 있는 꽃 1~6송이가 하늘을 향해 모여 핀다. 꽃은 등황색이며, 꽃잎은 6장으로 비스듬히 펴져 끝 부분이 뒤로 약간 둥글게 말리고, 안쪽에 자주색 반점이 흩

어지듯 난다. 열매는 삭과로 나리 중 가장 크고, 10월 중순에 익으며 원반 모양 갈색 씨앗이 많이 들어 있다. 씨앗 주위에 얇은 막으로 된 날개가 있다.

솔나리

제주도와 섬지역을 제외한 전국의 해발 800m 이상 되는 높은 산 정상 부근의 능선 풀밭이나 바위 틈, 비탈진 관목림 주위에서 자란다. 특히 석회암지대의 높은 산 능선 주위에서 많은 개체가 발견된다. 줄기는 곧게 서며 조금 가늘게 자란다. 기다란 솔잎처럼 생긴 잎은 줄기를 돌아가며 다닥다닥 달리고 위쪽으로 갈수록 짧고 가늘어진다.

7~8월에 줄기 위쪽이 꽃차례로 변해 긴 꽃자루 끝에 꽃 1~15송이가 아래를 향해 비스듬히 피며, 꽃에서 좋은 향기가 난다. 꽃잎은 연한 홍자색이며 안쪽에 자주색 반점이 흩어져 있고, 활짝 피면 뒤쪽으로 완전히 말린다.

열매는 삭과로 위쪽이 편평하고 10월 중순에 맺으며, 씨앗이 익으면 3쪽으로 갈라진다. 열매 속에는 작고 납작한 원형 씨앗이 들어 있으며 씨앗 주위에 얇은 막으로 된 날개가 있다.

땅나리

제주도에 많은 개체가 자라며, 지리산과 중부 이북지역의 양지바른 숲 가장자리 풀숲이나 묘지 주위의 잔디밭에서 다른 식물과 어울려 살아가는 개체들을 간혹 만날 수 있다. 서식지가 매우 제한적이고 자생지에서도 개체수가 많지 않아 산림청에서 희귀 및 멸종위기 식물로 지정·보호하고 있다.

줄기는 가늘고 연약해 보이며 전체에 털이 없다. 알뿌리는 작고 위쪽의 원줄기에서 줄기를 지탱하는 지지뿌리가 돋는다. 잎은 어긋나게 줄기를 돌아가며 다닥다닥 달린다.

7~8월에 줄기 끝이 꽃차례로 변해 꽃 1~8송이가 아래쪽을 향해 엉성하게 달린다. 꽃은 황적색으로 뚜렷하지 않은 반점이 있고 꽃밥은 붉은 빛이 돈다. 다른 나리 종류의 꽃에 비해 아주 작고 앙증맞으며 꽃잎이 중간 부위에서 뒤로 완전히 말리는 특징이 있다(다른 나리들은 꽃잎 아래쪽에서 벌어지거나 뒤로 말림).

열매는 삭과로 위쪽이 편평하며 익으면 3쪽으로 갈라지고, 속에 작고 납작한 원형 씨앗들이 많이 들어 있으며, 씨앗 주위에 얇은 막으로 된 날개가 있다.

말나리

전국에 분포하며 깊은 산속 낙엽수림 밑의 습기 있고 그늘진 곳에서 다른 식물과 어울려 자란다. 중부지방의 고산지대에는 개체수가 많으나 낮은 지대에서는 잘 발견되지는 않는다. 자생지에서도 개체수가 많지 않아 산림청에서 희귀 및 멸종위기 식물로 지정·보호하고 있다.

비늘줄기는 둥글며 관절이 있는 많은 비늘조각들이 벌어지듯 붙는다. 비늘줄기 위쪽 원줄기에 줄기를 지탱하는 지지뿌리가 돋는다.

잎은 돌려나는 잎과 어긋나는 잎이 있으며, 돌려나는 잎은 줄기 아래쪽에 위치하며 보통 4~9장이 달리지만 10~20장씩 달리는 개체도 발견된다. 작은잎은 줄기를 중심으로 둥글게 배열되고 양 끝은 좁아지며 밑 부분은 점차 좁아져 원줄기에 붙는다. 어긋나는 잎은 돌려나는 잎의 위쪽에 위치하며,

보통 작고 긴 타원형이며 위쪽으로 갈수록 급격히 작아져 이삭잎으로 변한다.

7~8월에 줄기 끝에 꽃 1~10송이가 옆을 향해 피며, 꽃잎은 황적색이고 안쪽 전체에 짙은 갈색을 띤 자주색 반점들이 있으며, 뒤로 약간 말리면서 젖혀진다. 아래쪽에 위치한 꽃잎은 간격이 넓어 양옆으로 벌어진다.

열매는 삭과로 위쪽이 약간 볼록하고 능선이 6개 있다. 10월 중순 씨앗이 익으면 3쪽으로 벌어진다. 열매 속에 층층으로 쌓인 납작한 갈색 씨앗들 주위에 얇은 막으로 된 날개가 있으며, 바람에 의해 흩어진다.

하늘말나리

전국에 분포하며, 산기슭이나 낙엽수림 주변의 배수가 잘 되는 반그늘 진 숲 가장자리에서 주로 자란다. 땅속에는 둥근 비늘줄기가 있으며, 비늘줄기 위쪽 원줄기에 줄기를 지탱하는 지지뿌리가 돋는다.

잎은 돌려나는 잎과 어긋나는 잎이 있으며, 돌려나는 잎은 줄기 아래쪽에 위치하며 6~12장이 잎자루 없이 둥글게 배열되고, 어긋나는 잎은 돌려나는 잎의 위쪽에 위치하며 위쪽으로 올라갈수록 작고 좁아진다. 어린잎에는 연녹색 얼룩무늬가 있어 무늬가 없는 말나리와 구별된다.

6월 말부터 7월까지 원줄기와 가지 끝에 꽃 1~10송이가 하늘을 향해 피고, 꽃잎은 황적색 바탕에 자주색 반점이 흩어져 있다. 활짝 피면 깔때기 모양으로 넓게 펼쳐지며 끝이 뒤로 약간 젖혀진다.

열매는 말나리와 비슷해 구분이 어려우나 그에 비해 위쪽이 편평하고 중심부가 약간 오목하게 들어간다.

섬말나리

주로 울릉도의 낙엽활엽수가 울창하게 우거진 숲속 비탈에서 자라지만, 제주도와 강원도 대암산에서도 발견된다. 서식지가 매우 제한적이고 자생지에서도 개체수가 많지 않아 산림청에서 희귀 및 멸종위기 식물로 지정·보호하고 있다.

줄기에 돌려나는 잎과 어긋나는 잎이 달린다. 돌려나는 잎은 긴 타원형으로 잎 6~10장이 2~3층으로 달린다. 어긋나는 잎은 돌려나는 잎 위쪽에 위치하며 생김새는 비슷하나 위쪽으로 갈수록 점점 작아진다.

6~7월에 원줄기와 가지 끝에 꽃 4~12송이가 말나리와 같은 형태로 피며, 꽃잎은 붉은 빛이 도는 노란색으로 뒤로 말리고, 안쪽에 흑자색 반점이 흩어져 있다.

백 합 과

모둠 67

비비추 · 좀비비추 · 주걱비비추 · 흑산도비비추
일월비비추 · 흰일월비비추 · 옥잠화

비비추

좀비비추

주걱비비추

흑산도비비추

일월비비추

흰일월비비추

옥잠화

비비추

전국에 분포하며, 조금 깊은 산지의 공중 습도가 높은 냇가 주위 바위틈과 주변에서 무리를 이루며 자란다. 잎은 모두 뿌리줄기에서 돋아나와 비스듬히 퍼진다. 잎이 올라올 때에는 작은 죽순처럼 말려 있으나 곧 벌어진다.

잎은 타원형으로 우글쭈글해 보이며 잎맥이 뚜렷하다. 잎끝이 뾰족하고, 밑 부분은 줄기를 타고 흘러 잎자루의 날개 모양이 된다. 잎자루는 길며 광택이 없다.

7~8월에 포기 한가운데에서 꽃대가 나와 짙은 보라색 꽃이 한쪽으로 치우쳐 총상꽃차례를 이루며 조금 엉성하게 밑에서부터 피어 올라간다. 꽃부리의 밑 부분은 빨대 모양으로 가늘지만 중간에서 갑자기 깔때기 모양으로 부풀며 벌어지고, 끝 부분이 6갈래로 갈라지며 뒤로 약간 젖혀진다. 수술 6개와 암술 1개가 꽃 밖으로 나오며 위쪽으로 갈고리처럼 휘어진다.

꽃이 진 다음 끝이 뭉툭한 막대 모양으로 생긴 삭과를 맺고, 익으면 3갈래로 갈라지며 타원형 검은 씨앗이 드러난다. 씨앗 주위에는 얇은 막으로 된 검은색 날개가 있다.

비비추를 예전에는 비비취라고 불렀다고 하며, 이것은 '꼬다', '뒤틀리다'라는 뜻의 우리말 비비에 나물을 의미하는 취가 합쳐진 말이다.

좀비비추

주로 제주도를 비롯한 남해안 일대에 분포한다. 특히 남부지방의 계곡 옆 바위틈이나 바위 주위에 자라며, 음지나 양지 등 햇볕에 관계없이 자란다. 마치 비비추를 축소해 놓은 듯한 모양이다.

뿌리줄기는 짧으며 끈 모양 수염뿌리가 뭉쳐나고, 옆으로 뻗는 뿌리줄기에서 새싹을 내며 번식한다. 잎은 뿌리줄기에서 무더기로 나와서 비스듬히 선다. 줄기에는 세로줄이 난다.

꽃은 7~8월에 꽃대가 나와 총상꽃차례에 깔때기 모양의 짙은 보라색 꽃이 한 쪽으로 치우쳐 달린다. 꽃이 진 후 열매는 끝이 뭉툭한 막대 모양의 삭과를 맺고, 익으면 3갈래로 갈라지며 타원형 검은 씨앗이 드러난다. 씨앗 주위에 얇은 막으로 된 검은색 날개가 있다.

주걱비비추

전국에 분포하며 숲속의 낙엽수림 밑에 주로 자란다. 잎은 뿌리에서 모여 나고 잎자루가 길며 자라면서 비스듬히 퍼진다. 잎은 타원형으로 양 끝이 좁아지며, 밑 부분은 잎자루 아래 부분까지 넓게 타고 흘러 잎자루의 날개처럼 보이고, 이 잎자루의 모양이 주걱을 닮아 주걱비비추라는 이름이 붙었다. 잎맥이 뚜렷하고 가장자리는 밋밋하다.

7~8월에 잎 한가운데에서 긴 꽃대가 나와 연보라색 꽃이 한쪽으로 치우치며 엉성하게 밑에서부터 피어 올라간다. 꽃부리의 밑 부분은 빨대 모양으로 가늘지만 중간에서 갑자기 부풀며 벌어지고, 끝 부분이 6갈래로 갈라진다. 꽃잎은 뒤로 약간 젖혀지며 수술 6개와 암술 1개가 꽃 밖으로 길게 나오고 위쪽으로 갈고리처럼 휘어진다.

흑산도비비추

전라남도의 흑산도와 홍도에 자라는 한국특산식물이다. 잎은 뿌리줄기에서 모여 나며, 두껍고 표면은 매끈하며 윤기가 난다. 잎맥은 뚜렷하지 않으며 아랫면은 약간 회색빛이 도는 녹색이다. 잎자루는 짧고 잎의 양 끝은 뾰족하며 가장자리는 약한 물결 모양이다.

8월에 꽃대가 나와 꽃 10~20송이가 총상꽃차례를 이루며 연보라색으로 핀다. 꽃의 끝 부분은 조금 짙고 꽃자루 쪽은 색이 옅어져 흰 빛이 돈다. 수술 6개 중 3개는 짧고 3개는 길어 암술과 함께 꽃 밖으로 나오고, 끝이 위로 향해 갈고리처럼 휘어지며 꽃밥은 자주색을 띤다. 수정이 이루어지고 나면 꽃부리는 다시 꽃봉오리처럼 오그라든다. 비비추 중에서 꽃이 가장 작게 피지만 깔대기 부분이 6갈래로 완전히 갈라져 활짝 피면 매우 아름답다. 열매는 긴 타원형 삭과로 비스듬히 서며 3갈래로 갈라진다.

일월비비추

남한 전역에 분포하며, 주로 석회암지대 낙엽수림 밑이나 산 정상부의 초원지대에 무리를 이루며 자란다. 잎은 뿌리에서 모여 나와 비스듬히 자라며, 가장자리는 물결 모양이고 잎맥이 뚜렷하다. 잎끝은 뾰족하고 잎자루는 긴 편이며, 잎자루 밑 부분에 자주색 점이 있다.

7~8월에 포기의 한가운데에서 꽃대가 비스듬히 자라나며, 끝에 이삭잎에 싸인 꽃봉오리들이 뭉쳐서 머리 모양으로 달리고, 꽃봉오리 무게로 인해 윗부분이 아래로 숙여진다. 배처럼 오목하게 들어간 이삭잎이 벌어지면 깔때기 모양의 연보라색 꽃이 총상꽃차례에 좁은 간격으로 핀다.

꽃 피는 기간이 긴 편이며, 삭과의 크기가 다른 비비추에 비해 커서 확연히 구별된다.

흰일월비비추

일월비비추에 비해 꽃이 피는 기간이 조금 긴 편이며, 꽃이 흰색으로 핀다. 옥잠화를 축소한 듯한 모양이다. 열매는 10월에 막대 모양 삭과로 익으며, 꽃 핀 모양대로 다닥다닥 모여 달리고, 다른 비비추에 비해 커서 꼬투리 크기가 확연하게 차이가 난다.

경상북도 영양의 일월산에서 처음 채집되어 일월비비추라는 이름이 붙었다. 꽃이 방울방울 모여 달린다고 해 방울비비추라 부르기도 하고, 꽃봉오리의 모양이 비녀를 닮았다 해 비녀비비추라 부르기도 한다.

옥잠화

오래 전 우리나라에 들어와 재배되는 중국 원산 귀화식물이다. 굵은 뿌리줄기로부터 커다란 연둣빛 잎들이 모여 나서 비스듬히 자란다. 잎자루는 길며 끝이 갑자기 뾰족해지고, 가장자리는 물결 모양이며, 잎맥 8-9쌍이 뚜렷하고, 윤기가 난다. 비비추 종류 중 잎과 꽃이 가장 크다.

7~8월에 잎 사이에서 꽃대가 나와 그 끝에 아직 형성되지 않은 꽃봉오리들이 이삭잎에 싸인 채 압축되어 있으며, 아래쪽 꽃봉오리가 피어나기 시작하면 차츰 위쪽 이삭잎이 벌어지며 꽃봉오리들이 모습을 드러낸다. 꽃은 아침에 피었다가 저녁에 시들지만 15~20일 동안 계속 피고 지므로 꽃이 피어 있는 기간이 긴 편이며, 좋은 향기가 난다. 열매는 삭과로 세모진 커다란 원뿔 모양 꼬투리가 달리며, 각 꼬투리에 씨앗이 20~30개씩 들어 있다.

옥잠화는 옥비녀처럼 생긴 아름다운 꽃이란 뜻이며, 막 피어나기 전 꽃봉오리의 생김새가 비녀를 닮았다고 해 옥비녀꽃이라 부르기도 한다.

백합과

헷갈리지 않아요

은방울꽃

전국에 분포하며, 낮은 산에서부터 해발 1,500m 내외의 산 정상 부근 숲속 또는 햇볕이 적당히 드는 산기슭의 낙엽수림 밑에 무리를 이루며 자란다. 둥굴레와 함께 자라는 경우가 많다. 봄에 순이 돋을 때에는 얇은 막으로 된 칼집 모양의 이삭잎 속에서 잎이 2~3장(보통 2장) 나와 밑 부분을 서로 얼싸안아 원줄기 모양을 이룬다.

잎자루가 길며, 잎끝은 뾰족하고 가장자리는 밋밋하다. 잎 아랫면은 엷은 흰 빛이 돈다. 꽃대는 잎이 활짝 피기 전 이삭잎 안쪽에서 올라오며 잎보다 짧다.

꽃대를 따라 둥글납작한 워낭처럼 생긴 예쁜 꽃 10여 송이가 활처럼 휘어진 꽃대를 따라 밑을 향해 차례로 핀다. 꽃대는 중간에서 아래로 휘며 밑 부분은 이삭잎 하나가 꽃자루를 감싸고, 꽃부리 끝은 6갈래로 얕게 갈라져 뒤로 약간 말리며 좋은 향기가 난다. 꽃이 지고 나면 녹색 장과가 달리며, 구슬처럼 둥글고 7월 붉게 익는다.

새싹이 올라올 때의 모양이 둥굴레와 비슷해 먹는 나물로 착각하기 쉬운데, 은방울꽃은 독성이 매우 강해 잘못 먹으면 심부전증을 일으킬 수 있으므로 조심해야 한다.

백 합 과

헷갈리지 않아요

처녀치마

반상록성 여러해살이풀로 제주도와 울릉도를 비롯해(그 외 섬지역 제외) 전국에 널리 분포한다. 중부 이북지역의 깊은 계곡가나 부엽이 두껍게 쌓여 비옥하고 습기 있는 북향의 비탈 낙엽수림 밑에서 주로 자란다.

잎은 뿌리줄기로부터 서로 겹치며 모여 나고, 중간쯤에서 타원형 방망이처럼 넓어지다가 뭉툭해지며, 끝 쪽은 뾰족해진다. 처음 잎이 올라올 때에는 비스듬히 자라다가 둥근 방석 모양으로 넓게 퍼진다. 잎 가장자리에 가시 같은 미세한 톱니가 있다.

3~4월 이삭잎에 싸인 꽃대가 자라나면서 보라색 꽃 3~10송이가 옆을 향해 비스듬히 한쪽으로 모여 달린다. 처음 꽃이 필 때에는 적자색이나 짙은 보라색으로 피지만 활짝 핀 뒤 수정이 이루어지면 점차 색이 엷어지면서 자록색으로 변한다. 처음에는 꽃잎이 모아져 있다가 활짝 피어나면 수술과 암술이 꽃 밖으로 완전히 나오며, 꽃대에 얇은 막으로 된 이삭잎 여러 개가 어긋나게 달린다.

보통 자생지에서는 4월초부터 계속 꽃이 피는 특성이 있으며, 초기에는 기온이 낮아 10cm 정도로 낮은 상태에서 꽃이 피지만 꽃이 진 뒤 기온이 차츰 상승하면 꽃대도 함께 나와 30~50cm 높이까지 자란다. 수정이 이루어지고 꽃대가 자라나기 시작하면 옆에 있던 잎도 벌어져 자라기 시작한다. 씨앗이 익을 때까지 꽃잎과 암술이 열매에 달려 있다.

열매는 삭과로 6월 중순에 익으며, 마른 꽃잎에 싸여 있고, 씨앗이 익으면 꼬투리가 3갈래로 갈라지며 양쪽에 흰색 꼬리가 달린 길쭉한 씨앗들이 바람에 의해 흩어진다.

보통 봄에 꽃을 피우는 식물은 여름이 지나면 잎이 지는데, 처녀치마는 겨울에도 푸른 잎을 유지한다. 가을이 되면 잎 한가운데 봉오리 2개가 형성되며, 큰 봉오리는 이듬해 필 꽃봉오리가 만들어져 이삭잎에 싸여 있는 것이고, 작은 봉오리는 이듬해 새로운 포기로 자라날 새싹이 이삭잎에 싸여 있는 것이다. 그러므로 포기 한가운데 크고 작은 봉오리 2개가 있으면 이듬해 꽃이 필 포기이고, 봉오리가 하나만 있으면 꽃이 피지 않는 포기라는 것을 알 수 있다.

백합과

헷갈리지 않아요

/

무릇

남해안의 섬지역을 비롯해 전국에 분포하며, 낮은 곳의 야산에서부터 조금 깊은 산속의 가장자리 풀숲에도 자란다. 봄과 가을에 한 차례씩 잎이 2회 나온다. 봄에 올라오는 잎은 꽃대가 올라올 무렵 흔적도 없이 사라졌다가 꽃이 지고 열매가 맺힐 무렵 다시 2장씩 마주나며 올라오기 시작한다.

잎은 길쭉한 부추 잎처럼 생겼으며, 보통 4-6장이 올라온다. 잎에 털은 전혀 없으며 가장자리는 밋밋하다. 비늘줄기가 갈라지며 보통 한 곳에 여러 포기가 모여 자라므로 얼핏 보면 잎이 뭉쳐나는 것처럼 보인다.

7~9월에긴 꽃대가 올라와 연보라색 작은 꽃이 총상꽃차례를 이루며 차례로 피어 올라간다. 간혹 꽃차례의 중간 부분이 휘어지기도 한다. 간혹 흰색으로 피는 개체도 있다. 열매는 삭과이며 꽃이 지고 한 달 뒤에 익으며, 검고 작은 타원형 씨앗이 3개씩 들어 있다.

백 합 과

헷갈리지 않아요

뻐꾹나리

얼마 전까지 알려진 자생지로는 제주도 한라산과 남부지방의 백양산, 두륜산 일대 정도였으나 근래에 중부지방에서도 여러 곳이 발견되고 있으므로 남한 전역에 분포하는 것으로 보인다. 배수가 잘되며 척박한 토양의 북쪽 비탈 낙엽수림 밑에 작은 무리를 이루며 자란다. 서식지가 매우 제한적이고 자생지에서도 개체수가 많지 않아 산림청에서 희귀 및 멸종위기 식물로 지정·보호하고 있다.

줄기는 곧게 자라고, 가지를 치지 않는다. 잎은 줄기에 어긋나며 가장자리는 밋밋하고 앞뒷면에 굵고 짧은 털이 난다.

꽃은 8-9월에 줄기 윗부분과 잎겨드랑이 사이에서 꽃대가 올라와 산방꽃차례를 이루며, 조금 엉성하게 피며, 긴 꽃자루 끝에 꼴뚜기 모양을 한 녹색 꽃봉오리가 하나씩 달리고, 차츰 윗부분의 녹색이 보통의 꽃들은 꽃잎 안쪽 중앙에 수술과 암술이 동시에 위치하며 위로 약간 솟을 뿐인데 뻐꾹나리 꽃은 1층은 꽃잎, 2층은 수술, 3층은 암술이 붙고, 모두 젖혀지는 독특한 구조다. 꽃잎과 암술에는 자주색 반점이 불규칙하게 나 있다. 꽃이 지고 난 포기는 씨앗을 맺고 나면 말라죽고, 뿌리줄기에서 나리 종류의 새끼 구근을 닮은 새로운 자구를 형성하며 생을 이어간다.

붓꽃과

모둠 68

각시붓꽃 · 솔붓꽃 · 난장이붓꽃 · 금붓꽃 · 노랑붓꽃
노랑무늬붓꽃 · 붓꽃 · 부채붓꽃 · 타래붓꽃

각시붓꽃

솔붓꽃 난장이붓꽃

금붓꽃

노랑붓꽃

노랑무늬붓꽃

붓꽃

부채붓꽃   타래붓꽃

각시붓꽃

전국에 분포하며, 낮은 산에서부터 조금 깊은 산속의 낙엽활엽수림 밑과 무덤가 잔디 주위에서 자라며, 낙엽활엽수림 잎들이 피어나서 자라기 전에 꽃이 피고 열매를 맺는다. 키가 낮게 자라는 붓꽃 종류 중에서 가장 흔하게 만날 수 있다.

잎이 자라날 때 꽃줄기도 함께 자라나오며, 포기의 밑 부분에는 지난해 자랐던 마른 잎이 수북하게 엉켜 있다. 꽃이 필 즈음에 잎은 꽃줄기 길이와 비슷하거나 조금 높게 자라지만, 꽃이 지고 나면 20~30cm 높이로 자라며 뒤쪽으로 비스듬히 휘어진다. 잎의 중간 맥은 뚜렷하지 않고, 아랫면은 분을 바른 듯한 녹색이며 가장자리 윗부분에는 작은 돌기가 있다.

4~5월에 꽃줄기가 나와 짙은 보라색 꽃이 1송이씩 핀다. 바깥 꽃잎은 끝 부분이 좁아지며 뒤로 젖혀지고, 안쪽 꽃잎은 바깥 꽃잎 사이에 위치하며 약간 짧다. 꽃 중간에 있는 암술은 밑에서부터 3갈래로 갈라지며 꽃잎처럼 길쭉하고, 끝 부분이 2갈래로 갈라지며, 아랫면에는 수술 1개가 바짝 붙어 있다. 암술이 붙어 있던 바깥 꽃잎에는 흰 바탕에 노란 무늬가 있는 허니가이드가 있다. 씨방은 꽃줄기의 1/3 지점에 위치하고 이삭잎에 싸여 있어 겉으로 드러나지 않는다.

열매는 삭과로 7월 말경에 맺고, 작고 땅에 바짝 붙어 있어 잎을 들춰야 발견할 수 있다. 묵은 포기는 뿌리줄기에서도 새싹을 내고, 떨어진 씨앗들도 싹이 터서 함께 자라므로 많은 꽃줄기가 뭉쳐서 올라오기도 한다.

각시붓꽃

솔붓꽃

충청도 이남지역 햇볕이 잘 드는 산지의 건조한 잔디밭에서 드물게 자라며, 꽃은 각시붓꽃처럼 무리지어 피지 않고 한 두 포기씩 간격을 두며 핀다. 뿌리줄기가 옆으로 뻗으면서 새 싹이 돋고, 잎은 칼 모양으로 비스듬히 서며, 꽃이 지고 나면 30cm 정도 높이로 자란다.

4~5월에 짧은 꽃줄기 끝에 짙은 보라색 꽃이 1송이씩 피며, 밑에는 잎집 같은 이삭잎 3~4장이 어긋나게 붙고, 꽃턱 밑 부분까지 감싼다. 꽃줄기는 이삭잎보다 낮게 자라며, 씨방은 꽃줄기 밑 이삭잎 속에 있어 드러나지 않는다.

키가 낮게 자라는 붓꽃 중에서도 꽃줄기가 가장 낮은 상태에서 꽃이 피고, 자라는 개체수가 많지 않아 환경부에서 멸종위기II급으로 지정·보호하고 있다.

난장이붓꽃

설악산 이북지역 높은 산 정상 부근의 건조하고 배수가 잘 되는 바위틈에서 자란다. 딱딱한 뿌리줄기는 옆으로 뻗으면서 새순이 나오고, 밑에는 묵은 잎이 엉켜 있다.

5~6월에 꽃줄기 끝에 짙은 보라색 꽃이 1송이 피고, 꽃 바로 밑에는 붉은 빛이 도는 작은 이삭잎 2장이 꽃턱을 감싸며, 속에 씨방이 있다.

높은 지대에서는 15cm 미만으로 낮게 자라고, 꽃줄기도 5cm 정도로 작아 꽃이 땅에서 바로 돋아 난 것처럼 보여 난장이붓꽃이라는 이름이 붙었다.

금붓꽃

한국특산식물로 제주도를 제외한 전국에 분포하며, 특히 경기도와 강원도에 분포도가 높다. 산기슭의 낙엽활엽수림 밑이나 숲 가장자리의 햇빛이 잘 드는 양지쪽에 자란다.

뿌리줄기는 옆으로 뻗고 수염뿌리는 황백색으로 가늘고 길며 뭉쳐나고, 밑 부분에 지난해 자랐던 묵은 잎이 수북하게 엉켜 있으며 뿌리잎이 3~4개 있다.

4~5월에 잎집 같이 생긴 긴 이삭잎 3~4개 사이에서 가느다란 꽃줄기가 나와 그 끝에 탁한 듯한 노란색 꽃이 1송이씩 달린다. 전체적으로 각시붓꽃과 비슷하며 꿀샘의 위치를 알리는 허니가이드는 갈색 점무늬로 되어 있다. 열매는 삭과로 7월 말경 여물며 씨방이 꽃줄기 중간에 위치하므로 삭과도 지면 가까이 있다.

노랑붓꽃

한국특산식물로 변산반도와 내장산 주위에서만 자라는 희귀식물이다. 환경부에서 멸종위기II급으로 지정·보호하고 있다.

　꽃은 금붓꽃과 비슷하나 꽃줄기 하나가 2갈래로 갈라져 보통 꽃 2송이가 동시에 피는 것이 특징이며, 잎의 폭도 금붓꽃에 비해 2~3배 넓고, 높이 자란다. 보통은 꽃줄기 하나에 꽃 2송이가 피지만 처음 꽃을 피우는 포기에서는 1송이만 달리기도 한다. 꽃은 밝은 노란색으로 피며, 씨방은 꽃부리 아래쪽에 위치하고 겉으로 드러나 보인다. 이삭잎 4장은 꽃줄기 밑부터 감싸며, 가지가 갈라지는 곳에서는 가지를 따라 양쪽으로 갈라지고, 꽃부리 밑까지 커진다.

노랑무늬붓꽃

백두대간을 따라 경주지역에서부터 설악산까지 분포하며, 주로 능선 부근 잡목 주위에서 자란다. 꽃줄기는 한 뼘 정도로 자라며, 가늘고 긴 뿌리줄기가 옆으로 얕게 퍼지면서 끝에서 새싹을 내며 번식한다. 잎의 두께는 얇은 편이며 아래쪽은 넓고 양 옆은 작은잎이 감싼다.

　4~5월에 꽃대 하나에 꽃이 2송이씩 달리며, 꽃부리는 길고, 씨방은 꽃부리 바로 아래 위치하므로 겉으로 드러나 보인다. 열매는 7~8월에 삭과로 익으며 모가 뚜렷한 삼각뿔 모양이다. 꽃 전체가 흰색이지만 암술이 붙어 있던 외화피에 짙은 노란색에 허니가이드가 있는 것이 특징이다.

붓꽃

전국에 분포하며, 산성토양을 좋아하고, 양지바르고 습기 있는 풀숲에서 다른 식물과 함께 어울려 자란다. 잎은 뿌리에서 모여나 곧게 서며 긴 칼 모양이고, 밑 부분에 적갈색 섬유가 있다. 잎에는 흰 반점 같은 무늬가 돌고, 주맥이 부풀어 오르지 않는다.

　5~6월에 잎 사이에서 꽃대가 자라나와 붓

부채붓꽃

모양 꽃봉오리가 2~3개 달리며, 막 피어나기 전의 꽃봉오리는 마치 먹물을 잔뜩 머금은 붓과 같은 모양이다. 꽃은 짙은 보라색으로 피며 꽃잎은 6장이나 얼핏 보면 9장으로 보인다. 안쪽 꽃잎은 위로 곧추서고, 바깥 꽃잎은 아래쪽으로 젖혀지며, 꽃잎 밑 부분에는 황갈색 바탕에 짙은 자주색 꽃잎 맥이 그물 형태로 난다. 이 그물무늬가 붓꽃의 가장 뚜렷한 특징이다.

열매는 8월 중순에 긴 타원형 삭과로 익으며, 능선이 3개 있고, 익으면 위쪽이 3갈래로 갈라진다. 속에는 양면을 비스듬히 자른 듯한 불규칙한 모양의 갈색 씨앗들이 많이 들어 있다.

부채붓꽃

중부 이북지역의 습지에서 자라며 자생지는 많지 않다. 특히 함경남도의 해발 1,300m 부전고원(부전군 백암리와 문천리 사이)의 습지에 군락을 형성하며, 북한에서는 이곳을 천연기념물로 지정·보호하고 있다. 남한에서는 삼척의 일부 지역에서 자생지가 발견되었으나 2002년 8월 영동지방을 강타한 태풍 루사에 의해 자생지가 훼손되어 현재에는 적은 개체만이 명맥을 유지하는 희귀식물이다.

잎은 진한 녹색이며 붓꽃 종류 중 가장 넓고, 한가운데 맥이 뚜렷하지 않으며 칼 모양으로 길쭉하고 밑 부분은 굵다. 전체적인 모양이 난처럼 생겼다.

5~6월에 꽃대가 나와 위쪽에서 가지가 갈라지며 꽃턱잎 여러 장에 싸여 붓꽃 같은 연보라색 꽃이 2~3송이 핀다. 안쪽 꽃잎은 짧은 형태만 남아 눈에 잘 띄지 않는다.

열매는 삭과로 둔한 능선이 3개 있으며, 씨앗이 익으면 위쪽이 3갈래로 약간 벌어지며 씨앗이 떨어진다. 씨앗은 둥글며 연한 갈색으로 표면에 윤기가 난다.

잎이 다른 붓꽃 종류에 비해 넓고, 지상으로부터 두 줄로 포개지며 옆으로 벌어져 자라는 모양이 마치 접이식 부채를 반으로 펼친 듯한 모양 같다 해 부채붓꽃이라는 이름이 붙었다.

타래붓꽃

전국에 분포하며, 냇가 주위나 해안가의 척박하고 건조한 양지쪽에 주로 자란다. 뿌리줄기는 억세며 긴 수염뿌리가 사방으로 뻗는다. 뿌리줄기로부터 올라오는 잎은 좁고 길쭉하며 중간 위쪽에서 한 방향으로 2~3회 타래처럼 살짝 비틀리듯 꼬이는 특징이 있다.

5~6월에 꽃대가 나와 연보라색 꽃이 피며, 꽃대가 잎보다 낮아 마치 잎 중간에서 꽃이 피는 것처럼 보인다. 다른 붓꽃 종류에 비해 꽃잎과 암술대가 좁은 것이 특징이다. 열매는 삭과로 긴 타원형이고, 잎 중간 부분에 위치해 잘 살펴보아야 찾을 수 있다. 씨앗이 익어도 삭과가 벌어지지 않고, 늦은 가을 씨앗이 완전하게 익으면 껍질의 섬유질이 삭으면서 씨앗이 떨어진다.

붓꽃과
헷갈리지 않아요

꽃창포

주로 산지나 들판의 물이 고인 습지 가장자리에서 자라나 자생지에서는 습지의 훼손과 무분별한 남획으로 거의 멸종상태에 놓여 있어 산림청에서 희귀 및 멸종위기 식물로 지정·보호하고 있다.

잎은 뿌리줄기로부터 서로 포개지며 두 줄로 어긋나게 나오고 잎 중앙에는 튀어나온 잎이 뚜렷하게 있어서 꽃이 없는 시기에는 이것으로 붓꽃과 구별할 수 있다.

6-7월에 원줄기와 가지 끝에서 붓꽃 모양의 짙은 남보라색 꽃이 한 송이씩 피어난다. 암술대가 붙어 있던 바깥 꽃잎 안쪽에는 꿀샘으로 안내하는 허니가이드인 황색 무늬가 길게 화살촉 모양으로 나 있어 갈색 무늬가 있는 붓꽃과 구별된다.

열매는 길쭉한 타원형 삭과로 능선이 3개 있으며, 9월 중순경 씨앗이 익으면 위쪽이 3갈래로 벌어지고, 3개의 칸마다 납작한 원반형 진갈색 씨앗이 많이 들어 있다. 씨앗 가장자리에는 얇은 막으로 된 날개가 있다.

근래에 농촌진흥청에서 꽃 색이 다양한 꽃창포를 개량해 농가소득을 위해 보급하고 있다. 사람들은 대부분 창포와 꽃창포를 혼동하는 경우가 많은데, 창포는 천남성과 식물로 막대 모양 육수화서에 볼품없는 꽃을 피우며, 뿌리줄기와 잎에서 독특한 향기가 나지만 꽃창포는 붓꽃과 식물로 붓꽃처럼 아름다운 꽃을 피운다.

범부채   대청부채

붓꽃과

모둠 69

범부채 · 대청부채

범부채

대청부채

범부채

전국에 분포하며, 예전에는 야산이나 구릉지 풀밭, 집 주위 논밭의 길 옆 등에 흔하게 자랐으나 개발과 경지정리, 농로 포장, 과다한 제초제 사용 등으로 자연 상태의 자생지에서는 거의 멸종했다. 옆으로 기는 뿌리줄기가 발달하고, 뿌리줄기 밑에 노란색 나는 긴 수염뿌리가 돋는다. 비교적 넓은 잎들이 아랫부분을 서로 얼싸안듯 좌우로 포개져 올라와 펼쳐진다.

7~8월에 잎 한가운데로부터 꽃대가 나와 여러 갈래로 갈라지고, 가지 끝이 다시 2~3번 갈라져 각 끝에 꽃이 몇 송이씩 달린다. 꽃잎 3장은 크고 3장은 조금 작다. 꽃잎은 황적색 바탕에 적자색 반점이 얼룩져 있다. 꽃은 아침에 피었다가 저녁에 시들며 꽃이 질 때 꽃잎이 오른쪽으로 꽈배기처럼 몇 번 꼬이며 말리는 모양이 독특하다. 꽃에는 붓꽃 종류에서 볼 수 있는 특징은 하나도 없고, 마치 백합과에 가까운 모양이다.

열매는 삭과로 능선이 3개 있으며, 씨앗이 익으면 세로로 3갈래 벗겨지며 검고 윤기 있는 씨앗이 포도송이처럼 드러난다.

범부채

대청부채

서해안 대청도와 백령도의 바위틈이나 절벽에 붙어 자란다. 서식지가 매우 제한적이고 자생지에서도 개체수가 많지 않아 환경부에서 멸종위기II급으로 지정·보호하고 있다.

잎은 범부채처럼 비교적 넓고 칼 모양으로 납작한 잎들이 아랫부분을 서로 얼싸안듯 좌우로 포개져 올라와 펼쳐진다. 녹색 바탕에 조금 흰 빛이 돌며, 가장자리에 엷은 흰색 테두리가 있다.

7~8월에 잎 한가운데에서 꽃대가 나와 중간에서 2갈래로 갈라지고, 갈라진 가지는 다시 여러 갈래로 갈라지며 그 끝마다 연보라색 꽃 2~5송이가 하늘을 향해 핀다. 바깥 꽃잎은 뒤로 약간 젖혀지고, 안쪽 중간 아랫부분은 흰색 바탕에 불규칙한 진한 보라색과 갈색 무늬가 얼룩져 있다. 안쪽 꽃잎은 바깥 꽃잎에 비해 길이는 조금 짧으나 끝이 넓고 둥글며 중간 부분이 약간 파였다. 꽃은 오후 2~3시부터 피기 시작해 해질녘에 지며, 꽃이 질 때 꽃잎이 오른쪽으로 꽈배기처럼 몇 번 꼬이며 말린다. 열매는 긴 타원형 삭과로, 속에 길쭉한 진갈색 씨앗이 여러 개 들어 있다.

앉은부채

애기앉은부채

천남성과

모둠 70

앉은부채 · 애기앉은부채

앉은부채

애기앉은부채

앉은부채

제주도와 섬지역을 제외한 전국에 분포한다. 깊은 산속 북향의 계곡 주위, 부엽이 두껍게 쌓인 습기 있고 그늘진 비탈에 무리지어 자란다. 태백산맥의 주능선을 따라 널리 분포하며, 경기도를 포함한 중부 이북지역에 많이 자생한다. 앉은부채의 변종인 노랑앉은부채가 광릉지역에 한정적으로 자라는 것으로 알려져 있다.

잎은 뿌리에서 모여 나며 꽃이 한창 피기 시작하면 옆에서 돌돌 말린 채로 두꺼운 이삭잎에 싸여 삐죽하게 올라와 부채처럼 널찍하게 펼쳐진다. 잎은 크고 윤기가 나며 잎자루가 길다.

꽃을 감싸며 보호하는 불염포가 발달해 있으며, 햇불 모양으로 생겼고, 두텁다. 앞쪽은 열려 있고, 끝은 좁게 뾰족해지며 앞으로 숙여져 꽃차례를 보호한다. 불염포를 뜯어 냄새를 맡아보면 암모니아 비슷한 냄새가 난다. 포는 엷은 자갈색이며 전체에 짙은 갈색 반점이 불규칙하게 나 있다. 꽃은 성전환을 하는 양성화로 2~4월에 잎보다 먼저 피고, 불염포에 싸인 육수꽃차례는 짧고 굵은 꽃대에 달려서 꽃잎 4조각이 하나의 꽃을 이루며 거북의 등껍질 같은 모양으로 변형되어 많은 꽃이 각각의 경계를 이루며 꽃차례에 붙는다. 꽃은 암술선숙으로 꽃 중간의 말미잘 촉수처럼 생긴 작은 암술이 먼저 성숙한 뒤 수정이 이루어지고 나면, 밝은 노란색 꽃밥을 단 짧은 수술 4개가 많은 꽃가루를 내며 수술시기가 도래된다. 열매는 7월에 장과로 둥글게 모여서 붉게 익는다.

애기앉은부채

중부 이북지역 태백산맥의 깊은 산, 낙엽이 두껍게 쌓이고 습기 있는 북향 낙엽수림 밑의 한정된 지역에 분포한다. 지역에 따라 많은 개체가 무리를 이루며 자란다. 애기우엉취라고도 부른다.

애기앉은부채

　잎은 이른 봄 뿌리에서 모여 나며, 앉은부채에 비해 작고 길쭉하다. 잎은 7월 말경이면 뿌리에 영양분을 충분히 비축한 다음 휴면에 들어가 지상부는 흔적도 없이 사라진다.

　잎이 진 다음 8월부터 꽃이 피기 시작하며, 무더위가 한창 기승을 부리는 시기에 절정을 이루고 9월까지 피기도 한다. 불염포는 짙은 자갈색으로 앉은부채에 비해 매우 작으며, 햇불 모양으로 생겼고, 육수꽃차례는 꽃자루가 짧고, 흑갈색 타원형이며, 앉은부채와 같이 암술선숙으로 성정환을 한다.

　수정이 이루어지면 열매가 달려 있는 자루는 9월에 휘어 내려가며, 지면에 닿으면 땅속으로 들어간다. 이후 급속히 커져 다 익으면 밤알만한 크기가 된다. 열매는 이듬해 꽃이 필 무렵 완전히 익으며, 겉이 거북 등처럼 갈라진다.

　앉은부채와 애기앉은부채는 생태적으로 정반대의 현상을 보인다. 앉은부채는 3월초에 잎보다 먼저 꽃이 피고 나서 잎이 자라나는 반면, 애기앉은부채는 4월경에 잎이 먼저 올라와 자라다가 7월에 흔적도 없이 휴면에 들어가고, 8-9월에 꽃만 피어 열매를 맺는다.

천남성 점박이천남성

둥근잎천남성 큰천남성

반하 대반하

천 남 성 과

모둠 71

천남성 · 점박이천남성 · 둥근잎천남성
큰천남성 · 반하 · 대반하

천남성

점박이천남성

둥근잎천남성

큰천남성

 반하

 대반하

천남성

전국에 분포하며, 깊은 산속의 낙엽수림 밑 부엽이 두껍게 쌓이고 반그늘 진 습윤한 곳에서 주로 자란다. 땅속에는 밑이 편평한 원반 모양의 알줄기가 있으며, 중간 윗부분에서 흰 수염 뿌리가 사방으로 뻗으며, 주위에 작은 새끼 알줄기가 2~3개가 달린다. 줄기는 외대로 굵고 육질이며 속은 비어 있고, 연한 녹색을 띠며, 때로는 녹색 바탕에 자주색 반점이 있는 개체도 있다.

잎은 밑 부분의 줄기를 감싸며 1~2장 나온다. 4월에 막질로 된 비늘 조각에 싸여 죽순과 같은 모양으로 올라와 잎과 꽃이 펼쳐지며, 이때 이삭잎은 줄기에서 떨어진다. 잎은 잎줄기가 길며, 위쪽에서 다시 2갈래로 갈라져서 잎자루 없는 작은잎이 3~5장씩 줄기 바깥 방향으로 달린다.

5~6월에 줄기 끝에 긴 깔때기 모양으로 생긴 녹색 꽃이 1송이 피며, 우리가 보통 꽃으로 생각하는 불염포는 입구가 편평하고 뒤로 약간 말리며, 위쪽은 뾰족해지다가 앞쪽으로 구부러져 꽃대를 덮어 보호한다. 불염포의 통부에 세로로 길게 흰 줄무늬가 규칙적으로 난다.

실제의 꽃은 불염포 속에 들어 있는 녹색 곤봉처럼 생긴 육수꽃차례로 통부보다 길다. 꽃은 암수 딴그루로 수그루의 육수꽃차례는 짧고 가늘며 축에는 꽃잎은 없고 자주색 꽃밥으로 된 작은 수꽃만이 달리고, 암그루의 꽃차례는 거북이의 등 모양으로 갈라지며 중간에 녹색 암술이 달린다. 열매는 장과로 녹색에서 붉은색으로 익으며, 윤기가 난다.

점박이천남성

전체적인 생김새와 특성은 천남성과 같으나 잎줄기와 꽃줄기 전체에 불규칙한 자갈색 반점이 흩어져 있다. 남한 전역의 낙엽수림 밑에 자란다.

둥근잎천남성

남한 전역에 분포하며 산지의 그늘지고 습한 곳에 자란다. 잎은 줄기를 감싸며 1~2장이 달리고, 작은잎 3~5장이 둥글게 모여 달린다.

꽃은 5~6월에 줄기 끝에 육수꽃차례로 달리며 불염포에 싸여 있고, 잎줄기의 길이보다 짧다. 간혹 불염포의 윗부분과 줄무늬가 자주색을 띠는 개체들도 발견된다. 꽃의 생김새는 천남성과 같으며, 작은잎들이 잎줄기 끝에 둥글게 모여 달려서 전체적으로 둥글게 보이므로 둥근잎천남성이라는 이름이 붙었다.

큰천남성

주로 경상남도와 전라남도의 산골짜기나 남해의 섬지역 숲속의 나무 그늘에서 자란다. 땅속의 알줄기는 두툼한 원반 모양이고, 옆에 작은 알줄기가 달리며 위쪽에서 수염뿌리가 돋는다.

잎은 알줄기로부터 자주색 얼룩무늬가 있는 얇은 막으로 된 칼집 모양의 이삭잎에 싸여 꽃줄기를 감싸 안고 마주난다. 잎줄기가 길며 끝에 작은잎 3장이 모여 달리며 잎자루는 없다.

꽃은 잎줄기 2개 사이에서 꽃줄기가 자라서 5~7월에 피며, 커다란 불염포 안에 육수꽃차례로 달린다. 불염포는 짙은 자주색이나 연한 녹색으로 흰색 선이 규칙적으로 배열되며, 통부 윗부분이 소라껍질처럼 넓게 밖으로 말리고, 뒷부분은 앞으로 둥글게 숙여지며 안쪽으로 말렸다가 다시 밖으로 꼬부라지면서 짧은 꼬리처럼 길어진다. 열매는 장과로 짧은 옥수수 통처럼 달리며 녹색에서 붉은색으로 익는다.

반하

전국에 분포하며, 주로 습기가 적당하고 반그늘 진 곳의 밭이나 그 주변에서 자란다. 줄기는 가늘고 곧게 자라며, 줄기에서 잎줄기가 긴 잎 1~2장이 나온다. 잎은 끝에서 줄기부분까지 깊게 3갈래로 갈라지거나 작은잎 3장이 달리며, 중간의 잎은 크고 양 옆의 2개는 작다. 작은잎이 갈라지는 중간부에 육아가 하나 생기고, 그것이 어느 정도 자라면 땅에 떨어져 새로운 개체로 자라난다. 보통 무리지어 자라는 경우가 많으며 꽃이 피지 않는 포기에서는 잎 하나만 나온다.

6~7월에 꽃대가 나와 꽃이 피며, 불염포는 녹색으로 머리를 치켜든 코브라 모양이고, 통부 윗부분 양 옆은 자주색을 띤다. 속에는 살찐 막대기 모양의 육수꽃차례가 있다. 열매는 장과이며 녹색으로 익는다. 여름 중간 시점에서 잎이 자라나고 꽃이 핀다 해 반하라는 이름이 붙었다. 예전에는 밭이나 주위의 풀숲에서 흔히 발견되었으나 근래에는 제초제를 과다하게 사용해 쉽게 볼 수 없게 되었다.

대반하

남부지역과 거제도를 포함한 남해안의 섬지역에 자라며, 무리지어 자라는 경우가 많다. 전체적으로 반하와 비슷하나 잎과 꽃이 반하에 비해 매우 크다.

꽃은 6~8월에 피며, 불염포는 녹색이나 자주색이고, 육수꽃차례의 연장부는 녹색 채찍 모양으로 길게 나와 불염포 위쪽으로 곧게 선다.

수정이 이루어지면 불염포의 윗부분과 육수꽃차례의 연장부가 떨어져 나가고, 열매는 장과로 불염포 아랫부분에 싸인 채 녹색으로 익는다.

꽃 이름 찾아보기

가는기린초	17	금불초	355	대청부채	581	바늘엉겅퀴	329
가는오이풀	253	금붓꽃	567	도라지모시대	463	바디나물	205
가는잎할미꽃	89	금오족도리풀	277	돌나물	27	바람꽃	97
가락지나물	241	기린초	17	돌단풍	197	바위구절초	345
가지괭이눈	177	긴산꼬리풀	477	돌마타리	427	바위떡풀	191
가지복수초	83	까실쑥부쟁이	383	돌바늘꽃	171	바위솔좀바위솔	33
각시둥굴레	487	까치수염	443	돌양지꽃	241	바위손나물	373
각시붓꽃	567	깽깽이풀	56	동강할미꽃	89	바위채송화	27
각시원추리	527	꼭지연잎꿩의다리	113	동의나물	166	반하	593
각시족도리풀	277	꽃쥐손이	287	동자꽃	217	배초향	422
각시현호색	295	꽃창포	578	두메부추	508	백부자	151
갈퀴현호색	295	꿀풀	405	두메잔대	463	백선	238
감국	355	꿩의다리	113	둥근바위솔	33	백작약·산작약	79
강활	205	꿩의바람꽃	97	둥근이질풀	287	벌개미취	361
개미취	361	꿩의비름	43	둥근잎꿩의비름	43	벌깨덩굴	413
개버무리	131	나도바람꽃	97	둥근잎천남성	593	벌깨풀	413
개승마	123	낙지다리	50	둥글레	487	벌노랑이	292
개쑥부쟁이	383	난장이바위솔	33	들바람꽃	97	범꼬리	53
개족도리풀	277	난장이붓꽃	567	들현호색	295	범부채	581
검은삿갓나물	495	날개하늘나리	535	딱지꽃	241	복수초	83
검은종덩굴	143	남산제비꽃	261	땅나리	535	부채붓꽃	567
고깔제비꽃	261	냉초	477	땅채송화	27	부처꽃	201
고려엉겅퀴	329	너도바람꽃	97	뚝갈	427	분홍바늘꽃	171
고본	205	노랑매발톱꽃	71	마키노국화	345	붉은조개나물	405
곰취	166	노랑무늬붓꽃	567	마타리	427	붓꽃	567
곰취	339	노랑미치광이풀	313	만주바람꽃	97	비비추	551
과남풀	451	노랑붓꽃	567	말나리	535	뻐꾹나리	564
광대수염	420	노랑원추리	527	매미꽃	233	뻐꾹채	329
구름패랭이꽃	225	노랑제비꽃	261	매발톱꽃	71	사위질빵	131
구릿대	205	노랑투구꽃	151	멧용담	451	산괭이눈	177
구실바위취	191	노루귀	63	모데미풀	168	산구절초	345
구와꼬리풀	477	노루오줌	187	모시대	463	산국	355
구절초	345	놋젓가락나물	151	무늬족도리풀	277	산꼬리풀	477
궁궁이	205	누른괭이눈	177	무릇	562	산꿩의다리	113
금강제비꽃	261	눈개승마	249	물레나물	60	산마늘	508
금강초롱꽃	457	눈개쑥부쟁이	383	물솜방망이	373	산민들레	319
금괭이눈	177	눈빛승마	123	물양지꽃	241	산부추	508
금꿩의다리	113	단풍터리풀	257	미역취	339	산비장이	367
금낭화	304	당잔대	463	미치광이풀	313	산솜다리	391
금마타리	427	대반하	593	민들레	319	산솜방망이	373

산오이풀	253	연령초	503	주걱비비추	551	태백제비꽃	261
삼지구엽초	58	연잎꿩의다리	113	중나리	535	터리풀	257
삿갓나물	495	연화바위솔	33	쥐손이풀	287	털동자꽃	217
새끼꿩의비름	43	옥녀꽃대	307	쥐오줌풀	432	털부처꽃	201
새끼노루귀	63	옥잠화	551	지느러미엉겅퀴	329	털족도리풀	277
서양민들레	319	왕원추리	527	지리바꽃	151	털중나리	535
선괭이눈	177	왕제비꽃	261	진범	151	투구꽃	151
선이질풀	287	왜솜다리	391	진주바위솔	33	퉁둥굴레	487
설앵초	437	왜현호색	295	진퍼리잔대	463	패랭이꽃	225
섬기린초	17	외대으아리	131	진황정	487	포천구절초	345
섬노루귀	63	요강나물	143	참나리	535	포천바위솔	33
섬말나리	535	용담	451	참당귀	205	풀솜대	523
섬잔대	463	용머리	413	참바위취	191	피나물	233
섬초롱꽃	457	우산나물	397	참배암차즈기	424	하늘나리	535
세복수초	83	울릉산마늘	507	참산부추	508	하늘말나리	535
세뿔투구꽃	151	원추리	527	참으아리	131	하늘매발톱꽃	71
세잎꿩의비름	43	윤판나물	517	참좁쌀풀	447	한라개승마	249
세잎승마	123	으아리	131	참취	339	한라부추	508
세잎양지꽃	241	은방울꽃	558	처녀치마	560	한라산비장이	367
세잎종덩굴	143	이질풀	287	천남성	593	한라솜다리	391
속리기린초	17	일월비비추	551	초롱꽃	457	할미꽃	89
솔나리	535	자주꽃방망이	474	촛대승마	123	할미밀망	131
솔붓꽃	567	자주꿩의비름	43	층꽃나무	434	해국	345
솜방망이	373	자주솜대	523	층층둥굴레	487	현호색	295
수리취	379	자주족도리풀	277	층층잔대	463	호범꼬리	53
숙은노루오줌눈	187	잔대	463	큰까치수염	443	호제비꽃	261
술패랭이꽃	225	장백패랭이꽃	225	큰꽃으아리	131	홀아비꽃대	307
승마	123	절굿대	401	큰꿩의비름	43	홀아비바람꽃	97
쑥부쟁이	383	점박이천남성	593	큰바늘꽃	171	황금	413
앉은부채	587	점현호색	295	큰산꼬리풀	477	회리바람꽃	97
알록제비꽃	261	정선바위솔	33	큰산꿩의다리	113	흑산도비비추	551
애기괭이눈	177	제비꽃	261	큰수리취	379	흰괭이눈	177
애기기린초	17	제비동자꽃	217	큰애기나리	517	흰꿀풀	405
애기나리	517	조개나물	405	큰앵초	437	흰동자꽃	217
애기앉은부채	587	조선현호색	295	큰엉겅퀴	329	흰민들레	319
애기우산나물	397	졸방제비꽃	261	큰연령초	503	흰벌깨덩굴	413
애기원추리	527	좀개미취	361	큰제비고깔	151	흰숙은노루오줌	187
앵초	437	좀민들레	319	큰천남성	593	흰얼레지	499
양지꽃	241	좀비비추	551	큰하늘나리	535	흰일월비비추	551
어수리	205	좁쌀풀	447	타래붓꽃	567	흰진범	151
얼레지	499	종덩굴	143	태백기린초	17		
엉겅퀴	329	종둥굴레	487	태백바람꽃	97